高等职业教育金属材料检测类系列教材

金属力学性能

第2版

主　编　万荣春　王学武
参　编　马春来　高　昊　戴志勇　郑连辉
主　审　严范梅

机械工业出版社

本书主要介绍金属力学性能有关的基础知识，以“现象—机理—指标—测试—影响因素—工程应用”为主线、以“理论够用，突出工程实践”为原则，适当关注金属力学性能的测试手段，内容的组织富有知识性、趣味性和可操作性。

全书共分九个单元，主要介绍金属在静载荷、冲击载荷及兼有环境介质作用下的力学性能，金属的断裂与断裂韧度，金属的疲劳、磨损，高温性能，工艺性能试验等。在每个单元后面都附有可供选做的综合训练，以利于读者掌握、理解知识，提高解决实际问题的能力。

为便于教学，本书配备了内容丰富的电子课件和部分综合训练答案，选择本书作为教材的教师可登录 www. cmpedu. com 网站，注册后免费下载。为便于学习，本书植入二维码，通过扫码即可在线观看相关视频。

本书适合作为职业院校金属材料检测类专业的教材，也可供从事金属热处理、力学性能检测、金属材料热加工及机械设计等工作的工程技术人员参考。

图书在版编目（CIP）数据

金属力学性能/万荣春，王学武主编．—2 版．—北京：机械工业出版社，2022.6（2024.8 重印）

高等职业教育金属材料检测类系列教材

ISBN 978-7-111-70724-0

Ⅰ.①金…　Ⅱ.①万…②王…　Ⅲ.①金属-力学性质-高等职业教育-教材

Ⅳ.①TG113.25

中国版本图书馆 CIP 数据核字（2022）第 078015 号

机械工业出版社（北京市百万庄大街 22 号　邮政编码 100037）

策划编辑：于奇慧　　责任编辑：于奇慧　杨　璇

责任校对：郑　婕　李　婷　责任印制：张　博

北京建宏印刷有限公司印刷

2024 年 8 月第 2 版第 4 次印刷

184mm×260mm · 13 印张 · 330 千字

标准书号：ISBN 978-7-111-70724-0

定价：39.80 元

电话服务　　网络服务

客服电话：010-88361066　机　工　官　网：www. cmpbook. com

010-88379833　机　工　官　博：weibo. com/cmp1952

010-68326294　金　书　网：www. golden-book. com

封底无防伪标均为盗版　机工教育服务网：www. cmpedu. com

第2版前言

本次修订是为了进一步贯彻《国家职业教育改革实施方案》、教育部制定的《“十四五”职业教育规划教材建设实施方案》的有关精神和要求，在广泛听取教材使用院校和读者意见和建议基础上进行的。

本次修订吸收近年来职业教育改革成果，保持第1版结构和特色，充分体现职业教育的培养目标和教学要求，对接职业标准和岗位要求，突出科学性、实践性、先进性和思想性。本次修订主要工作如下。

1）根据现时期教学改革要求和国家现行标准，对相关内容进行修订。

2）全书每个单元增加学习目标，明确知识目标和能力目标。

3）配套立体化教学资源，通过扫描二维码即可在线观看相关视频。

4）全书每一模块均以案例或问题导入，所选案例具体、生动，同时增设“致敬大师”栏目，介绍与本书内容相关的名人大家生平事迹与相关贡献。

本书由渤海船舶职业学院万荣春（绪论、第三~六单元、附录）、王学武（第二单元）、马春来（第八单元）、高昊（第一单元）、戴志勇（第九单元）和鞍钢蒂森克虏伯汽车钢有限公司高级工程师郑连辉（第七单元）共同编写，由万荣春、王学武任主编并统稿，由北京普汇恒达材料测试有限公司严范梅高级工程师任主审。

为便于教学，本书配套有教学课件（PPT）、综合训练答案和模拟试卷等教学资源，选择本书作为教材的教师可登录 www. cmpedu. com 网站，注册后免费下载。

在本书的编写过程中，引用或参考了大量已出版的文献和资料，书后难以一一列举，在此向原作者致谢。

由于编者水平有限，书中不妥之处在所难免，欢迎广大读者通过电子信箱（springs111@163. com）联系我们，您的意见和建议是我们不断进步的动力和源泉。

编　者

第 1 版前言

为了进一步贯彻“国务院关于大力推进职业教育改革与发展的决定”的文件精神，加强职业教育教材建设，满足职业院校深化教学改革对教材建设的要求，机械工业出版社于2008年7月在北京召开了“职业教育金属材料检测类专业教材建设研讨会”。在会上，来自全国多所院校的骨干教师、企业代表、专家研讨了新的职业教育形势下材料类专业的课程体系和教材编写计划，本书是根据会议所确定的教学大纲要求和高职教育培养目标组织编写的。

金属力学性能是零件或构件设计的依据，也是选择、评价材料和制订工艺规程的重要参量。在金属研究领域，它们是合金成分设计、显微组织结构控制所要达到的目标之一，也是反映金属内部组织结构变化的重要表征参量。因此，金属力学性能测试是材料理化检测的重要组成部分，是金属材料检测类专业的重要课程。

本书在内容安排上分两大部分：一部分是基本力学行为，即弹性变形、塑性变形和断裂，包括第一～四单元，这是本课程的基础；另一部分是与零件或构件工作条件相关的力学行为，即疲劳、蠕变、磨损和接触疲劳、氢脆和应力腐蚀等，包括第五～八单元。此外，对金属材料的工艺性能也做了简要的介绍。考虑到高职学生的培养目标和岗位能力需求，本书对金属力学性能测试方法进行了适当的介绍。

本书采用单元、模块化设计，紧密结合职业教育的办学特点和教学目标，强调实践性、应用性和创新性，努力降低理论深度，理论知识坚持以应用为目的，以必需、够用为度，注意内容的精选和创新，既考虑了知识结构的合理性、系统性，又兼顾了职业技术培训的要求，内容力求突出实践应用，重在能力培养。书中所涉及的标准大多采用现行国家标准，考虑到有的产品标准更新与国家标准更新不同步，产品标准落后于国家标准的实际情况，有个别部分采用工程习惯叫法。

本书由王学武（绪论、第三、五、六单元、附录）、马春来（第二单元）、王贵斗（第八单元）、李红莉（第一、九单元）、姚永红（第四、七单元）共同编写，由王学武任主编并统稿，李红莉任副主编，由北京普汇恒达材料测试有限公司严范梅高级工程师任主审。

本书在编写过程中，引用或参考了大量已出版的文献和资料，书后难以一一列举，在此向原作者致谢。

由于编者学识水平和收集资料来源有限，加之时间仓促，书中难免有疏漏和不妥之处，敬请读者不吝赐教，共同商榷（主编电子邮箱：wangxuewu-2009@163.com）。

编　者

二维码清单

名称	二维码	名称	二维码
低碳钢拉伸试验		布氏硬度试验	
强度指标的确定		洛氏硬度试验	
塑性指标的确定		维氏显微硬度试验	
金属压缩试验		里氏硬度试验	
金属弯曲力学性能试验		金属冲击试验	
金属扭转试验		金属弯曲试验	

目　录

绪　论

一、本课程的性质和任务

金属力学性能主要研究金属在力或力和其他外界因素共同作用下所表现出的行为，诸如在不同载荷作用下所造成的弹性变形、塑性变形、断裂（脆性断裂、韧性断裂、疲劳断裂等），以及金属抵抗变形和断裂能力的衡量指标，如强度、硬度、塑性、韧性、断裂韧度等。

金属力学性能测试，对研制和发展新型金属材料，改进材料质量，最大限度发挥材料性能潜力，进行金属失效分析，确保金属零件或构件设计合理及使用维护安全可靠，都是必不可少的手段。

在有关正确选择和合理使用金属材料的一系列工程实际问题中，习惯采用的思想方法是，根据零件或构件的服役条件，提出对制造材料的性能要求；根据成分和组织结构与力学性能的关系，提出对材料的成分和组织状态的要求；根据成分和加工工艺与组织结构的关系，制订出冷热加工工艺。于是就形成了一个常用的思考链条，如图 0-1 所示。反过来就形成了获得一个合格零件的工程路线。在这个链条中，力学性能及其与成分和组织的关系占据了重要的核心位置，是解决一系列问题的出发点，由此确定了“金属力学性能”课程在材料类专业培养计划中的重要地位。与它密切相关的前导课是“金属材料与热处理”或“机械工程材料”和“工程力学”等。

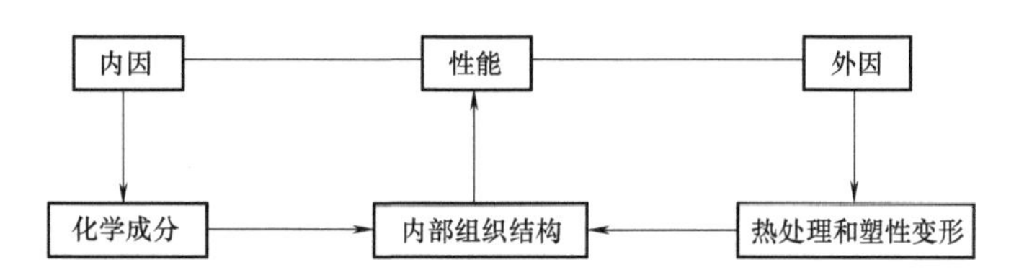

图 0-1　金属材料的性能与成分、组织结构、加工工艺之间的关系

本课程的基本任务是研究金属材料力学行为的基本规律、物理本质、力学性能指标的评定与测量，以及力学性能与组织结构之间的关系。本课程既不同于单纯的力学性能试验方法，更不同于单纯的微观理论。按照“理论够用，重工程应用实践”的原则，本课程注重清晰阐明三个方面的问题：力学性能指标的物理概念或工程技术含义、测试方法和实际应用。在内容的取舍上力图做到既讲述当代的新成就，又介绍对学科发展具有里程碑作用的经典理论的诞生过程，以阐明学科发展的来龙去脉，启发学生创造性的思维。

二、金属的力学行为

金属力学性能随受力方式、应力状态、温度及接触介质的不同而异。受力方式可以是静载荷、冲击载荷、循环载荷等，应力状态可以是拉、压、剪、弯、扭及它们的组合，以及集中应力和多轴应力等，如图 0-2 所示。温度可以是室温、低温与高温。接触介质可以是空气、其他气体、水、盐水或腐蚀介质。在不同使用条件下，材料具有不同的力学行为和失效现象，因而必须有相应的力学性能指标表征。与此相对应，金属材料的基本力学行为有在不同载荷作用下的弹性变形、塑性变形和断裂，以及与相关环境介质参与下的疲劳、蠕变、磨损等。

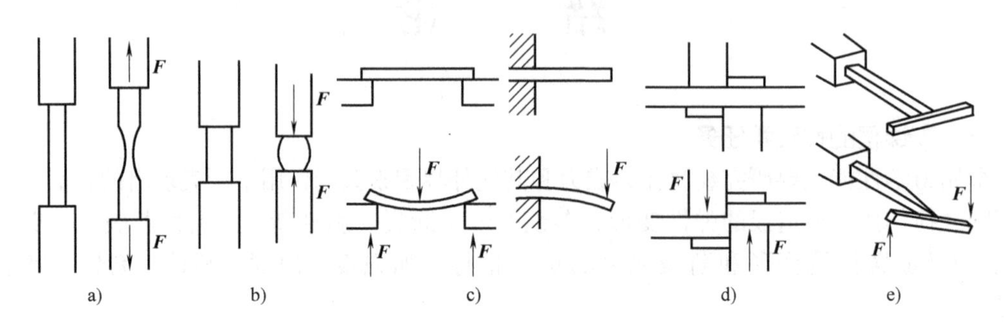

图 0-2 金属材料常见的应力状态

a）拉伸 b）压缩 c）弯曲 d）剪切 e）扭转

力是金属力学行为中最基本和最重要的外部条件，需要对金属受力后的应力和应变特征进行必要的分析。同时，组织结构也是决定力学行为的内部因素。因此，必须将宏观和微观两方面结合起来分析金属的力学行为。此外，金属的加工成形和力学性能测试也都以认识金属的力学行为为基础。

三、金属力学性能的测试

金属力学性能测试的基本任务是正确地选用检测仪器、装备和试样，确定合理的金属力学性能判据，依据相应标准，准确而尽可能快速地测出这种判据。

为了确切表征金属材料在服役条件下所表现的力学行为，力学性能测试条件应尽量接近实际工作条件。除普通金属力学性能测试（利用试样进行力学性能测试）外，近年来又发展了模拟试验，即应用零件或构件模型，甚至使用真实零件，在模拟零件真实工作条件下进行力学试验。通过这种试验所得到的力学性能判据，能更真实反映工作条件下金属的性能，具有重大的工程实际意义。但是，模拟试验一般缺乏普遍性，应用受到限制。然而根据具体情况，进行部分模拟服役条件的力学性能测试还是十分必要的。

操作者水平，试验设备，试样的形状、尺寸和加工方法，加载速率，测试方法，温度，介质等均影响金属力学性能测试结果，也就是“人、机、料、法、环、测”等几个方面。只有采用相同的试验方法标准和测试规程，才能保证金属力学性能测试结果的可靠性和可比性。正确选择和执行标准，是确保金属力学性能测试质量的首要条件，同时也是本课程教学所要达到的目标之一。

四、“金属力学性能”课程的发展概述

早在20世纪50年代，本课程以金属力学性能测试方法为主要内容，基本属于一门试验方法课。这是因为当时对金属力学行为的认识只限于一般性规律和性能测试的水平。后来，随着金属材料领域研究的发展，在一系列的领域内出现了突破性的进展，如位错理论解释实际金属的强度及由此而发展起来的合金强化理论，并且在理论指导下开发了一系列高强度材料。工程中高强度材料的低应力脆性断裂事故的出现又促使人们去深入研究金属的断裂过程，结合断裂力学的成果形成了金属断裂理论。于是，对金属力学行为的认识向着更深入、更本质的方面产生了质的飞跃。

测试技术的进步也是“金属力学性能”课程发展历程中的重要动力。测试技术或试验

手段的每一次突破，都给学科带来新的进展。如扫描电镜（SEM）和透射电镜（TEM）在材料科学发展中的贡献是很大的，它们的出现为金属断裂研究和位错理论的确立做出了重大贡献。近年来，机电一体化技术和数字技术在材料试验机上的应用，极大地提升了材料测试的技术水平。例如，微机控制电子万能试验机的应用，极大地提高了金属力学性能测试的精度，并使金属力学性能测试由传统模式向数字化、信息化方向转变。

金属力学性能研究的新进展，又会对材料的研究产生重大影响。例如，20 世纪 50 年代，断裂力学的发展和断裂韧度这一新的材料力学性能的出现，纠正了新型结构材料研制中单纯追求高强度指标的倾向，提出了“强韧化”的研究新思路，许多新材料就是以此为理论基础研制出来的。

五、本课程的特点和研究方法

通过本课程的学习，学生应了解工程材料在静载荷、冲击载荷、交变载荷、环境介质作用下的力学性能以及材料的断裂韧度与耐磨性能等的表征方法，理解材料力学性能的基本参数的物理意义及其本质，掌握常规金属力学性能的测试方法，加强学生对力学性能指标物理意义与工程应用的了解，为材料设计与选择打下良好的基础。

本课程既有一定的理论性，又有较强的实践性和应用性；各种力学性能指标、名词术语、符号众多。因此，在学习时，应认真听讲，在记忆的基础上，注重理解、分析和应用，并注意前后内容的衔接与综合应用。在理论学习外，要注意密切联系生产和生活实际，运用如杂志、互联网等各种学习方式，广泛涉猎，勤动手，认真做好各项试验，认真完成各项作业。

金属力学性能指标的名称、符号、测试方法等都应按相应标准命名或进行，所以，在本课程的学习中，对国家标准的学习、宣传和贯彻也是一项重要任务。

在教学中应多采用直观教学、现场教学、多媒体教学、启发教学等，增加课堂教学的信息量和利用效率，培养学生的自学能力和思维能力。

第一单元　金属在单向静拉伸载荷下的力学性能

【学习目标】

知识目标	1. 掌握金属在单向静拉伸载荷下的力学性能指标的含义、符号及工程意义 2. 了解金属室温静拉伸试验的原理和特点 3. 掌握金属的五大强化手段
能力目标	1. 能够使用金属室温静拉伸试验数据，计算金属的弹性模量、强度和塑性等指标 2. 在教师的指导下，能正确操作拉伸试验机，完成拉伸试验 3. 能够按要求完成金属室温拉伸试验报告

模块一　金属室温静拉伸试验

模块导入

一种金属材料“结不结实”？口说无凭，需要通过室温拉伸试验来进行测定，用试验数据证明。金属拉伸试验是力学性能试验中最基本的试验，也是检验金属材料性能、表征其内在质量的最重要的试验项目之一。金属的拉伸性能既是评定金属材料的重要指标，又是机械制造和工程中设计、选材的主要依据。

学习内容

单向静拉伸试验是在试样两端缓慢地施加载荷，使试样的工作部分受轴向拉力，引起试样沿轴向伸长，直至拉断为止，是应用最广泛的金属力学性能试验方法之一。试验是在应力状态为单向，温度恒定，应变速率为 $0.0001 \sim 0.01 s^{-1}$ 的条件下，采用标准试样进行的。试验简单、可靠，测量数据精确，能清楚地反映出材料受外力时表现出的弹性、弹塑性、断裂三个过程，对金属材料尤为明显。

通过拉伸试验可以测定金属材料在单向静拉伸条件下的基本力学性能指标，如弹性模量、泊松比、屈服强度、规定塑性延伸强度、抗拉强度、断后伸长率、断面收缩率、应变硬化指数和塑性应变比等。因此，拉伸试验在机械设计、新材料的研制、材料的采购和验收、产品的质量控制、设备的安全评估等领域应用广泛，试验结果具有重要的应用价值和参考价值。

国际标准化组织（ISO）和世界各国都制定了完善的拉伸试验标准，将拉伸试验列为力学性能试验中最基本、最重要的试验项目。我国于 2010 年颁布了 GB/T 228.1—2010《金属材料 拉伸试验 第 1 部分：室温试验方法》。按照金属力学性能试验方法标准体系逐步与国际接轨的方针，该标准等效采用 ISO 6892-1：2009《金属材料 拉伸试验 第 1 部分：室温试验方法》（英文版）。

一、拉伸试样

试验表明，所用试样的形状、尺寸及加工质量对其性能测试结果有一定影响。为了测定金属材料或零部件的拉伸性能，并使金属材料拉伸试验的结果具有可比性与符合性，拉伸试样的取样和制作应遵照金属材料力学及工艺性能取样规定。如产品标准或供需双方协议另有规定，应按其规定执行。

1. 试样的形状和尺寸

拉伸试样的形状与尺寸取决于被试验的金属产品的形状与尺寸，可以分为板材（薄带）试样、棒材试样、管材试样、线材试样、型材试样以及铸件试样等种类。根据其形状及试验目的不同，试样可以进行机加工，也可以采用不经加工的原始截面试样。试样的主要类型见表 1-1。

表 1-1　试样的主要类型

产品类型		试样类型
薄板、板材、扁材	线材　棒材　型材	
0.1mm≤厚度<3mm		矩形横截面比例试样或非比例试样
厚度≥3mm	直径或边长≥4mm	圆形横截面比例试样、矩形横截面比例试样或非比例试样
	直径或边长<4mm	通常产品的一部分，一般不经机加工
管材		纵向弧形试样、管段试样或横向试样

一般拉伸试样由夹持段、过渡段和平行段构成，如图 1-1 所示。试样两端较粗部分为夹持段，其形状和尺寸必须与试验机夹头的钳口相匹配，最常用的是圆形单肩式夹头和矩形夹头。过渡段常采用圆弧形状，使夹持段与平行段光滑连接，以消除应力集中。平行段必须保持光滑均匀，以确保材料表面的单向应力状态，其有效工作部分 L_o 称为原始标距。d_o 表示圆形截面试样平行段的直径或圆丝直径，S_o 代表试样的原始横截面积，L_c 为平行段长度。

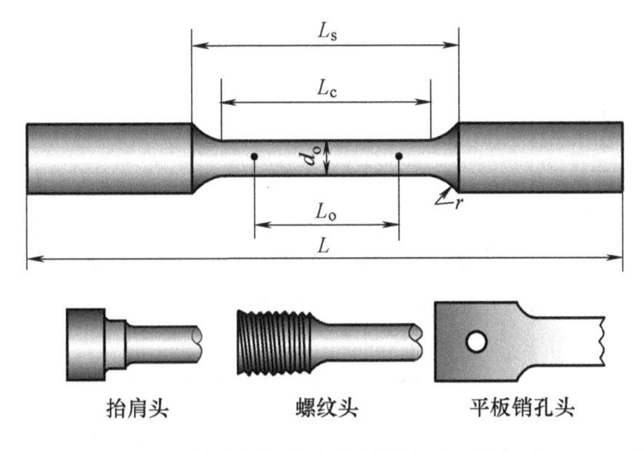

图 1-1　拉伸试样及夹持段的各种形式

根据原始标距（L_o）与原始横截面积（S_o）之间的关系，拉伸试样可分为比例试样和非比例试样两种。比例试样的标距是按公式$L_o=k\sqrt{S_o}$计算而得，系数k通常取5.65或11.3。通常把$k=5.65$称为短比例试样；$k=11.3$称为长比例试样。根据$k=L_o/\sqrt{S_o}$可知，圆截面短（长）比例试样的原始标距为$5d_o$（$10d_o$）；矩形截面短（长）比例试样的原始标距为$5.65\sqrt{S_o}$（$11.3\sqrt{S_o}$）。

标准比例拉伸试样如图1-2所示。两种试样的主要尺寸和允许偏差见表1-2和表1-3。拉伸试验时，一般优先选用短比例试样，但要保证原始标距不小于15mm，否则，建议采用长比例试样或采用非比例试样。非比例试样也称为定标距试样，其原始标距（L_o）与其原始横截面积（S_o）无关。

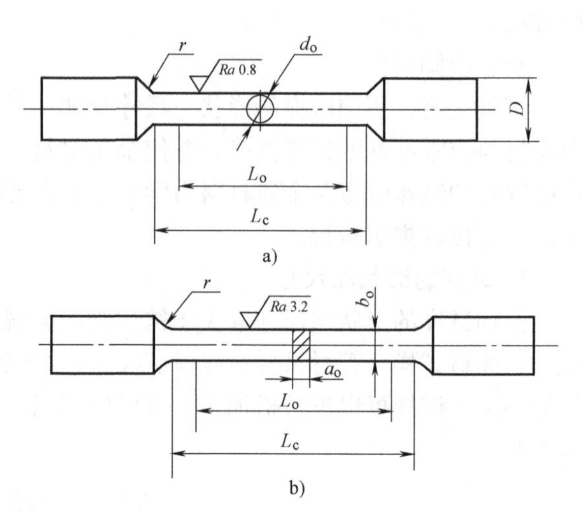

图1-2 标准比例拉伸试样

a）圆截面 b）矩形截面

表1-2 圆截面比例试样

d_o/mm	r/mm	$k=5.65$			$k=11.3$		
		L_o/mm	L_c/mm	试样类型编号	L_o/mm	L_c/mm	试样类型编号
25 20 15 10 8 6 5 3	$\geqslant 0.75d_o$	$5d_o$	$\geqslant L_o+d_o/2$ 仲裁试验： L_o+2d_o	R1 R2 R3 R4 R5 R6 R7 R8	$10d_o$	$\geqslant L_o+d_o/2$ 仲裁试验： L_o+2d_o	R01 R02 R03 R04 R05 R06 R07 R08

表1-3 矩形横截面比例试样

a_o /mm	b_o /mm	r /mm	$k=5.65$			$k=11.3$		
			L_o/mm	L_c/mm	试样类型编号	L_o/mm	L_c/mm	试样类型编号
$\geqslant 3$	12.5 15 20 25 30	$\geqslant 12$	$5.65\sqrt{S_o}$	$\geqslant L_o+1.5\sqrt{S_o}$ 仲裁试验： $L_o+2\sqrt{S_o}$	P7 P8 P9 P10 P11	$11.3\sqrt{S_o}$	$\geqslant L_o+1.5\sqrt{S_o}$ 仲裁试验： $L_o+2\sqrt{S_o}$	P07 P08 P09 P010 P011

2. 取样与制样

通常从产品、压制坯或铸锭切取样坯经机加工制成试样。但具有恒定横截面的产品（型材、棒材、线材等）和铸造试样（铸铁和铸造非铁合金）可以不经机加工而进行试验。

（1）取样原则 取样部位、取样方向和取样数量是对材料性能试验结果影响较大的三个因素，被称为取样三要素。应在外观及尺寸合格的材料或产品上切取样坯，取样三要素应符合相关产品标准、供需双方协议或 GB/T 2975—2018 的规定。取样时，应对抽样产品、材料、样坯及试样做出标记，以保证始终能识别取样的位置和方向。

取样有以下几种情况：

1）从原材料（型材、棒材、板材、管材、丝材、带材等）上直接取样试验。

2）从产品上的重要部位（最薄弱、最危险的部位）取样试验，以校核设计计算的准确性，也可检验产品加工及热处理的质量。

3）以实物零件直接试验，如螺栓、螺钉或链条等。

4）以浇注的铸件试样直接试验或经加工成试样进行试验。

取样要考虑代表性，如大截面材料，其表层组织均匀致密、心部组织较疏松，因此所取试样应在能代表材料综合性能的部位。切取样坯时，应防止过热、形变强化而影响拉伸力学性能，应留有足够的机加工余量。同时，应防止对截取的样坯锤击、敲打，以免影响测试数据的准确性。

（2）加工要求　应按照相关产品的标准或协议，采用机加工试样或采用不经机加工的试样。如果未进行具体规定，一般在材料尺寸足够时机加工成带头试样。

试样在机加工过程中要防止冷变形或受热而影响其力学性能，通常以切削加工为宜，进刀深度要适当，并充分冷却，特别是最后一道切削或磨削的深度不宜过大，以免影响性能。

对于矩形横截面试样，一般要保留原表面层并防止损伤。试样上的毛刺要清除，尖锐棱边应倒圆，但半径不宜过大。试样允许矫直，但应防止校正对力学性能产生显著影响。对于不测定断后伸长率的试样可不经矫正直接试验。

不经机加工的铸件试样，其表面上的夹砂、夹渣、毛刺、飞边等必须加以清除。

加工以后，试样的尺寸和表面粗糙度应符合规定的要求，表面不应有显著的横向刀痕、磨痕或机械损伤、明显的淬火变形或裂纹，以及其他可见的冶金缺陷。

二、拉伸试验前的准备

1. 试样的检查与标距的刻划

试验前应先检查试样外观是否符合要求。对于经过加工的试样，如发现表面有明显的横向刀痕，或有扭曲变形或淬火裂纹，应重新取样加工成合格试样。

试样原始标距一般采用细划线或细墨线进行标定，所采用的方法不能影响试样过早断裂。当试样平行段远长于标距时，可标记相互重叠的几组标距。对于特薄或脆性材料的试样，通常可在试样平行段内涂上快干着色涂料，再轻轻划上标线，这样可避免试样断裂在刻线上而影响试验结果。

对于比例试样，应将原始标距的计算结果修约至最接近 5mm 的倍数，中间值向大的一方修约，标距的长度应精确到取值数据的±1%。

试样原始横截面积的测定应准确到±1%（对于薄板试样，由于厚度的精确测量较困难，可以准确到±2%）。对于圆形横截面和四面机加工的矩形横截面试样，如果试样的尺寸公差和形状公差均满足标准 GB/T 228. 1—2010 中表 D. 4 的要求，可以用名义尺寸计算原始横截面积。对于所有其他类型的试样，一般在试样平行长度中心区域取最少 3 个位置测量原始试样尺寸并计算平均横截面积（至少保留 4 位有效数字），测量的每个尺寸应准确到±0. 5%。测量试样原始横截面尺寸时，应按照表 1-4 选择量具或测量装置。

表 1-4 量具或测量装置的分辨力

试样横截面尺寸/mm	分辨力（不大于）/mm
0.1~0.5	0.001
>0.5~2.0	0.005
>2.0~10.0	0.01
>10.0	0.05

圆形横截面试样的横截面积 S_o 按下式计算，即

$$S_o=\frac{1}{4}\pi d_o^2$$

矩形横截面试样的横截面积 S_o 按下式计算，即

$$S_o=a_o b_o$$

2. 拉伸试验机

拉伸试验一般在液压万能试验机或电子万能试验机上进行。液压万能试验机是一种适用性强、用途广的试验机，系列规格有 100kN、300kN、600kN、1000kN，当然也有特殊规格，目前为一般力学实验室普遍配套使用，如图 1-3a 所示。

微机控制的电子万能试验机采用伺服电动机、伺服调速系统及载荷传感器，性能优良、操作简便，能实现高精度、宽范围的测量，但电子万能试验机能提供的试验力一般较小。图 1-3b 所示为 WDW 系列电子万能试验机。

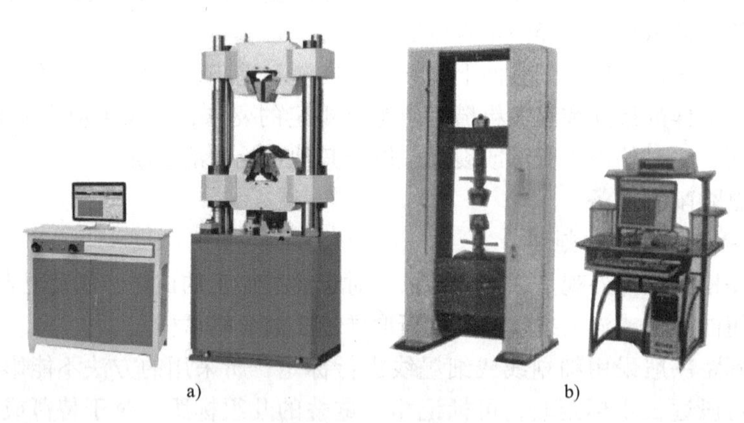

a) b)

图 1-3 万能试验机

a）液压式 b）WDW 系列电子式

根据试样的材质及试样尺寸估算出试样破断所能承受的最大载荷值，作为选择试验机夹持装置以及合适量程的依据。在每批试验时，应在空载时调整试验机指示的零点。

试验机应按照 GB/T 16825.1—2008 进行检定，并应满足 1 级或优于 1 级的准确度。

3. 试验速率

试验速率的控制应根据材质和试验项目来确定。除有关标准和协议特别规定外，拉伸速率应符合下列要求：

1）在弹性范围和直至上屈服强度，试验机夹头的分离速度应尽可能保持恒定，并在表 1-5 规定的应力速率范围内。

表 1-5　试验规定的应力速率

材料弹性模量 E/MPa	应力速率 $\dot{R}$/MPa·s^{-1}	
	最小	最大
<150000	2	20
≥150000	6	60

2）若仅测定下屈服强度，试样平行段屈服期间的应变速率应在 0.00025～0.0025s^{-1}之间。平行段内的应变速率尽可能保持恒定。如试验机无能力测量或控制应变速率，应通过调节屈服即将开始前的应力速率来控制，在屈服完成之前不再调节试验机的控制。

在任何情况下，弹性范围内的应力速率不得超过表 1-5 规定的最大速率。

三、拉伸曲线

1. 力-伸长曲线

将拉伸试样安装在材料试验机上，缓慢且均匀施加轴向力 F，观察并测定试样在外力作用下的变形过程，直至试样断裂为止，如图 1-4 所示。外力 F 与试样的绝对伸长量之间的关系曲线称为力-伸长曲线（拉伸曲线）。拉伸曲线形象地描绘出材料的变形特征及各阶段受力与变形间的关系，可由该图形的状态来判断材料弹性与塑性好坏、断裂时的韧性与脆性程度以及不同变形下的承载能力。在拉伸试验时，利用试验机的自动绘图器可绘出力-伸长曲线。图 1-5 所示为低碳钢的力-伸长曲线，图中纵坐标为拉伸力 F，横坐标为绝对伸长量 ΔL。

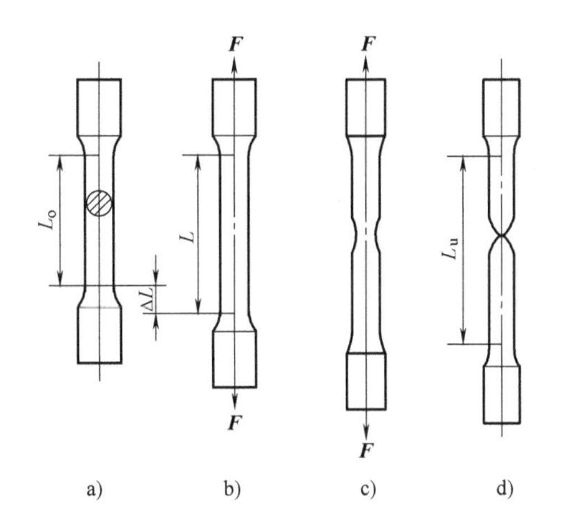

图 1-4　试样在拉伸时的伸长和断裂过程
a）试样　b）伸长　c）产生缩颈　d）断裂

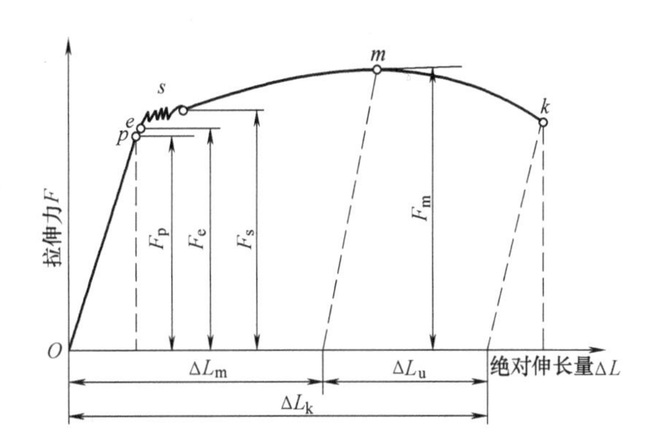

图 1-5　低碳钢的力-伸长曲线

由图 1-5 可见，试样伸长随拉伸力增大而增大。拉伸力在 F_p 以下阶段（Op 段），试样在受力时发生变形，在此阶段中拉力和伸长成正比关系，卸除拉伸力后变形能完全恢复，该阶段为完全弹性变形阶段。在曲线的 pe 段[⊖]，绝对伸长量与载荷不再成正比关系，拉伸曲线不成直线，但试样仍处于弹性变形阶段。

所加的拉伸力达到 F_e 后，外力不增大或变化不大，试样仍继续伸长，开始出现明显的塑性变形。曲线上出现平台或锯齿（曲线 es 段），试验机示力盘上的主指针暂停转动或开始

⊖　在实际工程中，p 点和 e 点一般分辨不出，国际上趋向于点 e。——编者注

回转并往复运动。这种现象表明试样在承受的拉力不继续增大或稍微减小的情况下却继续伸长，这种现象称为材料的屈服，直至 s 点结束。

在曲线的 sm 段，载荷增大，伸长沿整个试样长度均匀进行，继而进入均匀塑性变形阶段。同时，随着塑性变形不断增加，试样的变形抗力也逐渐增加，产生形变强化，这个阶段是材料的强化阶段，在这一阶段试样的塑性伸长量为 ΔL_m。

在曲线的最高点（m 点），达到最大拉伸力 F_m 时，试样再次产生不均匀塑性变形，变形主要集中于试样的某一局部区域，该处横截面积急剧减小，试样的塑性伸长量为 ΔL_u，这种现象即是“缩颈”。随着缩颈处截面不断减小，承载能力不断下降，到 k 点时，试样发生断裂，试样的总塑性伸长量为 ΔL_k。

由此可知，低碳钢在拉伸力作用下的变形过程可分为弹性变形阶段、屈服阶段、均匀塑性变形阶段、缩颈（集中塑性变形阶段）和断裂阶段。正火、退火碳素结构钢和一般低合金结构钢，也都具有类似的力-伸长曲线，只是力的大小和伸长量变化不同而已。

并非所有金属材料或同一材料在不同条件下都具有相同类型的力-伸长曲线，下面列举几种常见材料的力-伸长曲线，如图 1-6 所示。

图 1-6a 所示为低碳钢、低合金结构钢的力-伸长曲线。它有锯齿状的屈服阶段，分上、下屈服，均匀塑性变形后产生缩颈，然后试样断裂。

图 1-6b 所示为中碳钢的力-伸长曲线。它有屈服阶段，但波动微小，几乎成一直线，均匀塑性变形后产生缩颈，然后试样断裂。

图 1-6c 所示为淬火后低、中温回火钢的力-伸长曲线。它无明显可见的屈服阶段，试样均匀塑性变形后产生缩颈，然后断裂。

图 1-6d 所示为铸铁、淬火钢等较脆材料的力-伸长曲线。它不仅无屈服阶段，而且试样产生少量均匀塑性变形后就突然断裂。

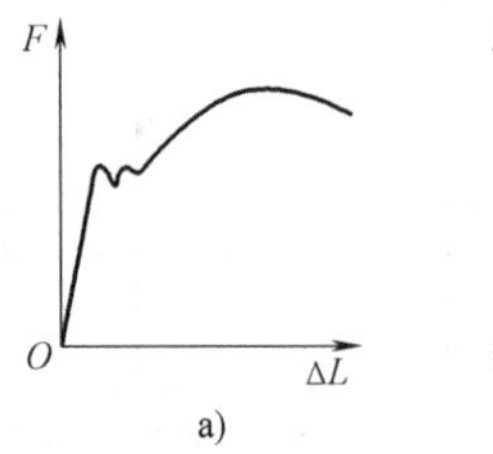

a)

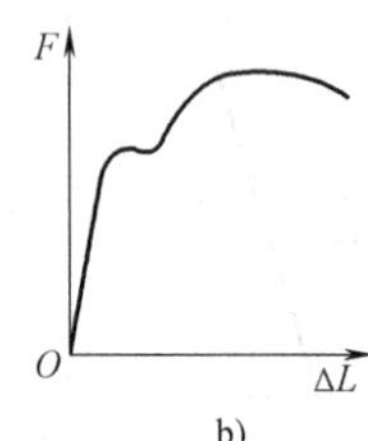

b)

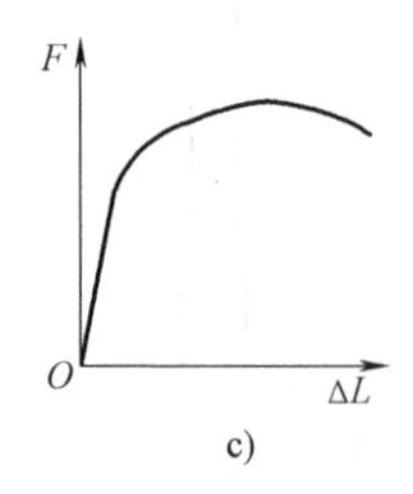

c)

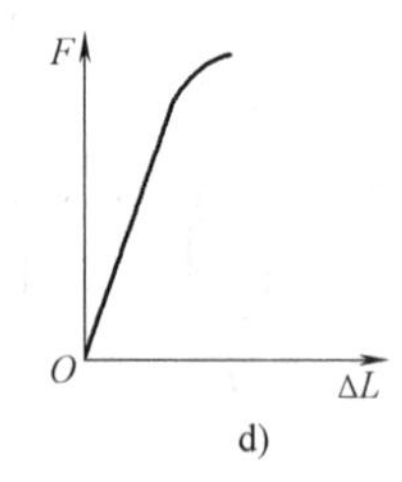

d)

图 1-6 不同金属材料的力-伸长曲线

图 1-7 所示为常见金属材料拉伸试验后的试样。

2. 应力-应变曲线

力-伸长曲线只代表试样的力学性质。同一种材料的力-伸长曲线中，纵、横坐标的拉伸力 F 和绝对伸长量 ΔL 会因试样尺寸不同而各异。为了使同一种材料不同尺寸试样的拉伸过程及其特性便于比较，以消除试样几何尺寸的影响，将图 1-5 所示力-伸长曲线的纵、横坐标分别用拉伸试样的原始横截面积 S_o 和原始标距长度 L_o 去除，则得到应力-应变曲线，如图 1-8 所示[⊖]。

⊖ 在 GB/T 228.1—2010 中应力的符号为 R，应变的符号为 e。但是考虑到实际工程应用习惯，本书还沿用原表示方法，应力的符号为 σ，应变的符号为 ε。——编者注

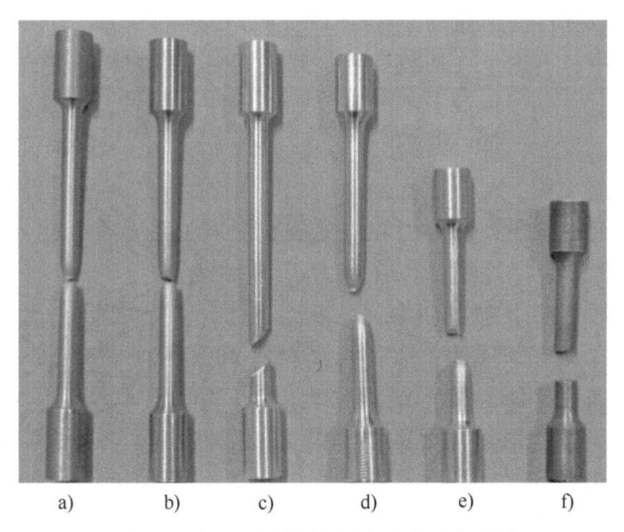

图 1-7　常见金属材料拉伸试验后的试样

a）20 钢　b）45 钢　c）硬铝　d）H62 黄铜　e）H59 黄铜　f）灰铸铁

因均是以相应常数相除，故应力-应变曲线与力-伸长曲线形状相似，但消除了几何尺寸的影响。单向拉伸条件下金属材料的力学性能指标就是在应力-应变曲线上定义的。

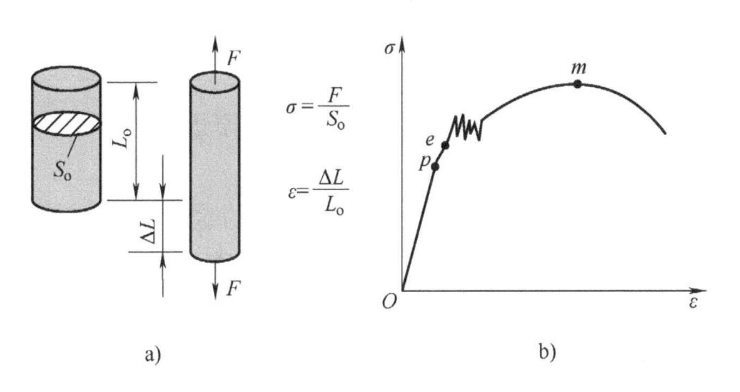

图 1-8　应力、应变与应力-应变曲线

低碳钢拉伸试验

模块二　金属的弹性变形

模块导入

图 1-9　撑竿跳高

目前撑竿跳高（图 1-9）的世界纪录已突破了 6m，撑竿现在一般用玻璃纤维制造，长度和直径不限，但表面必须光滑。这种撑竿自重轻、弹性模量小、弹性极限高，也就是容易产生弹性变形，能储存更多的弹性能，而不容易折断。

学习内容

金属的弹性变形是一种可逆变形，它是金属晶格中原子自平衡位置产生可逆位移的反映。金属的弹性变形量比较小，一般不超过 0.5%~1%，这是因为原子弹性位移量只有原子间距的几分之一，所以弹性变形量总是小于1%。

在弹性变形过程中，不论是在加载期还是卸载期内，应力与应变之间都保持单值线性关系，即服从胡克定律。

一、弹性模量

1. 弹性模量的概念

金属材料在弹性变形阶段，其应力和应变成正比例关系，符合胡克（Hooke）定律，即 $\sigma=E\varepsilon$，其比例系数 E 称为弹性模量。在应力-应变曲线上，弹性模量就是直线（Op）段的斜率。

弹性模量的物理意义可阐述为：表征金属材料对弹性变形的抗力，即金属发生弹性变形的难易程度。E 值越大，则产生相同的弹性变形量需要的外力越大，弹性变形越困难，如图1-10所示。

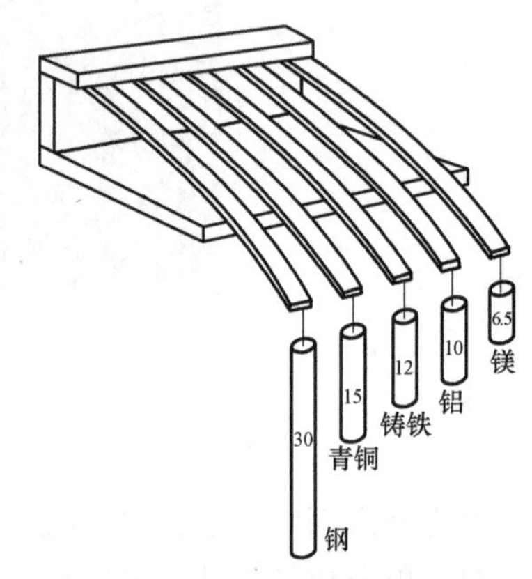

图1-10 不同金属发生相同弹性变形量需要的力

弹性模量 E 主要取决于材料的结合键和原子间的结合力，是一个对组织不敏感的力学性能指标。对金属进行热处理、微量合金化及塑性变形等，其弹性模量变化很小。但高分子和陶瓷材料的弹性模量则对结构与组织很敏感。此外，弹性模量和材料的熔点成正比，越是难熔的材料，其弹性模量也越高。

单晶体金属的弹性模量在不同晶体学方向上是不一致的，表现出弹性各向异性。多晶体金属的弹性模量为各晶粒弹性模量的统计平均值，呈现为各向同性。

在选择航天飞行器材料时，结构既要保证刚度又要具有较轻的重量，有时使用比弹性模量的概念来作为衡量材料弹性性能的指标。比弹性模量是指材料弹性模量与其密度的比值。

几种常用结构材料的比弹性模量见表1-6。

表1-6 几种常用结构材料的比弹性模量 （单位：10^8cm）

材料	铜	钼	铁	钛	铝	铍	氧化铝	碳化硅
比弹性模量	1.3	2.7	2.6	2.7	2.7	16.8	10.5	17.5

可以看出，大多数金属材料的比弹性模量相差不大，只有铍显得特别大。一些难熔化合物的比弹性模量也很大，这是近年来这类材料在空间技术中被广泛应用的原因之一。

2. 弹性模量的技术意义

在工程技术中，机器零件或工程构件在服役过程中都处于弹性变形状态，但过量的弹性变形则使零件或构件丧失稳定性，即弹性失稳。表征零件或构件弹性稳定性的参量是刚度，是指机器零件或构件在载荷作用下抵抗弹性变形的能力，是金属零件或构件重要的性能指标，而弹性模量 E 是决定刚度的重要参数。

刚度的大小取决于零件或构件的几何形状和材料的弹性模量。当构件的长度一定时，刚度的大小就取决于弹性模量 E 与零件或构件截面积 S 的乘积。因此，要满足刚度要求，除了零件或构件具有足够的截面积 S 外，还要求材料具有足够的弹性模量 E。如果截面积 S 不能增大时，零件或构件的刚度就取决于材料的弹性模量 E，E 越大，刚度也就越大。从这个意义上理解，弹性模量 E 也可以认为是代表材料刚度的大小，这就是弹性模量 E 的技术意义。

对于一些须严格限制变形的结构（如机翼、船舶结构、建筑物、高精度的装配件等），须通过刚度分析来控制变形，以防止发生振动、颤振或失稳。例如，桥式起重机梁应有足够的刚度，以免挠度偏大，在起吊重物时引起振动；精密机床的主轴如果不具有足够的刚度，就不能保证零件的加工精度；汽车、拖拉机中的曲轴弯曲刚度不足，就会影响活塞、连杆及轴承等重要零件的正常工作。另外，如弹簧秤、环式测力计等，须通过控制其刚度为某一合理值，以确保其特定功能。

应该指出，弹性和刚度的概念是不同的。弹性表征材料弹性变形的能力，刚度则表征材料对弹性变形的抗力，可以汽车弹簧为例说明其区别。汽车未满载时，弹簧变形已达最大，卸载后弹簧恢复原状，这是弹簧的刚度不足，应从加大弹簧尺寸、改进结构着手解决问题；而汽车弹簧使用一段时间后发现弓形越来越小，即产生了塑性变形，这是弹性不足，由其弹性极限低所造成的，应采用改变钢种、调整热处理工艺等提高其弹性极限的办法解决。

想一想

某铝合金的梯子刚度不够，是否可以通过热处理的方法来提高它的刚度？如不行，应怎么办？

3. 弹性模量的测定

弹性模量的测定有动态法和静态法两种。动态法测量原理是截面均匀的棒状试样在两端自由的条件下做弯曲振动时，其弹性模量与基频固有频率、试样尺寸、试样质量有关，通过悬丝耦合弯曲共振法装置测定。静态法是利用单向拉伸试验测定弹性模量的传统方法，试样可以制成圆形或矩形。

根据 GB/T 22315—2008《金属材料　弹性模量和泊松比试验方法》，测定时，先给试样施加初始力后，装上引伸计（通常采用双表式，如图 1-11 所示），然后逐级施力测量试样伸长 ΔL。若已知载荷 ΔF 及试样尺寸，由胡克定律计算出弹性模量 E 为

$$E=\frac{\Delta F L_e}{(\overline{\Delta L})\ S_o}$$

式中　ΔF——力增量（N）；

L_e——引伸计标距（mm）；

$(\overline{\Delta L})$——伸长增量的算术平均值（mm）；

S_o——试样平行长度的原始横截面积（mm^2）。

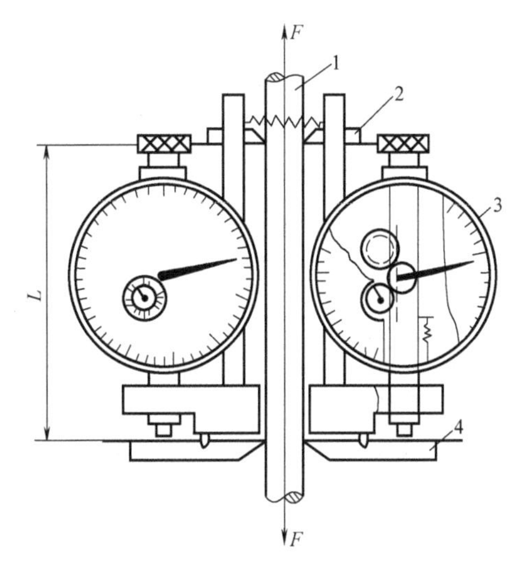

图 1-11　双表式引伸计

1—试样　2—固定刀刃　3—千分表　4—活动刀刃兼杠杆

二、弹性比功

弹性比功又称为弹性比能、应变比能，表示金属材料吸收弹性变形功的能力，是一个韧性指标，一般用金属开始塑性变形前单位体积

吸收的最大弹性变形功表示。金属拉伸时的弹性比功用图1-12所示应力-应变曲线上弹性变形阶段下的影线面积表示，即

$$a_e=\frac{1}{2}\sigma_e\varepsilon_e=\frac{\sigma_e^2}{2E}$$

式中 a_e——弹性比功；

σ_e——弹性极限；

ε_e——弹性应变。

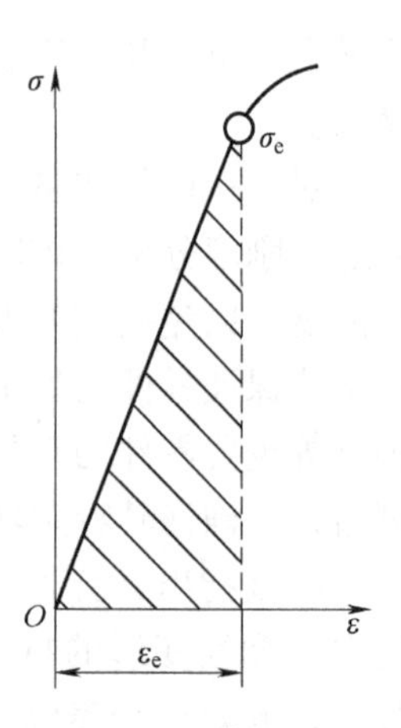

图1-12 弹性比功的图解计算法

弹性极限是一个习惯术语，是金属材料由弹性变形过渡到弹塑性变形时的应力，由于测试条件的限制，在工程中很难测出准确而唯一的数值。实际测量时常用规定塑性延伸应力代替，如测定试样标距部分的塑性延伸率为0.1%时的应力为弹性极限。由此可见，弹性极限与下一模块将要介绍的屈服强度是一个概念，都表示材料对微量塑性变形的抗力。

由上式可知，提高材料的弹性比功有两种途径：一是提高弹性极限 σ_e，二是降低弹性模量 E。但弹性模量是对组织不敏感的指标，金属材料的合金化和热处理对它影响不大。因此，对于一般金属材料，只有用提高弹性极限的方法才能提高弹性比功。但是要提高一个具体零件的弹性比功，除采取提高弹性极限或降低弹性模量外，还可以改变零件的体积。体积越大，弹性比功越大，即可储存在零件中的弹性能越大。

弹簧是典型的弹性零件，其重要作用是减振和储能驱动等。因此，弹簧在弹性范围内应有尽可能高的弹性比功，以便在弹性过程吸收弹性变形功，将其转变为弹性能储存在弹簧内部。在生产中，弹簧钢含碳量较高，并加入硅、锰等合金元素以强化铁素体基体，经淬火加中温回火获得回火托氏体组织，以及冷变形强化等，可以有效地提高弹性极限，使弹性比功和弹性增加，满足各种钢制弹簧的技术性能要求。螺旋弹簧除材料的弹性外，其螺旋结构使变形量均匀分布在材料上，因此能承受更大的弹性变形量。

制造某些仪表弹簧时，常采用锡青铜或铍铜，除导电性和无磁性要求外，更重要的是因为它们既具有较高的弹性极限，又具有较小的弹性模量。这样，能保证在较大的变形量下仍处于弹性变形状态，即从弹性模量的角度来获得较大弹性比功，这样的弹簧材料常称为软弹簧材料。但铍是剧毒金属，使用时千万要注意。

几种常用金属材料的弹性模量、弹性极限和弹性比功见表1-7。

表1-7 几种常用金属材料的弹性模量、弹性极限和弹性比功

材料	弹性模量 $E/10^5$MPa	弹性极限 σ_e/MPa	弹性比功 a_e/MPa
中碳钢	2.1	310	0.228
弹簧钢	2.1	965	2.217
硬铝	0.724	125	0.108
铜	1.1	28	0.0036
铍铜 TBe2	1.2	588	1.44
锡青铜 QSn6.5-0.1	1.01	450	1.0

想一想

弹簧用钢中，碳的质量分数一般为多少？加入什么合金元素？怎样进行热处理和表面处理？其目的是什么？

模块三　强度指标及其测定

模块导入

如图1-13所示，航空母舰上一般装有4根阻拦索，用来保证舰载机安全降落，目前只有美国、中国、俄罗斯和英国拥有此技术，这是世界上“最贵的绳子”，美国曾以每根150万美元的价格将阻拦索卖给法国，据说这还是“友情价”。制造阻拦索的钢丝对强度要求极高，屈服强度应达到1500MPa以上，同时断后伸长率不小于20%，冲击吸收能量大于120J，屈强比至少0.85以上。

图1-13　航空母舰上的阻拦索

学习内容

一、强度及其意义

强度是指金属材料抵抗塑性变形和断裂的能力，是工程技术上重要的力学性能指标。按照载荷的性质，材料强度有静强度、疲劳强度等；按照环境条件，材料强度有常温强度、高温强度等，高温强度又包括蠕变强度和持久强度。除了上述材料强度外，还有机械零件和构件的结构强度。本模块主要介绍在单向静拉伸条件下的材料强度。

材料强度的大小通常用单位面积上所承受的力来表示，其单位为Pa（N/m^2），但Pa这个单位太小，所以实际工程中常用MPa（$1MPa=10^6Pa$）作为强度的单位，一般钢材的屈服强度为200~2000MPa。

强度越高，相同截面积的材料在工作时越可以承受较高的载荷。当载荷一定时，选用高强度的材料，可以减小构件或零件的截面尺寸，从而减小其自重，这对于汽车、船舶等交通运输工具的意义更加突出。因此，提高材料的强度是材料科学中的重要课题，称为材料的强化。

【案例1-1】 如图1-14所示，2008年北京奥运会主体育场“鸟巢”结构设计奇特新颖，用于搭建其外部巨大钢结构主支撑件的就是Q460E钢，其屈服强度为460MPa，整个结构共用钢400t。这是国内在建筑结构上首次使用Q460钢，而且钢板厚度达到110mm，也是以前绝无仅有的。

图1-14　“鸟巢”

二、屈服现象和屈服强度

1. 屈服现象

在金属拉伸试验过程中，当应力超过弹性极限后，变形增加较快，此时除了弹性变形外，还产生部分塑性变形。当外力增加到一定数值时突然下降，随后，在外力不增加或上下波动情况下，试样继续伸长变形，在力-伸长曲线上出现一个波动的小平台，这便是屈服现象，如图 1-15 所示。

在图 1-15 中，金属材料拉伸试样发生屈服现象时，力所对应的点称为屈服点。试样发生屈服而力首次下降前的点为上屈服点；在屈服期间，不计初始瞬间效应时的最小力值为下屈服点。发生屈服时，试样的伸长变形是不均匀的，屈服伸长对应的水平线段或曲折线段称为屈服平台或屈服齿。

很多金属材料在拉伸试验时都会产生明显的屈服现象，尤其是具有体心立方晶格的金属。产生屈服现象的原因是，金属中的溶质原子或第二相粒子聚集在位错线的周围，与位错交互作用产生柯垂尔（Cottrell）气团，阻碍了位错运动，对位错产生“钉扎”作用，当外力增大到一定程度，位错挣脱了溶质原子的“钉扎”，材料出现明显塑性变形，表现为上屈服点；一旦位错挣脱了溶质原子的“钉扎”，使位错继续运动的力就不需开始时那么大，故应力值下降，试样继续伸长，力保持为定值或有微小的波动，从而产生了屈服现象。

如果将低碳钢拉伸试验进行到图 1-16 中 D 点，如曲线 1 所示，即产生屈服后卸载，然后立即重新加载拉伸，将不再出现屈服现象，这是因为位错脱离“钉扎”后，溶质原子来不及重新聚集形成气团，如曲线 2 所示；如果卸载后放置一段时间（如 24h）再加载进行拉伸，则又出现屈服现象，但屈服点升高，这是因为溶质原子可以重新聚集形成气团，如曲线 3 所示。

由于屈服塑性变形是不均匀的，因而易使低碳钢冲压件表面产生皱褶现象。若将钢板先在 1%～2%压下量（超过屈服伸长量）下预轧一次，而后再进行冲压变形，可消除屈服现象，保证工件表面平整光洁。

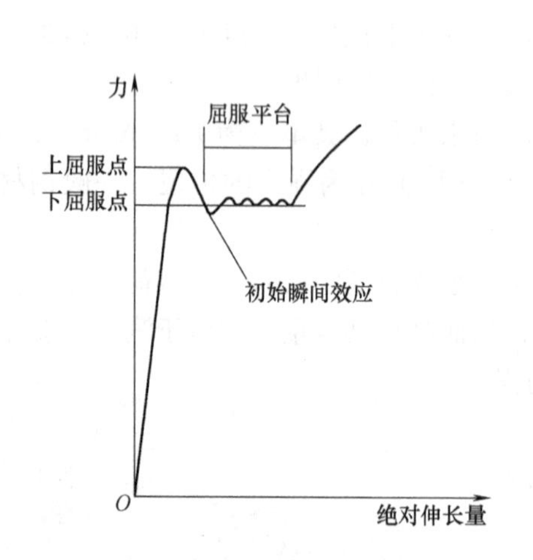

图 1-15 具有明显屈服现象的力-伸长曲线

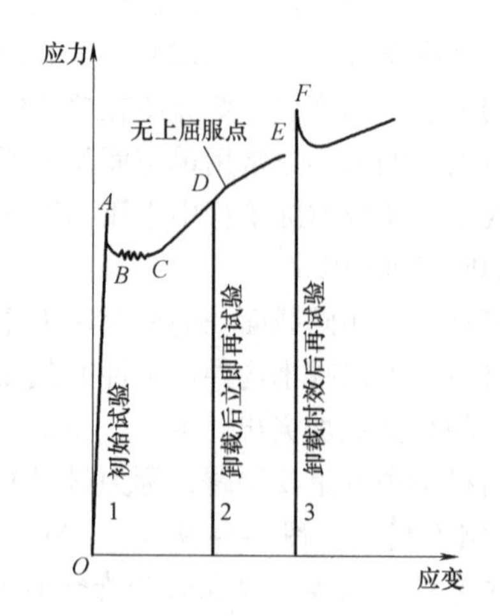

图 1-16 时效对低碳钢的应力-应变曲线的影响

2. 屈服强度

屈服现象是金属材料在拉伸时开始产生宏观塑性变形的一种标志，用应力表示的屈服点就称为屈服强度。屈服强度可以理解为金属材料开始产生明显塑性变形的最小应力值，其实质是金属材料对初始塑性变形的抗力。

在应力-应变曲线上，与上、下屈服点相对应的应力称为上、下屈服强度，分别用 R_{eH}和

R_{eL}表示，如图 1-17 所示。R_{eH}和 R_{eL}的计算公式为

$$R_{eH}=\frac{F_{eH}}{S_o}$$

$$R_{eL}=\frac{F_{eL}}{S_o}$$

式中　F_{eH}、F_{eL}——试样发生屈服现象时，上、下屈服点对应的载荷（N）；

S_o——试样的原始横截面积（mm^2）。

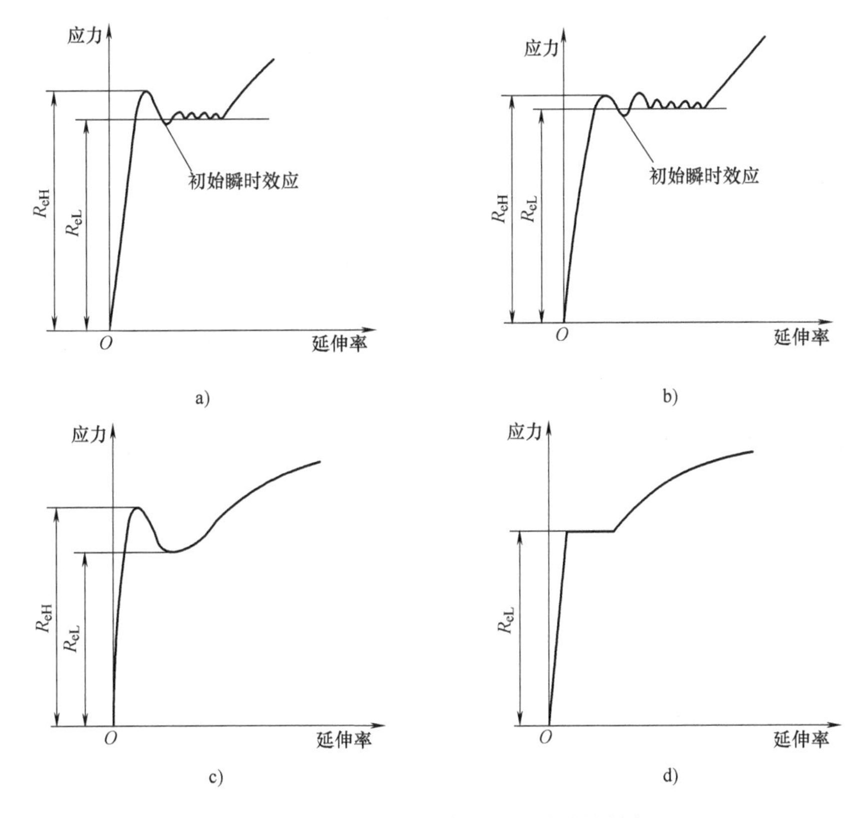

图 1-17　不同类型曲线的上、下屈服强度

金属材料呈现明显屈服现象时（图 1-17a~c），相关标准应规定或说明测定上屈服强度或下屈服强度，或两者。当相关标准未明确规定和说明时，应同时测定上屈服强度和下屈服强度；只呈现单一屈服状态的情况（图 1-17d）时，测定下屈服强度。

3. 条件屈服强度

有些金属材料（如高碳钢、黄铜等）在拉伸试验时看不到明显的屈服现象，对于这类材料，用规定微量塑性伸长应力表征材料对微量塑性变形的抗力。规定微量塑性伸长应力是人为规定拉伸试样标距部分产生一定的微量塑性伸长率（如 0.01%、0.02%、0.2%等）时的应力，也称为条件屈服强度。条件屈服强度共有以下三种指标：

（1）规定塑性延伸强度 R_p　规定塑性延伸强度是塑性延伸率等于规定的引伸计标距 L_e 百分率时对应的应力，用 R_p 表示，如测定试样标距部分的塑性延伸率为 0.2%时的应力，记为 $R_{p0.2}$。规定塑性延伸强度 R_p 的测定可以根据应力-延伸率曲线图。在曲线图上，作一条与

曲线的弹性直线段部分平行，且在延伸率轴上与此直线段的距离等于规定塑性延伸率（如0.2%）的直线。由此平行线与曲线的交点可以得到所求规定塑性延伸强度，如图1-18所示。

（2）规定残余延伸强度 R_r 规定残余延伸强度是指试样在拉伸过程中，卸除应力后，残余延伸率等于规定的引伸计标距 L_e 百分率时对应的应力，如图1-19所示。使用的符号应附下脚标说明所规定的残余延伸率，如 $R_{r0.2}$ 表示规定残余延伸率为0.2%时的应力。

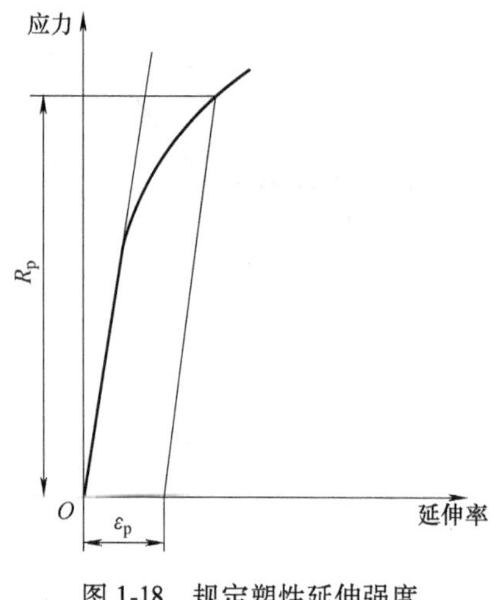

图1-18 规定塑性延伸强度

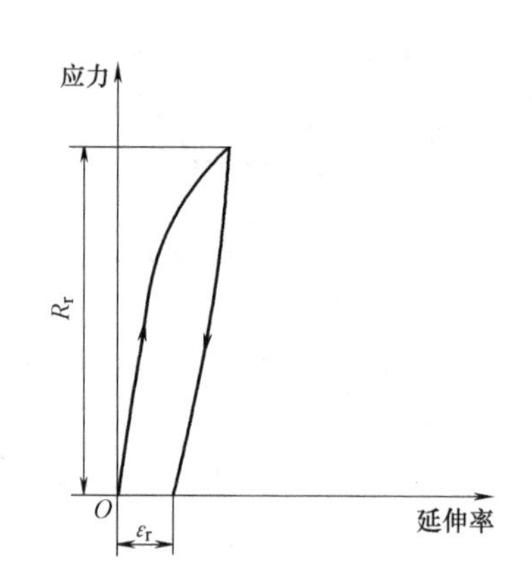

图1-19 规定残余延伸强度

（3）规定总延伸强度 R_t 即总延伸率等于规定的引伸计标距 L_e 百分率时的应力。使用的符号应附下脚标说明所规定的总延伸率，如 $R_{t0.5}$ 表示规定总延伸率为0.5%时的应力。

上述力学性能指标 R_p、R_r、R_t 和 R_{eH}、R_{eL} 一样，都可以表征材料的屈服强度。其中 R_p、R_t 是在加载过程中测定的，试验效率较卸力法测 R_r 高，且易于实现测量自动化。工业纯铜及灰铸铁等常用 $R_{t0.5}$ 表示其屈服强度。本书以后各单元叙述涉及屈服强度有关的具体问题时，不计测定方法，统一用 R_{eL} 或 $R_{r0.2}$ 表示材料的屈服强度。

【小资料】 引伸计是测量试样及其他物体两点之间线变形的一种仪器，现在应用最广的是电阻应变计式电子引伸计，其原理简单、安装方便，如图1-20所示。使用时，传感器直接和被测试样接触，试样上被测两点之间的距离为标距，标距的变化（伸长或缩短）为线变形。试样变形时，传感器随着变形，并把这种变形转换为电信号，放大器将传感器输出的微小信号放大，记录器将放大后的信号直接显示或自动记录下来。

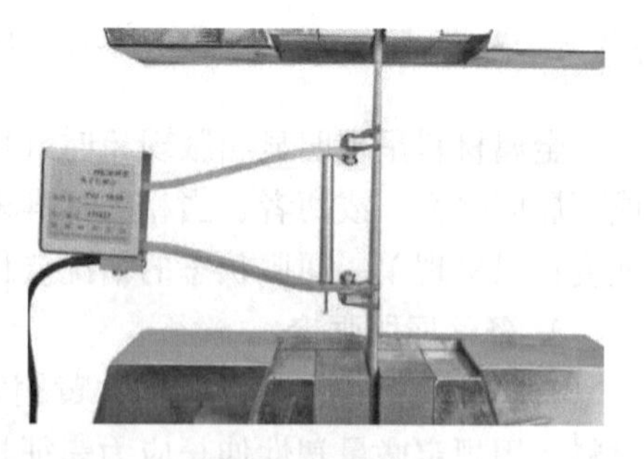

图1-20 引伸计

4. 屈服强度的工程意义

在生产实际中，绝大部分工程构件和机器零件在其服役过程中都处于弹性变形状态，不允许有明显塑性变形产生。例如，高压容器中的紧固螺栓若发生过量塑性变形，将无法正常工作。因此，屈服强度是工程技术上重要的力学性能指标之一，也是大多数机械零件或工程构件选材和设计的依据。

传统的强度设计方法，对于韧性材料，以屈服强度为标准，规定许用应力 $[\sigma]=R_{eL}/n$，安全系数 n 一般取 2 或更大。需要注意的是，按照传统的强度设计方法，必然会导致片面追求材料的高屈服强度，但是随着材料屈服强度的提高，材料的塑性、韧性降低，材料的脆断危险性增加了。

屈服强度不仅有直接的使用意义，在工程上也是材料的某些力学行为和工艺性能的大致度量。例如，材料屈服强度高，对应力腐蚀和氢脆就敏感；材料屈服强度低，冷加工成形性能和焊接性能就好等。因此，屈服强度是材料性能中不可缺少的重要指标。

【小资料】 航空母舰飞行甲板和潜艇耐压壳体对强度要求极高，目前世界上仅有少数国家能生产这类钢材。美国在二战后开发了屈服强度为 600MPa 级 HY80 钢、820MPa 级 HY100 钢和 910MPa 级 HY130 钢，是制造潜艇和航空母舰飞行甲板的重要钢材。俄罗斯开发了屈服强度从 390~1175MPa 级的 AБ 系列舰船钢；中国的潜艇用钢有 590MPa 的 921 钢与 785MPa 的 980 超级钢，前者是 HY80 级别的，后者是 HY100 级别的。

三、形变强化

1. 形变强化现象

金属材料在拉伸试验中“挺过”屈服阶段以后，继续变形将产生形变强化，进入均匀塑性变形阶段，并且需要不断增加外力才能继续变形，这表明金属材料有一种阻止继续变形的能力。

金属在塑性变形过程中，随着变形程度的增加，强度、硬度增加，塑性、韧性下降的现象，称为形变强化，也称为冷变形强化或加工硬化，如图 1-21 所示。这里塑性变形是强化的原因，而强化是塑性变形的结果。

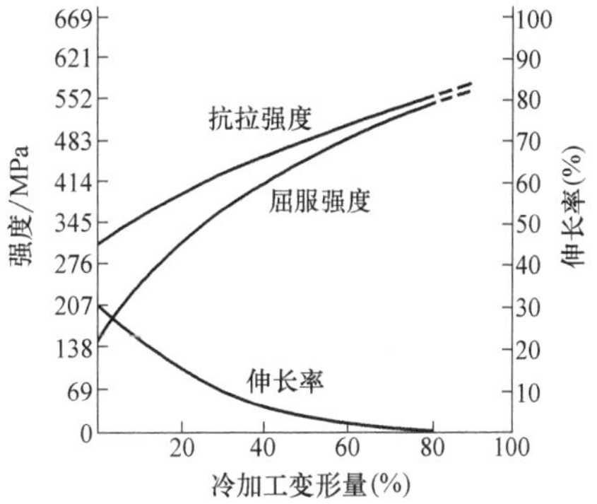

产生形变强化的原因是：金属发生塑性变形时，位错密度增加，位错间的交互作用增强，相互缠结，造成位错运动阻力增大，引起塑性变形抗力提高；另一方面，由于晶粒破碎细化，使强度得以提高。

图 1-21 工业纯铁的形变强化

2. 形变强化系数

金属材料在均匀塑性变形阶段的形变强化能力用形变强化系数 n 表示。n 越大，形变强化能力越大。当 $n=1$ 时，表示材料是完全的弹性体；$n=0$ 时，表示材料没有形变强化能力。一般金属材料的 n 值在 0.1~0.5 之间。弹壳采用的 H70 黄铜材料具有较高的 n 值（0.35~0.40），因此具有良好的冲压成形性能，可获得优良的外形。

3. 形变强化的工程意义

形变强化是提高材料强度的重要手段之一，在生产中具有重要的意义，特别是对一些不能用热处理强化的金属。如不锈钢的屈服强度不高，但如用冷变形可以成倍地提高；高碳钢丝经过铅浴等温处理后拉拔，强度可以达到 2000MPa 以上。但是，传统的形变强化方法只能使强度提高，而塑性损失了很多。现在研制的一些新材料中，注意到当改变了显微组织和组织的分布时，变形中既能提高强度又能提高塑性。

其次，形变强化是金属冷塑性变形的保证。形变强化和塑性适当配合，可使先变形部分发生硬化而停止变形，而未变形部分开始变形，使塑性变形均匀地分布于整个工件上，而不至于集中在某些局部而导致最终断裂，保证冷变形工艺顺利实施。

对于工作中的零构件，也要求材料有一定的形变强化能力。例如，当金属某些薄弱部位因偶然过载产生塑性变形时，形变强化会阻止塑性变形继续发展，从而保证了金属零构件的安全服役。

但形变强化后由于塑性和韧性进一步降低，给进一步变形带来困难，甚至导致开裂或断裂。

【小资料】 我国生产的坦克履带板专用钢为ZGMn8CrMo，属低稳定奥氏体中锰铸钢。使用时，在较大冲击载荷或接触应力的作用下，其表面层将迅速产生形变强化，并有马氏体沿滑移面形成，从而产生高耐磨表面层，而里层仍保持优良的冲击韧性，因此即使零件磨损到很薄，仍能承受较大的冲击载荷而不致破裂。

四、缩颈现象和抗拉强度

1. 缩颈现象

在力-伸长曲线上的最大载荷处，塑性变形主要集中于试样的某一局部区域，该处横截面积急剧减小，这种现象称为缩颈（Necking），是塑性材料在拉伸试验时变形集中于局部区域的特殊现象，如图1-22所示。

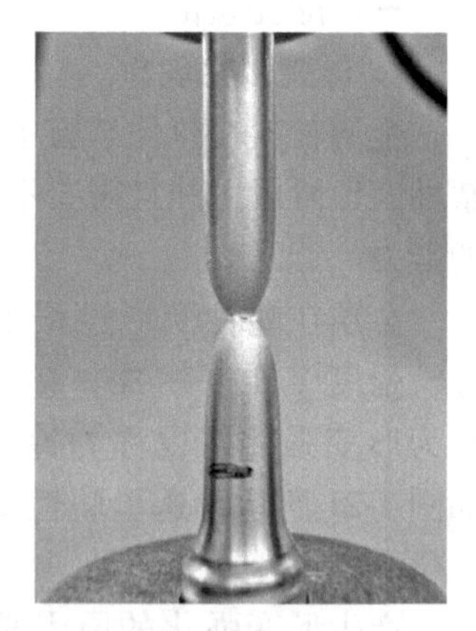

图1-22 金属单向拉伸过程中的缩颈现象

在金属试样力-伸长曲线（图1-5）极大值 m 点之前，塑性变形是均匀的，因为材料形变强化使试样承载能力增加，可以补偿试样截面减小时其承载力的下降。在 m 点之后，由于形变强化跟不上塑性变形的发展，使变形集中于试样局部区域产生缩颈。发生缩颈后变形则主要集中在局部区域，在此区域内横截面越来越小，局部应力越来越高，直至不能承受外加载荷而断裂。所以，m 点是拉伸曲线的最高点，也是局部塑性变形开始点，也称为拉伸失稳点或塑性失稳点。

2. 抗拉强度

金属在断裂前所能承受的最大应力称为抗拉强度，又称为强度极限，用 R_m 表示，计算公式为

$$R_m = \frac{F_m}{S_o}$$

式中 R_m——抗拉强度（MPa）；

F_m——试样拉断前承受的最大载荷（N）；

S_o——试样原始横截面积（mm^2）。

抗拉强度 R_m 的物理意义是塑性材料抵抗大量均匀塑性变形的能力。铸铁等脆性材料在拉伸过程中一般不出现缩颈现象，抗拉强度就是材料的断裂强度。

3. 抗拉强度的工程意义

断裂是零件最严重的失效形式，所以，抗拉强度也是工程设计和选材的主要指标，特别是对脆性材料来讲。

对于韧性金属材料，抗拉强度代表产生最大均匀塑性变形的抗力，表示材料在静拉伸

条件下的极限承载能力。但这种承载能力仅限于光滑试样单向拉伸的受载条件，而且韧性材料的抗拉强度 R_m 不能作为设计参数，因为 R_m 对应的应变远非实际使用中所要达到的；如果材料承受复杂的应力状态，则 R_m 就不能代表材料的实际有用强度。虽然如此，由于抗拉强度代表实际工件在静拉伸条件下的最大承载能力，且易于测定，重现性好，所以抗拉强度 R_m 是工程上金属材料的重要力学性能指标之一，广泛用作产品规格说明或质量控制指标。

对于脆性金属材料而言，一旦拉伸应力达到最大值，材料便迅速断裂了，所以抗拉强度 R_m 就是脆性材料的断裂强度，在产品设计时，其许用应力以抗拉强度 R_m 为依据。

4. 屈强比

强度指标的确定

屈服强度与抗拉强度的比值$\left(\dfrac{R_{eL}}{R_m}\right)$称为材料的屈强比，屈强比的大小对金属材料意义很大。屈强比越小，表示材料屈服强度与抗拉强度的差距越大，即塑性越好，万一超载，由于塑性变形的产生而使金属材料的强度提高而不致立刻破坏，从而保证了使用中的安全性，但此值太小时，材料强度的有效利用率低；相反屈强比高，说明屈服极限接近抗拉强度，材料的承载能力高，做结构零件可靠性高，但屈强比大时，材料在断裂前塑性“储备”太少，对应力集中敏感，安全性能下降。合理的屈强比一般在 0.60~0.75 之间；弹簧钢一般均在弹性极限范围内服役，承受载荷时不允许产生塑性变形，因此要求弹簧钢经淬火、中温回火后具有尽可能高的弹性极限和屈强比（≥0.90）。

此外，屈强比越低，则塑性越佳，冲压成形性越好，所以较小的屈强比几乎对所有的冲压成形都是有利的。很多用于冲压的板材标准中对屈强比都有一定要求，如深冲钢板的屈强比≤0.65。

【小资料】 螺栓（图 1-23）是常用的金属连接件，其头部的数字表示性能等级，分为 3.6、4.6、4.8、5.6、5.8、6.8、8.8、9.8、10.9、12.9 共 10 个等级，其中 8.8 级及以上螺栓称为高强度螺栓，其余称为普通螺栓。螺栓性能等级数字中的第一位数字表示抗拉强度，小数表示屈强比。以常用的 4.8 级螺栓为例，其抗拉强度为 400MPa，屈强比为 0.8，据此可知其屈服强度为 400MPa×0.8＝320MPa。

图 1-23　螺栓

五、金属的强化手段

高强度是人们对结构材料最主要的追求，因为它是零构件小型化的基础。强度是衡量材料抵抗塑性变形和断裂的能力，越难于变形的金属材料，其强度越高。因为金属塑性变形的本质是位错沿滑移面的滑移，金属材料内的滑移系越多、位错的滑移越容易，它的塑性就越好，强度就越低。也就是说，位错滑移的难易程度决定了金属材料强度的高低。所以，金属的强化手段都与约束和钉扎位错的滑移有关。只要能够阻碍位错的移动，提高金属的塑性变形抗力，就能够提高金属材料的强度。

常用的金属强化手段有固溶强化、第二相强化、细晶强化、形变强化、相变强化等几种，其中形变强化已在前面单独讲述，故下面主要介绍其余四种方法。

1. 固溶强化

通过溶入溶质元素形成固溶体，使金属材料的强度、硬度升高的现象称为固溶强化。固溶强化是金属材料最基本的强化方式，是提高金属材料力学性能的重要途径之一。

固溶强化的主要原因有二：一是溶质原子的溶入使固溶体的晶格发生畸变，对在滑移面上运动的位错有阻碍作用；二是在位错线上偏聚的溶质原子对位错的钉扎作用。

固溶强化的强化效果与溶质的浓度和固溶体的类型有关，在达到极限溶解度之前，溶质浓度越大，强化效果越好。一般而言，间隙固溶强化效果比置换固溶强化效果要强烈得多，其强化作用甚至可差1~2个数量级。

但是，固溶强化是以牺牲塑性和韧性为代价的，固溶强化效果越好，塑性和韧性下降越多。实践表明，只要适当控制固溶体中溶质的含量，可以在显著提高金属材料强度的同时，仍能保持良好的塑性和韧性。因此，对综合力学性能要求较高的金属材料，都是以固溶体为基体的合金。

2. 第二相强化

许多金属材料的组织是由两相或多相构成，一般基体为固溶体相，一些高熔点的氧化物或碳化物、氮化物以细小颗粒状弥散分布在基体上，称为第二相粒子，其硬度比基体高得多。第二相粒子可以有效地阻碍位错运动，运动着的位错遇到滑移面上的第二相粒子时，或切过，或绕过，这样滑移变形才能继续进行。这一过程要消耗额外的能量，需要提高外加应力，所以造成强化。这种由第二相粒子引起的强化作用称为第二相强化。

根据获得第二相的工艺不同，按习惯将各种第二相强化分别称呼，其中通过相变热处理获得的称为沉淀强化或析出强化，而把通过粉末烧结获得的称为弥散强化。有时也不加区分地混称为弥散强化或颗粒强化。如应用钒、铌、钛、铝的微合金化，使过冷奥氏体发生相间沉淀和铁素体中析出弥散的碳化物和碳氮化物，产生沉淀强化。

必须指出，只有当粒子很小时，第二相粒子才能起到明显的强化作用，如果粒子太大，强化效果将微不足道。因此，第二相粒子应该细小而分散，即要求有高的弥散度。粒子越细小，弥散度越高，则强化效果越好。

3. 细晶强化

晶界或其他界面可以有效地阻止位错通过，因而可以使金属强化。所以将通过细化晶粒增加晶界面积，提高金属强度的方法称为晶界强化，也称为细晶强化。

细晶强化的原因有两个方面。一方面由于晶界的存在，使变形晶粒中的位错在晶界处受阻，每一晶粒中的滑移带也都终止在晶界附近；另一方面，由于各晶粒间存在着位向差，为了协调变形，要求每个晶粒必须进行多滑移，而多滑移必然要发生位错的相互交割，这两者均将大大提高金属材料的强度。显然，晶粒越细，单位体积内的晶界面积越大，则其强化效果越显著。

晶粒大小与强度之间的关系符合 Hall-Petch 公式，即

$$R = R_0 + Kd^{-\frac{1}{2}}$$

式中 R——金属材料的强度值（MPa）；

R_0——未考虑晶粒因素时的强度值（MPa）；

K——系数（$\mathrm{MPa \cdot \mu m^{\frac{1}{2}}}$）；

d——金属的晶粒直径（μm）。

许多碳化物形成元素（如钒、钛、铌）由于其容易与碳形成熔点非常高的碳化物，可以阻碍晶粒的长大，所以具有细化晶粒的作用。

此外，细化晶粒还可以采用热处理方法（如正火、反复快速奥氏体化）及控制轧制等。

细晶强化不仅可以提高强度，而且可以改善钢的塑性和韧性，这是其他强化方式难以达到的。因此细晶化，特别是超细晶化，是目前正在大力发展的重要强化手段。

4. 相变强化

金属材料通过热处理等手段发生固态相变，获得需要的组织结构，使金属材料得到强化，称为相变强化。

淬火是使金属相变强化的最重要手段，金属材料经过淬火和随后回火的热处理工艺后，可获得马氏体组织，使材料强化。淬火获得马氏体强化的原因是过饱和的碳原子使晶格发生畸变，产生了强烈的固溶强化；同时，在马氏体中又存在大量的微细孪晶和位错，它们都会提高塑性变形的抗力，从而产生了相变强化。

但是，马氏体强化只适用于在不太高的温度下工作的零构件，在高温条件下工作的零构件不能采用这种强化方法。

在实际生产中，强化金属材料大多是同时采用几种强化方法的综合强化，以充分发挥强化能力。例如：固溶强化+形变强化，常用于固溶体系合金的强化；马氏体相变强化+表面形变强化，常用于一些承受疲劳载荷的构件，在调质处理后再进行喷丸或滚压处理；固溶强化+沉淀强化，常用于一些高温承压构件，以提高材料的高温性能。

模块四　塑性指标及其测试

模块导入

1）你知道绑扎物体为什么用铁丝（镀锌低碳钢丝）吗？

2）轿车引擎盖、门板等覆盖件都是通过冲压成形的，这利用的是材料的什么性能呢？

3）1g 黄金可以打制成约 0.5m^2 的纯金箔，厚度为 0.12μm，为什么钢不能呢？

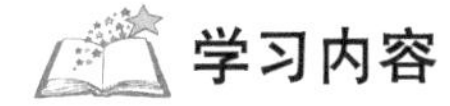

学习内容

一、塑性

塑性是金属材料断裂前发生塑性变形的能力。

金属材料断裂前所产生的塑性变形由均匀塑性变形和集中塑性变形（缩颈）两部分组成。大多数拉伸时形成缩颈的韧性金属材料，其均匀塑性变形量比集中塑性变形量要小得多，一般均不超过集中塑性变形量的 50%。许多钢材（尤其是高强钢）的均匀塑性变形量仅占集中塑性变形量的 5%～10%；对于铝和硬铝，占 18%～20%；对于黄铜，占 35%～45%。也就是说，拉伸缩颈形成后，塑性变形主要集中于试样缩颈附近。

二、塑性指标

为比较和评定金属材料的塑性变形能力，除深冲压用钢和工程结构用钢（桥梁用钢、造船用钢、建筑用钢等）因成形工艺尚需进行冷弯、杯突、扩孔等工艺性能试验外，对绝大部分机械制造用钢来说都是采用光滑的圆试样，在静拉伸试验机上做单向静拉伸试验，根据拉断后试样的断后伸长率和断面收缩率来鉴定材料的塑性变形能力。

1. 断后伸长率 *A*

断后伸长率是指试样拉断后标距的残余伸长量（L_u-L_o）与原始标距 L_o 的百分率，即

$$A = \frac{L_u - L_o}{L_o} \times 100\%$$

式中 L_u——试样拉断后标距的长度（mm）；

L_o——试样原始标距的长度（mm）。

测试断后伸长率时，将拉断的试样紧密地对接在一起，尽量使试样轴线位于同一直线上，并采取适当措施（如通过螺母施加压力），使试样断裂部分适当接触。采用分辨力优于0.1mm 的量具，选用下列方法之一测量断后标距。

（1）直接法 当试样拉断处到标距端点的距离均大于 $L_o/3$ 时，直接测量标距两端点之间的距离 L_u。

（2）移位法 如果试样拉断处到标距端点的距离小于或等于 $L_o/3$ 时，应按国家标准的规定采用断口移中的办法，计算 L_u 长度。试验前要在试样标距内等分划十个格子。试验后，将试样对接在一起，以断口为起点 O，在长段上取基本等于短段的格数得 B 点。计算 L_u 的方法如下：

1）当长段所余格数（BD）为偶数时，如图 1-24a 所示，则量取长段所余格数之一半，得 C 点，将 BC 段长度移到试样左端，则移后的 L_u 为

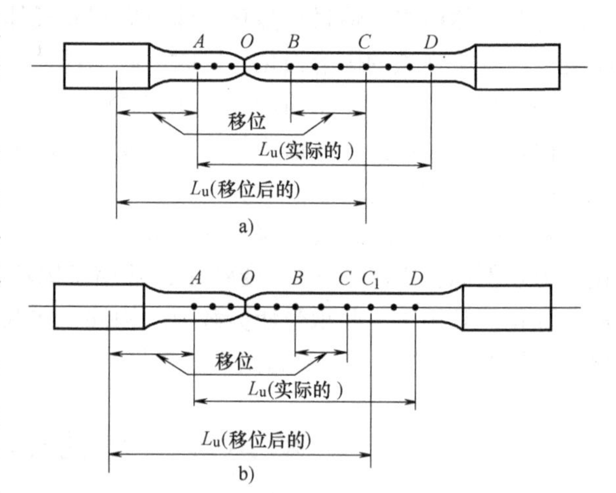

图 1-24 移位法测定试样断裂后标距

$$L_u = AO + OB + 2BC$$

2）当长段所余格数（BD）为奇数时，如图 1-24b 所示，则量取长段上所余格数减 1 之一半，得 C 点，再由 C 点向后移一格得 C_1 点，则移位后的标距 L_u 为

$$L_u = AO + OB + BC + BC_1$$

原则上只有在断裂处与最接近的标距标记的距离不小于原始标距的三分之一的情况下方为有效。但断后伸长率大于或等于规定值时，不管断裂位置处于何处，测量均为有效。

同一材料的试样长短不同，测得的断后伸长率略有不同。由于大多数韧性金属材料在缩颈处产生的集中塑性变形量大于均匀塑性变形量，因此，比例试样的尺寸越短，其断后伸长率越大，用短试样（L_o=5d_o）测得的断后伸长率 A 略大于用长试样（L_o = 10d_o）测得的断后伸长率 $A_{11.3}$。

2. 断面收缩率 *Z*

断面收缩率是指试样拉断处横截面积的最大减小量（S_o-S_u）与原始横截面积 S_o 的百分率，用 Z 表示，即

$$Z = \frac{S_o - S_u}{S_o} \times 100\%$$

式中　S_u——试样拉断后断裂处的最小横截面积（mm^2）；

S_o——试样的原始横截面积（mm^2）。

断面收缩率的测试方法为，将试样断裂部分仔细地配接在一起，使其轴线处于同一直线上，断裂后最小横截面积的测定应准确到±2%。对于圆形横截面试样，在缩颈最小处相互垂直方向测量直径，取其算术平均值计算最小横截面积 S_u；对于矩形横截面试样，测量缩颈处的最大宽度 b_u 和最小厚度 a_u，如图 1-25 所示，两者之乘积为断后最小横截面积 S_u。原始横截面积 S_o 与断后最小横截面积 S_u 之差除以原始横截面积 S_o 得到的百分比即为断面收缩率。

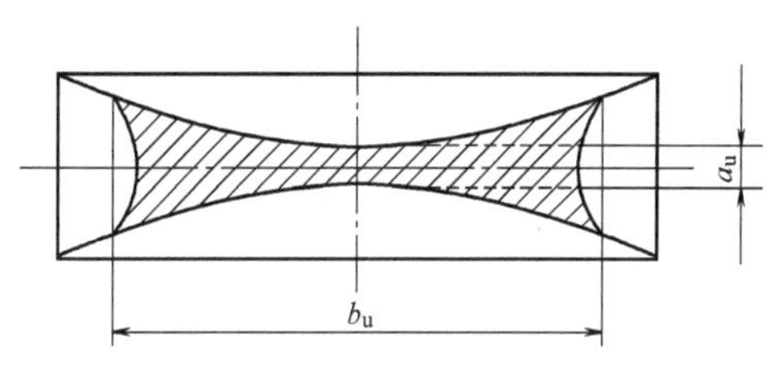

图 1-25　矩形横截面试样断后最小横截面积的测定

断面收缩率是在复杂应力状态下形成的，冶金因素的变化对性能的影响在断面收缩率上更为突出，所以断面收缩率比断后伸长率对组织的变化更为敏感，但与试样的尺寸无关。

根据断后伸长率 A 和断面收缩率 Z 的相对大小，可以判断金属材料拉伸时是否形成缩颈。若材料的断后伸长率大于或等于断面收缩率，则该材料只有均匀塑性变形而无缩颈现象，是低塑性材料；反之，则有缩颈现象，是高塑性材料。

三、塑性的工程意义

任何零件都要求材料具有一定的塑性。很显然，断后伸长率 A 和断面收缩率 Z 越大，说明材料在断裂前发生的塑性变形量越大，也就是材料的塑性越好。

塑性指标的确定

金属之所以获得广泛应用，其原因不仅在于具有较高的强度，而且更在于它的良好塑性。没有塑性的保证，材料的强度只是一句空话。

首先，塑性好的金属材料可以发生大量塑性变形而不破坏，便于通过各种压力加工方法（锻造、轧制、冲压等）获得形状复杂的零件或构件。如低碳钢的断后伸长率可达 30%，断面收缩率可达 60%，可以拉成细丝，轧成薄板，进行深冲成形；而铸铁由于塑性很差，不能进行塑性加工。

其次，工程构件或机械零件在使用过程中虽然不允许发生明显塑性变形，但在偶然过载时，塑性好的材料能在过载处产生塑性变形，由于材料有形变强化能力，使之加工硬化，以承受该处的应力，而不致突然断裂。

此外，材料塑性变形具有缓和应力集中、消减应力峰的作用，使应力重新分配，因而能防止机件发生未能预测的早期破坏。许多零件或构件不可避免地存在截面突变、油孔、沟槽、尖角等缺口，加载后在这些缺口处出现应力集中。具有一定塑性的材料可在缺口根部产生塑性变形，则可松弛应力，使缺口处应力下降。

塑性指标的高低还能反映材料的冶金质量。如钢中夹杂物过多时，塑性必定下降。轧制钢材的纵、横向伸长率之差往往是评定压力加工质量优劣的指标之一。

一般情况下，强度与塑性是一对相互矛盾的性能指标。在金属材料的工程应用中，要提高强度，就要牺牲一部分塑性。反之，要改善塑性，就必须牺牲一部分强度。但通过细化金属材料的显微组织，可以同时提高材料的强度和塑性。

【小资料】 通常情况下金属的伸长率不超过90%，而有些金属及其合金在某些特定的条件下，最大伸长率可高达1000%~2000%，个别的可达6000%，这种现象称为超塑性。由于超塑性状态具有异常高的塑性，极小的流动应力，极大的活性及扩散能力，所以在压力加工、热处理、焊接、铸造甚至切削加工等很多领域中应用。

模块五 特殊试样的拉伸试验

模块导入

对某种金属材料进行拉伸试验时，有时不能按标准尺寸取样和制备拉伸试样，如金属线材、管材、钢丝绳和钢绞线及进行金属材料缺口敏感度的拉伸试验。在采用这些试样试验前必须对取样、装夹及测量做出一些附加的技术规定。

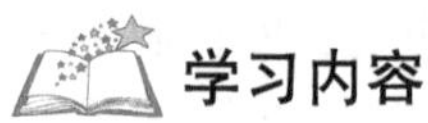

学习内容

一、金属线材拉伸试验

对于直径小于10mm的圆形截面的盘状材料的线材，进行拉伸试验时标距长度取为100mm和200mm的定标距。试验前线材若需矫直，可将试样放在木垫上，用木槌、纯铜锤或铅锤打直或以平稳压力压直。线材拉伸时，一般要有专门制作的钢丝夹具——双夹头夹具，这样可避免线材在夹头处拉断而造成结果无效。对于某些细金属线材，可用打结拉伸力 F_1 来代替反复弯曲试验。试验前，将试样打一个简单死结（不得拉紧），然后使其固定在试验机夹具内，对试样施力直至拉断，则金属细线断裂在打结处为正常。

二、金属管材拉伸试验

对外径≤50mm的金属管材，可取整个管的一段作为试样进行试验，试样的标距可按一般比例试样进行计算，为了避免断在夹头部位，一般须在两端头堵塞带一定锥度的、低硬度值的圆锥体堵头，如图1-26所示。

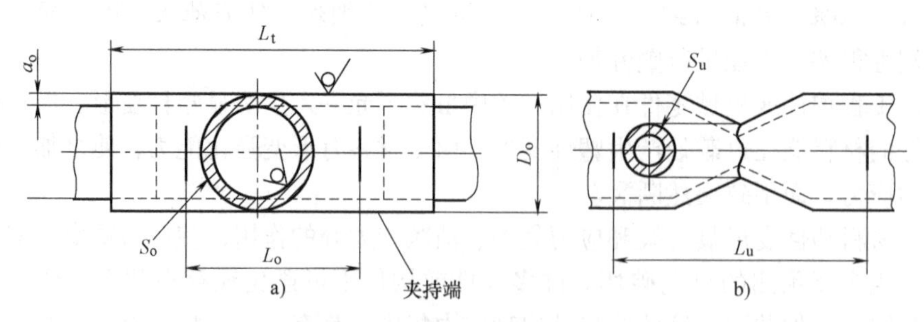

图1-26 全截面管段拉伸试样

管材横截面积按下式进行计算，即

$$S_o = \pi a_o(D_o - a_o)$$

式中 a_o——管壁厚度（mm）；

D_o——管试样的原始外径（mm）。

对于管材外径，应在管的一端两个相互垂直的方向各测一次，取算术平均值。对于厚度，应在同一管端圆周上相互垂直方向测量四处，取其算术平均值。

对于大管径的管材（一般外径大于 50mm 的管材），可取纵向弧形试样，如图 1-27 所示。对于管材纵向弧形试样，应在标距的两端及中间三处测量宽度和壁厚，取用三处测得的最小横截面积。管材纵向弧形拉伸试样的原始横截面积可由下列简化公式计算，计算时管外径取其标称值。

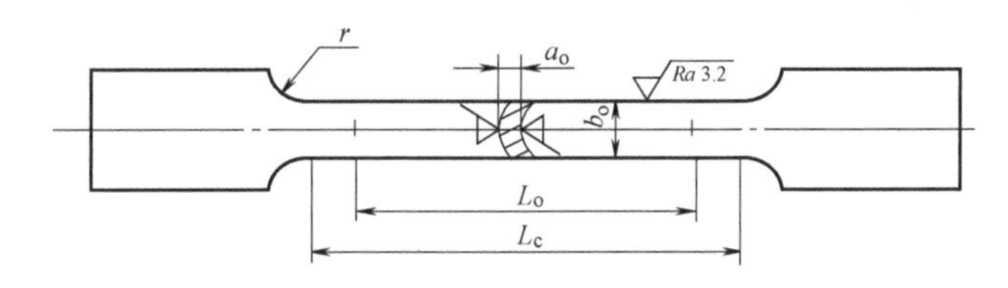

图 1-27　管材纵向弧形拉伸试样

当 $b_o/D_o<0.25$ 时，$S_o=a_ob_o\left[1+\frac{b_o^2}{6D_o(D_o-2a_o)}\right]$

当 $b_o/D_o<0.1$ 时，$S_o=a_ob_o$

管试样的原始标距应采用等距离的连续打点或划线处理方法。

三、钢丝绳和钢绞线拉伸试验

钢丝绳和钢绞线都是用多根或多股细钢丝拧成的挠性绳索，在物料搬运机械中，供提升、牵引、拉紧和承载之用。钢丝绳的强度高、自重轻、工作平稳、不易骤然整根折断，工作可靠。

钢丝绳的拉伸试验是指在常温下对钢丝绳试样施加拉力，一般拉至出现断丝、断股或断绳，测定钢丝绳破断拉力或其他力学性能。试验可按照 GB/T 8358—2014《钢丝绳　实际破断拉力测定方法》进行，按产品标准的不同，可以整根拉伸，也可拆股成多根钢丝或钢线分别拉伸进行计算而得。

1. 整根钢丝绳或钢绞线拉伸试验

整根钢丝绳拉伸试验可在拉力机或万能材料试验机上进行，但试验机的最大拉力不应超过钢丝绳或钢绞线预定破断拉力的 5 倍。试验机的两端钳口的距离不应小于钢丝绳或钢绞线直径的 20 倍，并不得小于 250mm。如果试样的拉断处发生在距固定点 50mm 范围内，但达到了规定的破断拉力要求，则可认为试验有效，否则应重做试验。

做整根钢丝绳和钢绞线拉伸试验时，选择夹头和制作试样夹是一个关键的步骤。钢丝绳试样需将头部松开，弯成小钩并镀锡，然后用铅或巴氏合金将其浇注于特制的锥孔夹头中，或者采用夹扣打结方法固定。对于整根钢绞线的拉伸试验，应选用相应的锥形夹片和内孔为锥形的套筒。试样由夹片（2 片或 3 片）夹住并套在套筒内。试验机夹头夹住套筒进行整根钢绞线的拉伸试验。

2. 钢丝绳拆股拉伸试验

按照 GB 8918—2006《重要用途钢丝绳》规定，也可将钢丝绳或钢绞线部分或全部拆散成单丝进行试验，从而计算钢丝绳内钢丝破断拉力总和或考核钢丝绳内钢丝的性能。首先根据全部或部分拆股拉伸试验结果测定出钢丝或钢绞线的破断拉力总和，然后再将破断拉力总和乘以规定的换算系数（0.8~0.98）即得到整根钢丝绳或钢绞线的破断拉力。

模块六 拉伸试样断口评定和拉伸试验结果的处理

模块导入

任何断裂在断后的断面上总要留下一些反映断裂过程及断裂机制的痕迹，如图1-28所示杯锥状拉伸断口。这些痕迹有时能够非常清楚、详细而完整地记录下试样在断裂前及断裂过程中的许多具体细节，从而有助于确定断裂原因及提出预防措施。因此，断裂件的断口分析是断裂失效分析的主要内容。

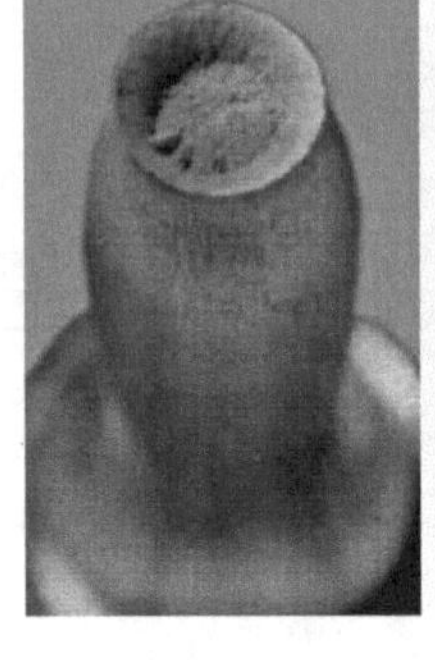

图1-28 低碳钢的杯锥状拉伸断口

学习内容

一、拉伸试样断口评定

各类金属的拉伸断口是各不相同的，即使是同一材料也会出现各种不同的断口。虽然在各种材料验收规范中，对拉伸试样断口的评定并没有规定，但试样断口评定有助于评价材料的质量及发现材料的特殊缺陷，在实践上有着重要的意义。

试样断口可以粗略分为脆性和韧性两种。韧性断口有杯锥状、半杯锥状、星芒状、斜角状、层状或木纹状以及不规则形状等若干类型，如图1-29a、c、d所示。试样因切应力的作用发生塑性变形，产生不同程度的缩颈，断面一般呈灰暗色，缺乏光亮的金属光泽。脆性断口的特征是断面齐平，有光亮的金属光泽，系沿结晶面开裂，一般无缩颈，表示材料没有塑性或塑性很差，如图1-29b所示。

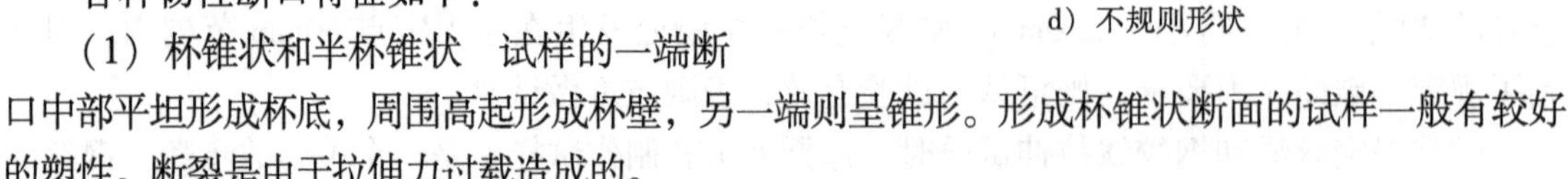

图1-29 典型拉伸试样断口示意图
a）杯锥状 b）脆性平齐状 c）斜角状 d）不规则形状

各种韧性断口特征如下：

（1）杯锥状和半杯锥状 试样的一端断口中部平坦形成杯底，周围高起形成杯壁，另一端则呈锥形。形成杯锥状断面的试样一般有较好的塑性。断裂是由于拉伸力过载造成的。

（2）星芒状 星芒状断口与杯锥状断口近似，只是杯壁较矮较薄，杯底平坦部分有若干自中心向圆周辐射如光芒状的线条。具有此种断口的试样一般有很高的强度，塑性也好，显示有较好的综合力学性能。

（3）斜角状 这种断面两端均呈约45°的斜角，一般表明试样塑性较差，有时具有较严重的枝状组织。

（4）层状或木纹状 层状或木纹状断口一般产生在横向试样上，表示试样有严重的显微偏析和带状组织，或有随加工方向延长的气泡、疏松，或有成串的夹杂存在。

（5）不规则形状 不规则形状的断口则表示试样有过热、严重疏松、夹杂、枝状组织或纵向裂缝等缺陷，表示试样本身质量较差。有时从断口上也可以发现试样中的白点、内裂纹及大块夹杂等严重缺陷。

二、影响拉伸试验结果的因素

影响拉伸试验结果准确度的因素很多，主要包括试样的制备、试样的尺寸及形状、试验环境条件、试验机的试验力及同轴度误差、引伸计的准确度、拉伸速率、试验操作技术、试验结果处理等几大类。为获得准确可靠的、试验室间可比较的试验数据，必须将这些因素加以限定，使其影响减至最小。这就是试验方法标准化的目的。

1. 试样制作的影响

对不同截面形状的试样进行对比试验，结果表明，下屈服强度 R_{eL}受试样形状的影响较小，而上屈服强度 R_{eH}受其影响较大，随着试样肩部过渡的缓和，上屈服强度明显增高。

试样尺寸大小对试验结果也有影响。对比不同尺寸的光滑圆试样的拉伸试验，可以发现，随试样直径的增大，抗拉强度有明显下降，且还伴随有塑性指标的下降，对于需要经过热处理的材料或铸件则影响更大。

试样表面粗糙度不同，对抗拉强度几乎没有影响，对于塑性较好的材料，其屈服强度略受影响。对于塑性较差或脆性金属材料，表面粗糙度的降低，使得规定塑性延伸强度（R_p）与断后伸长率稍有提高。

2. 试样装夹的影响

在拉伸试验时，一般不允许对试样施加偏心力，因为偏心力会使试样产生附加弯曲应力，从而使试验结果产生误差，对于脆性材料，这种影响更为显著。所以在弹性模量测试中，为了保证力的同轴度的一致性，在初轴向力与终轴向力之间，在试样两侧测定的应变量与其平均值之差规定为不应大于3%。

除去由于试验机构造不良（对中性不好）而产生偏斜外，偏心力还可能是由于试样形状不正确、夹头的结构和安装不正确等原因造成的。

3. 拉伸速率的影响

在室温下，试验机的拉伸速率对试验结果有一定的影响。一般来说，拉伸速率过快，测得的屈服强度或规定塑性延伸强度（R_p）将会有不同程度的提高。因此，拉伸试验标准根据不同的材料性质和试验目的，对拉伸速率做了相应的规定。

室温条件下，拉伸速率对强度较高的金属材料的 R_m无影响，而对强度较低的、塑性好的金属材料有微小的影响。拉伸时加载速率增大，R_m 有增高的趋势。在高温下，拉伸加载速率对 R_m 有显著的影响。

4. 环境因素的影响

GB/T 228.1—2010 中规定，拉伸试验的环境温度条件是 10~35℃。随着试验温度的升高，金属材料的 R_{eL}（R_p）显著降低，而塑性升高。如低碳钢材料，随着试验温度升高，其下屈服强度 R_{eL}相应降低且屈服平台的长度逐渐缩短，直至某一温度屈服平台消失，R_{eL}不复存在。由于温度升高使材料的晶界由硬、脆转变为软、弱，使其抗力降低，因此，材料的 R_m 在宏观上也随试验温度的变化而改变。

金属材料处于有害的环境中，如振动、电磁干扰，会对拉伸试验的结果造成影响。

三、拉伸试验结果的修约与处理

1. 试验结果的修约

金属拉伸试验试样尺寸测量后截面积及强度、塑性的计算结果数值应按照 GB/T 8170—2008 或相关产品标准进行修约。如未规定具体要求，应按照如下要求进行修约：

1）强度性能值修约至1MPa。

2）屈服点延伸率修约至0.1%，其他延伸率和断后伸长率修约至0.5%。

3）断面收缩率修约至1%。

2. 试验结果的处理

试验出现下列情况之一时，其试验结果无效，应重做同样数量试样的试验。

1）试样断在标距外或断在机械刻划的标距标记上，而且断后伸长率小于规定最小值。

2）试验期间设备发生故障，影响了试验结果。

试验后试样出现两个或两个以上的缩颈以及显示出肉眼可见的冶金缺陷，如分层、气泡、夹渣、缩孔等，应在试验记录和报告中注明。

3. GB/T 228.1—2010 与 GB/T 228—1987 对比

目前金属室温拉伸试验方法采用 GB/T 228.1—2010 新标准，本书也采用了此标准。但一些书籍或资料的金属力学性能指标是按 GB/T 228—1987 测定和标注的，为方便读者学习和阅读，将关于金属材料强度与塑性的新、旧标准名称和符号对照列于表1-8中。

表1-8 金属材料强度与塑性的新、旧标准名称和符号对照

GB/T 228.1—2010 新标准		GB/T 228—1987 旧标准	
名称	符号	名称	符号
屈服强度①	—	屈服点	σ_s
上屈服强度	R_{eH}	上屈服点	σ_{sU}
下屈服强度	R_{eL}	下屈服点	σ_{sL}
规定残余延伸强度	R_r	规定残余伸长应力	σ_r
抗拉强度	R_m	抗拉强度	σ_b
断后伸长率	A 或 $A_{11.3}$	断后伸长率	δ_5 或 δ_{10}
断面收缩率	Z	断面收缩率	ψ

① 在GB/T 228.1—2010中没有对屈服强度的符号做出规定。

四、不同国家金属拉伸试验标准的比较

随着世界经济一体化的不断深入，执行国外标准的国内企业逐年增多。对于按照国外产品标准生产的企业，必须按照相应产品规定的标准进行力学性能试验。所以，不仅要了解我国国家标准，而且应对比相应的国外标准，明确中外标准的不同点。

不同国家的金属室温拉伸试验标准对试验机、试样、试验程序和试验结果的处理与数值修约的规定不尽相同，我国现行金属材料室温拉伸试验标准为 GB/T 228.1—2010，国际上比较通用的有 ISO 6892-1、EN 10002-1（欧洲标准）、美国的 ASTM E8/E8M 以及日本的 JIS Z2241 等。我国的 GB/T 228.1—2010 等效采用 ISO 6892-1：2009，EN 10002-1：2001 等效采用 ISO 6892：1998，因此，GB/T 228.1—2010 与 EN 10002-1：2001 相比，大部分内容一致，内容更新些，但数据修约有所不同，如 GB/T 228.1—2010 中的屈服点延伸率修约至0.1%，其他延伸率和断后伸长率修约至0.5%，而 EN 10002-1：2001 则规定所有伸长率修约至0.5%。

GB/T 228.1—2010 与 ASTM E8/E8M 标准的差别主要表现在标准试样的尺寸不同，原始标距的计算不同。ASTM A370-19 和 ASTM E8/E8M-16a 虽然也采用标准圆形截面比例试样，但试样直径 D 常取12.5mm、9mm等，而没有我国常用的10mm直径。

最值得注意的是，在 ASTM A370-19 和 ASTM E8-16a 这些英制标准中，试样原始标距 $G=4D$，即为4倍试样，由此会导致断后伸长率的结果不同。而在 ASTM E8M-16a 公制标准中，$G=5D$，即为5倍试样。

单元小结

1）单向静拉伸试验是金属材料力学性能试验的基本方法之一，在机械设计、新材料的研制、材料的采购和验收、产品的质量控制、设备的安全评估等领域应用广泛，试验结果具有重要的应用价值和参考价值。

2）金属拉伸试验应按 GB/T 228.1—2010 进行，应尽量采用标准比例试样；当制造标准试样有困难时，也可采用非比例试样。拉伸试验机有液压万能试验机和电子万能试验机。试验时要注意各种主客观因素对试验结果的影响，按照标准或其他规定进行数值的修约。

3）拉伸试验时可由试验机自动绘出力-伸长曲线，如将力（载荷）坐标值和伸长坐标值分别除以试样原始横截面积和试样原始标距，就可得到应力-应变曲线。不同金属拉伸试验时的力-伸长曲线不尽相同，低碳钢的力-伸长曲线一般由四个阶段组成：弹性变形阶段→屈服阶段→均匀塑性变形阶段→缩颈、断裂阶段。

4）形变强化是金属材料的重要特性，在金属材料的工程应用中意义重大。

5）金属材料在静拉伸条件下的力学性能指标总结如下。

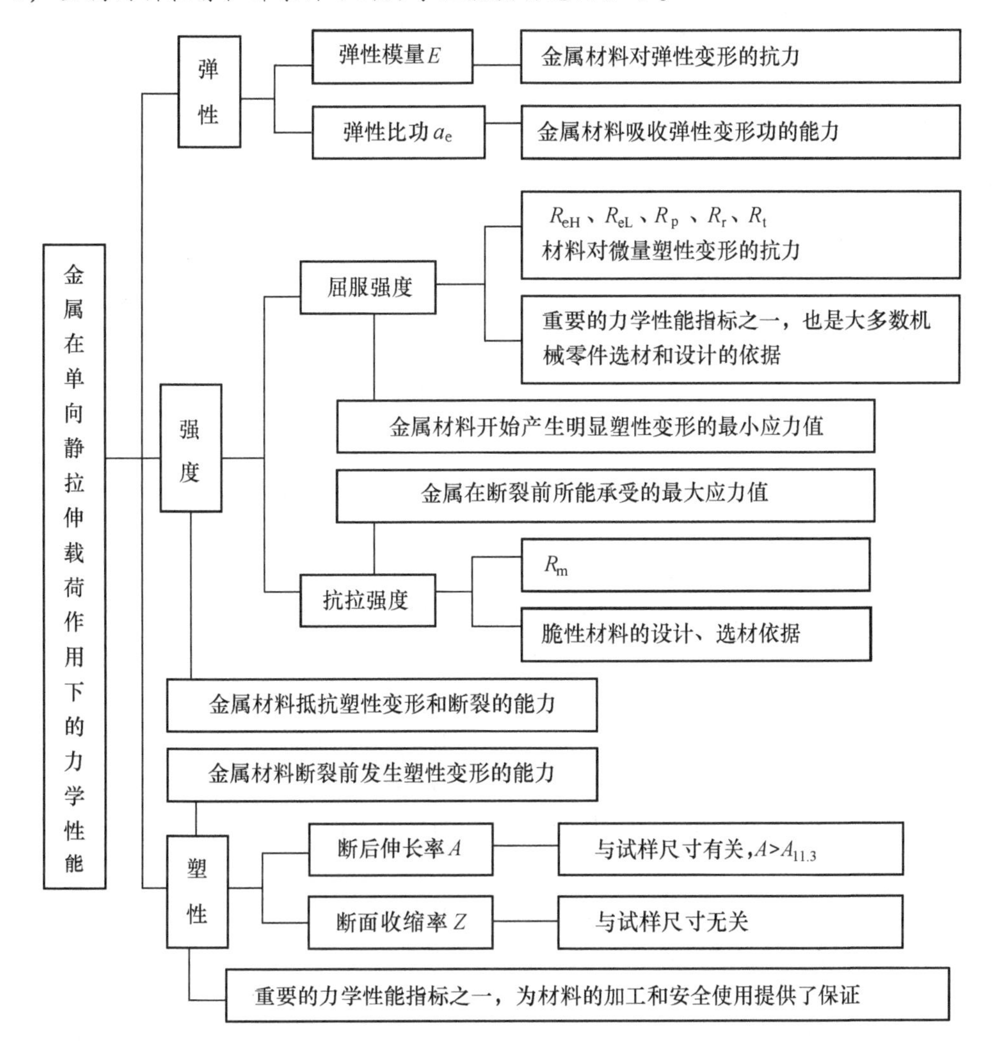

综合训练

一、名词解释

①拉伸试验；②刚度；③弹性比功；④屈服现象；⑤强度；⑥屈服强度；⑦抗拉强度；⑧塑性；⑨断面收缩率；⑩形变强化。

二、选择题

1. 工程材料在使用过程中不可避免会产生（　　）。

A. 断裂　B. 弹塑性变形　C. 弹性变形　D. 塑性变形

2. 大小、方向不变或变化过程缓慢的载荷称为（　　）载荷。

A. 静　B. 冲击　C. 交变

3. 拉伸试验时，试样被拉断前所能承受的最大应力称为材料的（　　）。

A. 屈服强度　B. 抗拉强度　C. 弹性极限　D. 刚度

4. 下列金属力学性能指标中，对显微组织不敏感的是（　　）。

A. 屈服强度　B. 抗拉强度　C. 断后伸长率　D. 弹性模量

5. 弹性模量值越大，则在相同应力条件下材料产生的弹性变形（　　）。

A. 越大　B. 越小　C. 不变　D. 无规律

6. 空间飞行器用的材料，既要保证结构的刚度，又要求有较轻的质量，即（　　）高的材料。

A. 弹性模量　B. 切变模量　C. 弹性比功　D. 比弹性模量

7. 表示金属材料下屈服强度的符号是（　　）。

A. R_{eL}　B. R_{eH}　C. R_m　D. σ_{-1}

8. 起重机吊运重物需要用钢丝绳，是因为钢丝绳的（　　）高。

A. 塑性　B. 硬度　C. 强度　D. 弹性

9. 圆柱形标准短拉伸试样的原始标距应为原始直径的（　　）。

A. 10倍　B. 11.3倍　C. 5倍　D. 5.6倍

10. 对于没有明显屈服现象的金属材料，在有关标准或协议无具体规定时需测定（　　）作为其条件屈服强度。

A. R_{eL}　B. $R_{p0.2}$　C. R_m　D. R_{eH}

11. 圆柱形拉伸试样直径一定时，原始标距越长则测出的断后伸长率（　　）。

A. 越小　B. 越大　C. 不变　D. 无规律

12. 常用的塑性表征指标是（　　）。

A. 断后伸长率和断面收缩率　B. 塑性和韧性

C. 断面收缩率和塑性　D. 断后伸长率和塑性

13. Q235钢（R_{eL}为235MPa，R_m为450MPa）制造的工程构件，当工作应力达到240MPa时，会发生（　　）。

A. 弹性变形　B. 弹塑性变形　C. 断裂　D. 什么都不发生

14. 8.8级螺栓的屈服强度是（　　）MPa。

A. 800　B. 880　C. 640　D. 160

15. 8.8级螺栓的抗拉强度是（　　）MPa。

A. 800　　B. 880　　C. 640　　D. 160

16. 如果试样拉断处到标距端点的距离小于（　　）L_o 时，应按国家标准的规定采用移位法计算 L_u。

A. 1/2　　B. 1/3　　C. 1/4　　D. 1/5

17. 当出现屈服现象时，标志着金属材料已经发生了明显的（　　）。

A. 断裂　　B. 塑性变形　　C. 弹性变形

18. 韧性材料的拉伸断口为（　　）状，而脆性材料的拉伸断口为（　　）状。

A. 螺旋　　B. 杯锥　　C. 平齐

19. 材料的屈服强度越高，则允许的工作应力（　　）。

A. 越低　　B. 越高　　C. 不变　　D. 无规律

20. （　　）不是金属的强化手段。

A. 弹性变形　　B. 固溶强化　　C. 形变强化　　D. 晶粒细化

三、简答题

1. 说明下列力学性能指标的意义。

①E；②R_p；③R_{eH}、R_{eL}；④R_m；⑤A；⑥Z。

2. 制作金属拉伸试样时需要注意哪些问题？

3. 金属的弹性模量主要取决于什么因素？为什么说它是一个对组织不敏感的力学性能指标？

4. 简述低碳钢拉伸试验的基本过程。

5. 简述金属产生明显屈服现象的原因。

6. 简述退火低碳钢和高碳钢力-伸长曲线的区别？为什么？

7. 什么是屈强比？其值大小对金属材料的使用有何影响？

8. 举例说明形变强化在实际工程应用中的利与弊。

9. 断后伸长率 A 和断面收缩率 Z 这两个指标在工程上有什么实际意义？

10. 为什么同一材料用 5 倍试样测得的断后伸长率 A 大于用 10 倍试样测得的断后伸长率 $A_{11.3}$？

11. 提高金属材料的屈服强度有哪些方法？试用已学过的专业知识就每种方法各举一例。

12. 从断后伸长率 A 和断面收缩率 Z 的大小出发，说明金属在拉伸时产生缩颈的条件。

13. 金属拉伸试样的断口有哪几种形式？从断口形式可以得出什么结论？

14. 影响金属拉伸试验结果的主、客观因素有哪些？试验操作时需要注意哪些问题？

15. 某厂购入一批 40 钢，按有关标准规定其力学性能指标应为：$R_{eL} \geqslant 340\text{MPa}$，$R_m \geqslant 540\text{MPa}$，$A \geqslant 19\%$，$Z \geqslant 45\%$。验收时，取样将其制成 $d_o = 10\text{mm}$ 短试样做拉伸试验，测得：$F_{eL} = 31.4\text{kN}$，$F_m = 47.1\text{kN}$，$L_u = 62\text{mm}$，$d_u = 7.3\text{mm}$。请计算其力学性能指标，并判断这批钢材是否合格。

第二单元　金属在其他静载荷下的力学性能

【学习目标】

知识目标	1. 掌握金属材料在其他静载荷下的力学性能指标的含义、符号及工程意义 2. 了解金属材料室温压缩试验、弯曲试验、扭转试验、缺口静载荷试验和常用金属硬度试验的原理和特点
能力目标	1. 能够使用金属材料室温压缩试验、弯曲试验、扭转试验、缺口静载荷试验和常用金属硬度试验数据，计算金属材料的抗压强度、抗弯强度、抗扭强度和常用金属硬度值等指标 2. 在教师的指导下，能正确操作万能材料试验机，完成压缩试验 3. 在教师的指导下，能正确操作常用硬度计，完成硬度试验 4. 能够按要求完成金属室温压缩试验报告和硬度试验报告

模块一　压缩试验

模块导入

灰铸铁的抗拉强度较低，即使经过孕育处理最高才能达到350MPa。但灰铸铁却不怕压，常用于制造机器底座、机床床身等，如图2-1所示。那么，灰铸铁的抗压强度是多少呢？能比抗拉强度高出多少呢？这时就需要进行金属压缩试验。

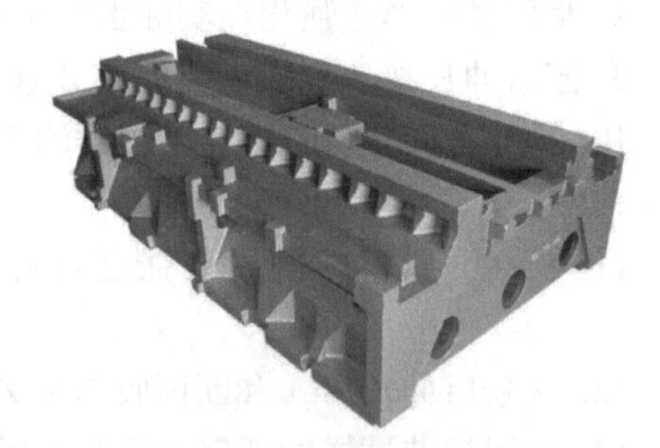

图2-1　机床床身

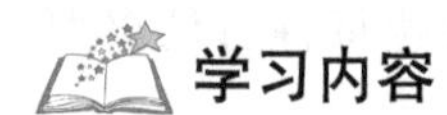

学习内容

一、压缩试验的特点

很多零件或构件是在压缩载荷下工作的，如大型厂房的立柱、起重机的支架、轧钢机的压紧螺栓、机器的机座等。这就需要对材料进行抗压性能试验评定。因此，压缩试验同拉伸试验一样，也是测定材料在常温、静载、单向受力下力学性能的最常用、最基本的试验之一。

金属材料室温压缩试验按照GB/T 7314—2017进行。实践表明，工程中常用的塑性材料，其受压与受拉时所表现出的强度、韧性和塑性等力学性能是大致相同的。但广泛使用的脆性材料，虽然其抗拉强度很低，但抗压强度很高。所以，压缩试验大多用来测定脆性材料的抗压强度和塑性。对塑性材料只是测定弹性模量、规定塑性压缩强度和压缩屈服强度等指标。

压缩试验可在万能材料试验机或专用压力机上进行。试验时材料抵抗外力变形和破坏的情况也可用力-伸长曲线或应力-应变曲线来表示，并以此确定材料的主要压缩性能指标。

二、金属室温单向压缩试验主要力学性能指标

单向压缩试验是适合于脆性和低塑性材料的力学性能试验，如铸铁、铸铝合金、轴承合金等的抗压强度 R_{mc}，如果在试验时金属材料产生明显屈服现象，还可测定上、下压缩屈服强度 R_{eHc}和 R_{eLc}。

1. 单向压缩试验时的应力-应变曲线

图 2-2 所示为低碳钢和灰铸铁的单向压缩曲线。单向压缩可以看作是反向拉伸，因此拉伸试验时所测定的力学性能的定义和公式在此都还适用。

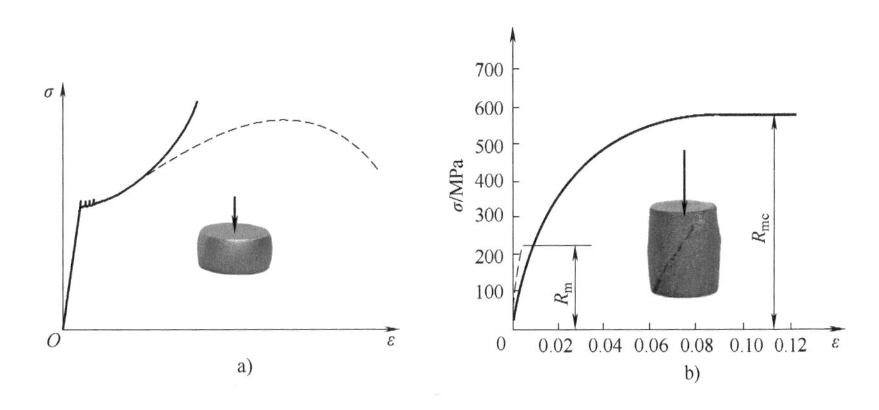

图 2-2　低碳钢和灰铸铁的单向压缩曲线

a）低碳钢　b）灰铸铁

低碳钢在压缩试验时的应力-应变曲线如图 2-2a 所示，图中同时以虚线表示拉伸时的应力-应变曲线。可以看出，这两条曲线的前半部分基本重合，低碳钢压缩时的弹性模量 E_c、屈服强度 R_{ec}等都与拉伸试验的结果基本相同。当应力到达屈服点以后，试样出现显著的塑性变形，试样的长度缩短，横截面变粗。由于试样两端面与压头间摩擦力的影响，试样两端的横向变形受到阻碍，所以试样被压成鼓形，如图 2-3a 所示。随着压力的增加，试样越压越扁，但并不破坏，因此不能测出其抗压强度。

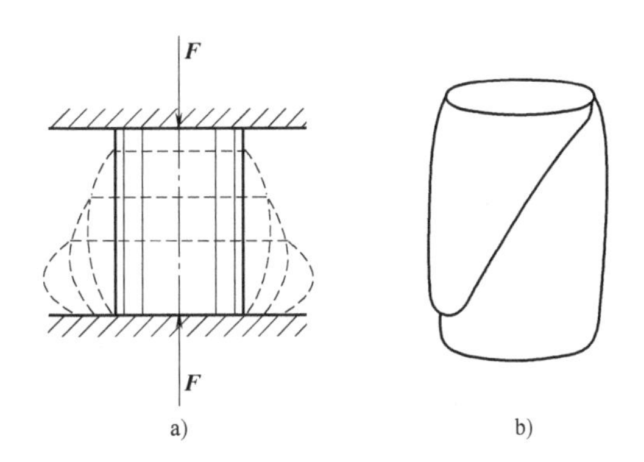

图 2-3　低碳钢和灰铸铁试样在压缩时的破坏形式

a）低碳钢　b）灰铸铁

与塑性材料相反，脆性材料压缩时的力学性质与拉伸时有较大区别。例如，灰铸铁压缩时的应力-应变曲线如图 2-2b 所示，图中同时以虚线表示拉伸时的应力-应变曲线。脆性金属材料在拉伸时产生来自于载荷轴线的正断，塑性变形量几乎为零；压缩时除能产生一定的塑性变形外，试样常沿与轴线成 45°方向产生断裂，具有切断特征，如图 2-3b 所示。其抗压强度 R_{mc}远比抗拉强度 R_m 高，约为抗拉强度的 2～5 倍，如 HT150 的抗压强度可达 700MPa 以上。

灰铸铁是“怕拉不怕压”的典型材料，这是为什么？从这一性能特点出发，灰铸铁最适合制作什么零件或构件？

2. 规定塑性压缩强度

试样标距段的塑性压缩变形达到规定的原始标距百分比时的压缩应力，称为规定塑性压缩强度。表示此压缩强度的符号应以下脚标说明，如 $R_{pc0.01}$、$R_{pc0.2}$ 分别表示规定塑性压缩应变为 0.01%、0.2%时的压缩应力。

3. 压缩屈服强度

当金属材料呈现屈服现象时，试样在试验过程中力不增加而仍继续变形所对应的压缩应力，称为压缩屈服强度。应区分上压缩屈服强度和下压缩屈服强度。

(1) 上压缩屈服强度 R_{eHc} 试样发生屈服而力首次下降前的最高压缩应力。

(2) 下压缩屈服强度 R_{eLc} 屈服期间不计初始瞬时效应时的最低压缩应力。

4. 抗压强度

试样破坏时的最大压缩载荷除以试样的横截面积，称为压缩强度极限或抗压强度，用符号 R_{mc} 表示。

$$R_{mc}=\frac{F_{mc}}{S_o}$$

式中 R_{mc}——材料的抗压强度（MPa）；

F_{mc}——对于脆性材料，指试样压至破坏过程中的最大实际压缩力；对于塑性材料，指规定应变条件下的压缩力（N）；

S_o——试样的原始横截面积（mm^2）。

三、金属室温单向压缩试验

1. 试样

金属压缩试样形状与尺寸的设计应保证在试验过程中标距内为均匀单向压缩，引伸计所测变形应与试样轴线上标距段的变形相等，端部不应在试验结束之前损坏。

金属室温压缩试验常用的试样截面为圆形或正方形，高度一般为直径或边长的 2.5~3.5 倍，试样的尺寸和形状如图 2-4 和图 2-5 所示。在有侧向约束装置以防试样屈曲的条件下，也可采用板状试样，如图 2-6 所示。

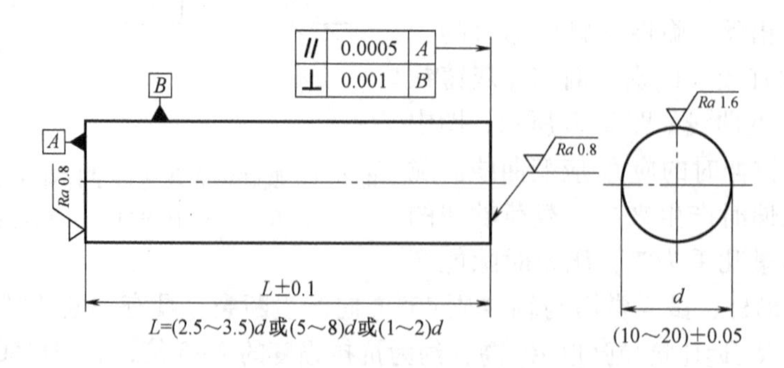

图 2-4 圆形柱体压缩试样

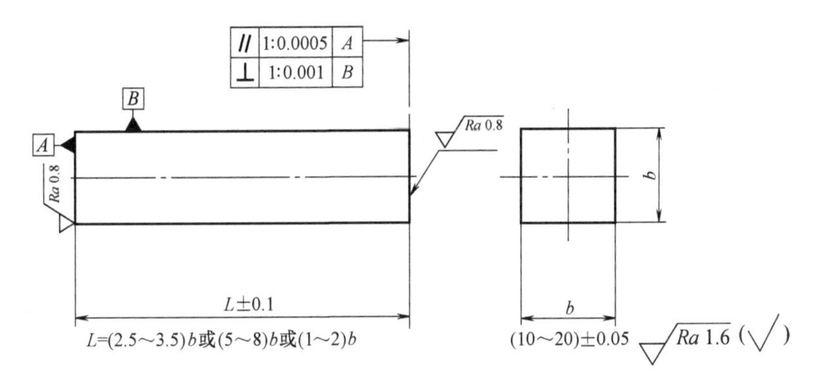

图 2-5 正方形压缩试样

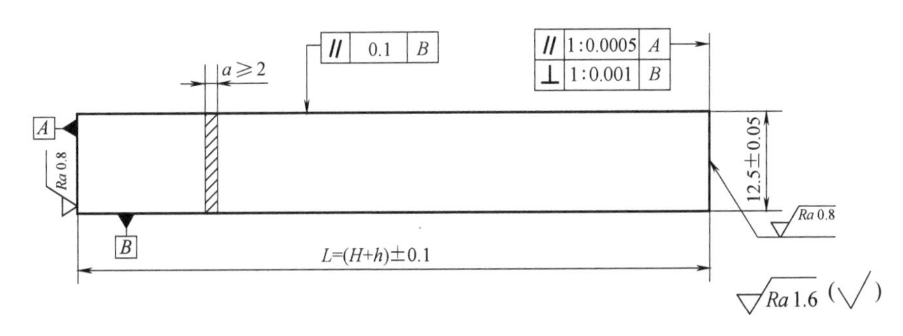

图 2-6 矩形压缩板试样

H—约束装置的高度 h—试样无约束部分的长度

试样应平直，棱边无毛刺、无倒角。在切取样坯和机加工试样时，应防止因冷加工或热影响而改变材料的性能。对于板状试样，当其厚度为原材料厚度时，应保留原表面，表面不应有划痕等损伤；当试样厚度为机加工厚度时，表面粗糙度应不劣于原表面的粗糙度。厚度（或直径）在标距内的允许偏差为1%或0.05mm，取其小值。

2. 试验步骤

以计算机控制电液伺服万能试验机为例。

1）试验应在室温10~35℃下进行。

2）用游标卡尺测量试样直径或边长，方法是在试样原始标距中点处两个相互垂直的方向上测量，取其算术平均值。

3）准确地将试样置于试验机固定压缩平台的中心处。

4）按照计算机软件菜单中的提示进行参数设置，并输入试样的原始数据。

5）调整试验机压头间距，使试验机横梁下降，压缩压头接近试样上表面时开始缓慢、均匀加载，按试验要求的加载速率缓慢加力，试验机将以设定好的步骤进行试验。

对于低碳钢试样，将试样压成鼓形即可停止试验。对于灰铸铁试样，加载到试样破坏时立即停止试验，以免试样进一步被压碎。

6）试验完成后软件将自动停止，横梁保持静止不动，此时取下试样，然后单击“复位”按钮，使活塞快速回位。

7）记录有关试验参数和所测性能结果，写出试验报告。

3. 试验结果处理

出现下列情况之一时，试验结果无效，应重做同样数量试样的试验。

1）试样未达到试验目的时，发生屈曲。

2）试样未达到试验目的时，端部就局部压坏及试样在标距外断裂。

3）试验过程中操作不当。

4）试验过程中试验仪器设备发生故障，影响了试验结果。

金属压缩试验

试验后，试样上出现冶金缺陷（如分层、气泡、夹渣、缩孔等），应在试验记录及报告中注明。

模块二　金属弯曲力学性能试验

模块导入

门式起重机（图2-7）又称为龙门式起重机或龙门吊，是由水平主梁通过两端支腿支撑在地面轨道上或地面上的桥架形起重机。起重小车在主梁的轨道上运行，而整机则沿着地面轨道或地面运行。起重能力和跨度都很大，提升高度也高。现有的门式起重机的起吊能力达到或超过1000t，主要用于造船厂总装厂。当龙门起重机工作时，其水平主梁承受很大的弯曲载荷，需要分析主梁每个截面的最大弯矩，进而计算最大弯曲应力，进行强度校核。

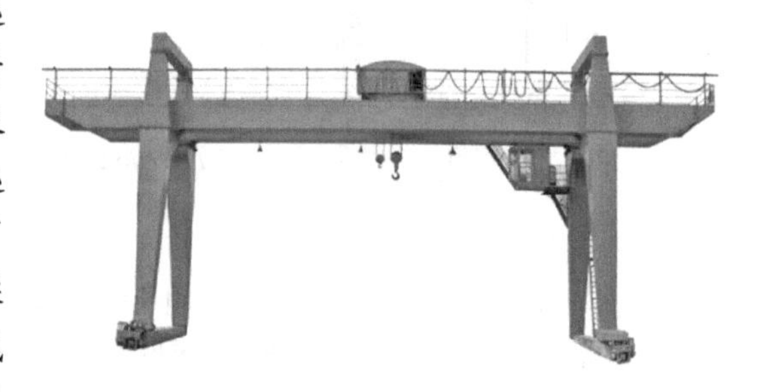
图2-7　门式起重机

学习内容

一、金属弯曲力学性能试验的特点

在工程和建筑上，很多构件和零部件是在弯曲载荷作用下工作的，如门式起重机主梁、火车的轮轴、电缆桥架等，需要对这些构件和零部件的材料进行弯曲性能评定，因此弯曲力学性能试验也是生产中常用的一种金属性能试验方法。

金属弯曲力学性能试验按YB/T 5349—2014《金属材料　弯曲力学性能试验方法》进行，采用三点弯曲或四点弯曲方式对圆形或矩形横截面试样施加弯曲力，一般直至断裂，测定其弯曲力学性能指标。金属弯曲力学性能试验有以下特点：

1）弯曲力学性能试验试样形状简单、操作方便，同时不受试样偏斜的影响。由于塑性材料在试验时很难弯曲断裂，故金属弯曲力学性能试验可以稳定地测定脆性和低塑性材料的抗弯强度，同时用挠度表示塑性，能明显地显示脆性或低塑性材料的塑性，所以这种试验很适合于测定铸铁、铸造合金、工具钢及硬质合金等脆性与低塑性材料的力学性能和工艺性能。图2-8所示为几种合金工具钢的淬火温度对抗弯强度及挠度的影响（150℃回火），据此可确定最佳淬火温度范围。

2）弯曲力学性能试验不能使塑性很好的材料破坏，不能测定其断裂弯曲强度，但可以比较一定弯曲条件下不同材料的塑性，如进行弯曲工艺性能试验（详见第九单元）。

3）弯曲力学性能试验时，试样断面上的应力分布也是不均匀的，表面应力应变最大，而心部最小，可以较灵敏地反映材料表面缺陷情况，因此，常用来检查材料的表面质量；比较和鉴别渗碳层和表面淬火层等表面热处理后工件的质量和性能。

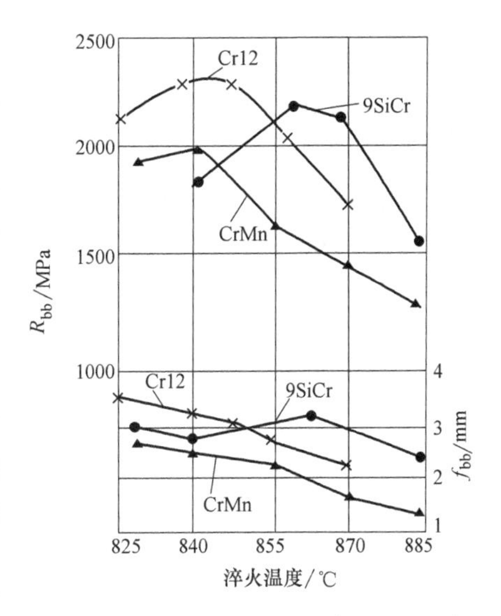

图 2-8 几种合金工具钢的淬火温度对抗弯强度及挠度的影响（150℃回火）

二、金属弯曲力学性能试验的原理及过程

1. 金属弯曲力学性能试验原理

金属弯曲力学性能试验所用圆形横截面试样的直径为 5～45mm，矩形横截面试样的 $h \times b$ 为 5mm×7.5mm（或 5mm×5mm）至 30mm×40mm（或 30mm×30mm）。试样的跨距 L_S 不小于直径或高度的 16 倍，要求试样有一定的加工精度，但铸铁弯曲试样表面可不加工。试样切取的方向和部位应按有关标准或 GB/T 2975—2018 规定执行。切取样坯和机加工试样的方法不应改变材料的弯曲力学性能。进行对比试验时，试样横截面形状、尺寸和跨距应相同。

进行弯曲力学性能试验时，将圆形或矩形试样放置在一定跨距的支座上，进行三点弯曲或四点弯曲力学性能试验，通过记录弯曲力 F 和试样挠度 f 之间的关系，求出断裂时的抗弯强度和最大挠度，以表示材料的强度和塑性，如图 2-9 所示。

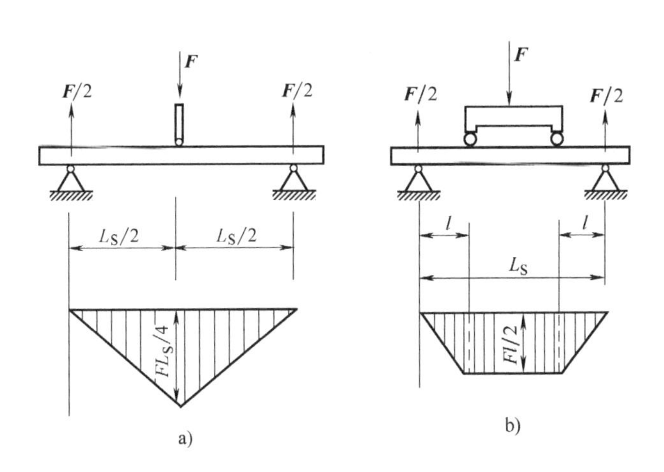

图 2-9 金属弯曲力学性能试验加载方式示意图

a）三点弯曲加载 b）四点弯曲加载

对于圆形、矩形横截面试样，一般每个试验点需试验 3 个试样；对于薄板试样，每个试验点至少试验 6 个试样，试验时，拱面向上和向下各试验 3 个试样。

用四点弯曲的加载方式，一般可以得到比较准确的结果，同时也能较好地反映金属的内部缺陷影响，因为弯矩均匀分布在整个试样的工作长度上，试样破断是发生在该段体积内某些组织缺陷较集中的地方；而用三点弯曲加载，则总是在集中载荷 F 的试样中点处破坏，在其他部位的缺陷不易显示出来。尽管如此，由于三点弯曲力学性能试验方法比较简单，在工厂实验室中常被采用。

2. 金属弯曲力学性能试验过程

(1) 试样尺寸测量 对于圆形横截面试样，应在跨距中间区域不少于两个横截面上沿两个相互垂直的方向测量其直径，取直径测量值的算术平均值计算性能值。

对于矩形横截面试样，应在跨距中间区域不少于两个横截面上分别测量其高度和宽度，取测量的高度和宽度平均值。对于薄板试样，高度测量值超过其平均值2%的试样不应用于试验。

(2) 试验设备 各类万能试验机和压力试验机均可用于金属弯曲力学性能试验。试验机的精确度为一级或优于一级。试验机应能在规定的速度范围内控制试验速度，加卸力应平稳、无振动、无冲击。

试验机应有三点弯曲和四点弯曲试验装置。施力时弯曲试验装置不应发生相对移动和转动。

试验机应配备记录弯曲力-挠度曲线的装置。试验机应定期按 GB/T 16825.1—2008 进行校验。

(3) 弯曲试验装置 三点弯曲和四点弯曲试验装置和薄板试样用三点弯曲和四点弯曲试验装置如图2-9~图2-11所示。试验装置中的支承滚柱直径（或支承刀的刀刃半径）和施力滚柱直径（或施力刀的刀刃半径）根据试样尺寸按 YB/T 5349—2014 选用。

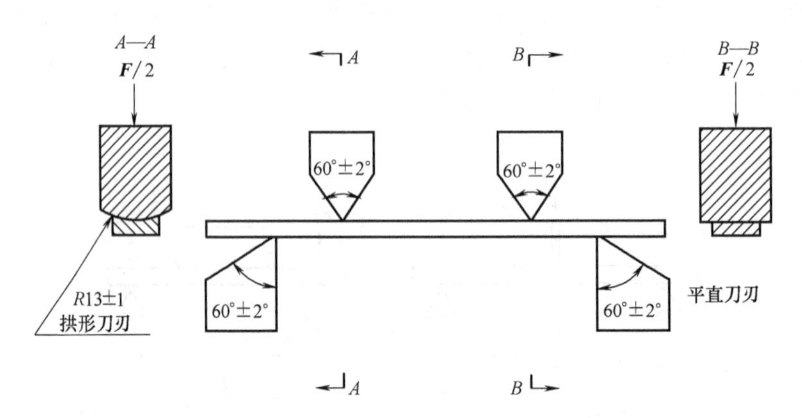

图2-10 薄板四点弯曲力学性能试验示意图

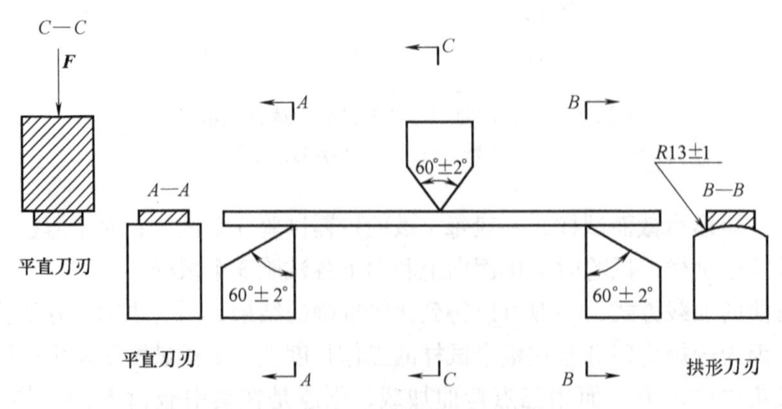

图2-11 薄板三点弯曲力学性能试验示意图

试验时，滚柱应能绕其轴线转动，但不应发生相对位移。两支承滚柱（或支承刀）间和施力滚柱（或施力刀）间的距离应分别可调节，并带有指示距离的标记，跨距应精确到±0.5%。滚柱的硬度应不低于试样的硬度，其表面粗糙度 Ra 值应不大于 0.8μm。

应根据所测弯曲力学性能指标按 YB/T 5349—2014 选用相应精确度的挠度计。挠度计应定期参照 GB/T 12160—2019《金属材料 单轴试验用引伸计系统的标定》的规定进行标定，标定时挠度计工作状态应尽可能与试验工作状态相同。

试验时应在弯曲试验装置周围装设安全防护装置，以防试验时试样断裂碎片飞出，伤害试验人员或损坏设备。

三、金属弯曲力学性能的确定

金属弯曲力学性能试验应在室温 10~35℃下进行。试验时，弯曲应力速率应控制在 3~30MPa/s 范围内某个尽量恒定的值。通过弯曲力学性能试验得到的弯曲载荷和试样弯曲挠度的关系曲线称为弯曲图，图 2-12 所示为铸铁弯曲图。可根据弯矩 M 值，应用材料力学公式求出抗弯强度和挠度。

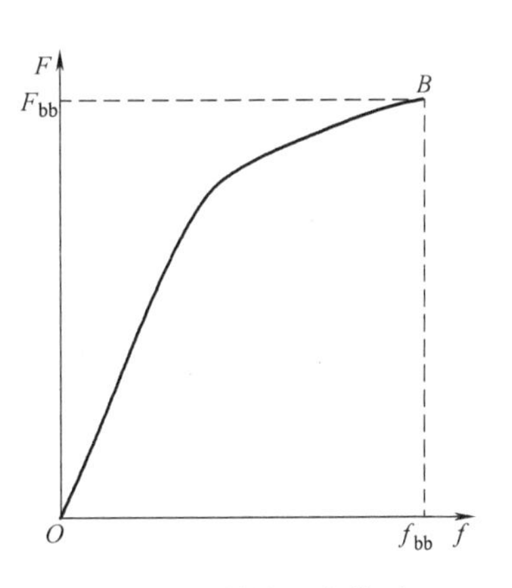

图 2-12 铸铁的弯曲图

1. 抗弯强度 R_{bb}

试样在弹性范围内弯曲时，受拉侧表面的最大弯曲应力，按下式计算，即

$$\sigma_{max}=\frac{M}{W}$$

式中 M——最大弯矩，对三点弯曲 $M=FL_S/4$；对四点弯曲 $M=Fl/2$。

W——抗弯截面系数，对于直径为 d 的圆形试样，$W=\pi d^3/32$；对于宽度为 b、高为 h 的矩形试样，$W=bh^2/6$。

【小资料】 抗弯截面系数是衡量截面抗弯能力的一个几何量，W 越大，σ_{max} 越小，截面的抗弯能力越强。抗弯截面系数不仅与截面的尺寸有关，还与截面的形状有关，梁的合理截面形状是指用最小的面积得到最大抗弯截面系数，提高梁的承载能力。工程中的起重机梁、桥梁常采用工字形、槽形或箱形截面，房屋建筑中的楼板采用空心圆孔板，道理就在于此。

弯曲力学性能试验主要测定脆性或低塑性材料的抗弯强度。试样弯曲至断裂前达到的、按弹性弯曲应力公式计算得到的最大弯曲应力就是材料的抗弯强度，用符号 R_{bb} 表示。从图 2-12 所示的曲线 B 点读取最大弯曲力 F_{bb}，或从试验机测力度盘上直接读出 F_{bb}，然后计算断裂前的最大弯矩，再按公式计算抗弯强度。

三点弯曲力学性能试验：$R_{bb}=\dfrac{F_{bb}L_S}{4W}$

四点弯曲力学性能试验：$R_{bb}=\dfrac{F_{bb}l}{2W}$

R_{bb} 是铸铁的重要力学性能指标。灰铸铁的抗弯性能优于抗拉性能，球墨铸铁和可锻铸铁的 R_{bb} 比灰铸铁大得多，如珠光体球墨铸铁的 R_{bb} 为 700~1200MPa，为其抗拉强度的 1.6~1.9 倍。

2. 断裂挠度 f_{bb} 的测定

将试样对称地安放于弯曲试验装置上，挠度计装在试样中间的测量位置上，对试样连续施加弯曲力，直至试验断裂，测量试样断裂瞬间跨距中点的挠度，此挠度即为断裂挠度f_{bb}。此方法用于仲裁试验。

金属弯曲力学性能试验

测定断裂挠度一般可与测定抗弯强度在同一试验中进行。可以利用试验机横梁位移来测定断裂挠度，但应对试验机柔度等因素的影响加以修正。

退火、正火、调质处理后的碳素结构钢或合金结构钢塑性较好，在进行弯曲试验时，一般达不到破坏程度，故其弯曲力 F-挠度 f 曲线的最后部分可任意延长。因此，除特殊情况外，一般不对这些塑性材料进行弯曲力学性能试验，而仍进行拉伸试验。

模块三　金属扭转试验

模块导入

螺钉旋具（图 2-13）是常用的五金工具之一，其旋杆或螺丝刀头一般采用 CrV 钢制造，经过热处理后硬度高、韧性好。螺钉旋具最为重要的参数是最大扭矩，扭矩越大，螺钉旋具可拧动的螺钉也越大，上紧力越大，其本身抗扭断能力越高。直径为 6.35mm 的手动螺钉旋具的最大扭矩大约为 5N·m。

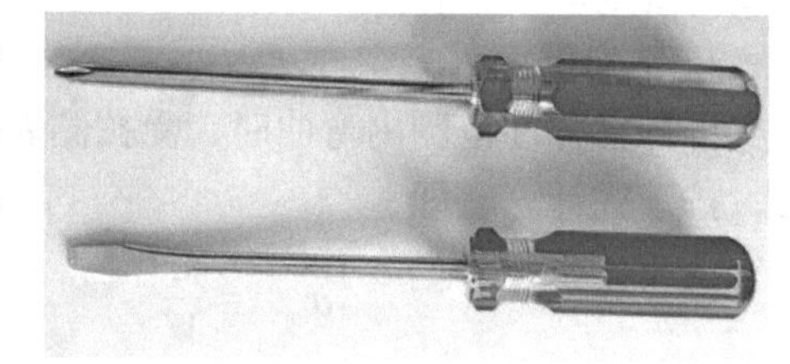

图 2-13　螺钉旋具

学习内容

一、金属扭转试验的特点

扭转试验是金属力学性能试验中的一种重要试验方法。对于某些承受切应力或扭转应力的零件，如传动主轴、弹簧、钻杆等，具有重要的实际意义。扭转试验主要用于评价材料的塑性，尤其是在拉伸试验时呈脆性的材料，扭转试验是评价其塑性的最佳方法。金属扭转试验具有如下特点：

1）圆柱形试样扭转时，试样从开始变形直至破坏，其长度和截面尺寸几乎保持不变。试样沿标距长度的塑性变形始终是均匀发生的，没有缩颈现象出现，能实现大塑性变形量条件下的试验，因此，对于那些塑性好的材料用扭转试验方法可以精确地测定其应力和应变的关系。

2）高温扭转试验（热扭转试验）可以用来研究金属在热加工条件下的流变性能与断裂性能、评定材料的热压力加工性，并为确定生产条件下的热压力加工工艺（如轧制、锻造、挤压）参数提供依据。

3）能较敏感地反映出金属表面缺陷及表面硬化层的性能。因此，可利用扭转试验研究或检验工件热处理的表面质量和各种表面强化工艺的效果。图 2-14 所示为渗碳层表面碳质量分数对

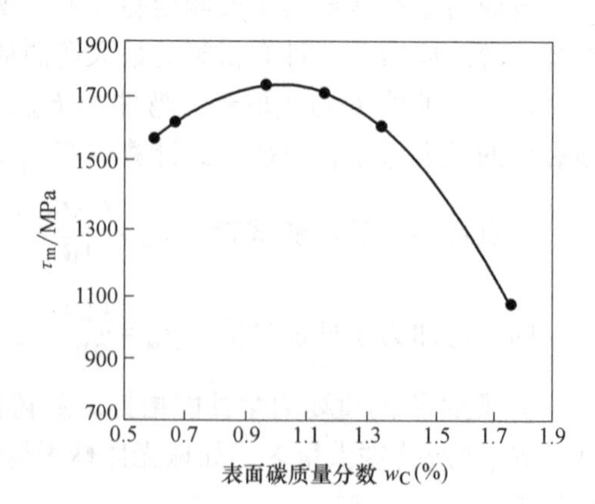

图 2-14　渗碳层表面碳质量分数对 20CrMnTi 钢抗扭强度的影响

20CrMnTi 钢抗扭强度的影响。由图可见，控制表面碳质量分数为 0.9%~1.1%，可获得最大的抗扭强度，这对指导生产有重要意义。

4）扭转时试样中的最大正应力与最大切应力在数值上大体相等，而生产上所使用的大部分金属材料的抗拉强度大于抗扭强度。所以，扭转试验是测定这些材料抗扭强度最可靠的方法。

此外，根据扭转试样的宏观断口特征，还可明确区分金属材料最终断裂方式是韧性断裂还是脆性断裂，断裂是由正应力引起的还是由切应力引起的。

二、金属扭转试验的原理及过程

金属扭转试验是指对圆形试样施加扭矩 T，测量扭矩及其相应的扭角，一般扭至断裂，便可测出金属材料的各项扭转性能指标，如金属的剪切模量 G、上屈服强度、下屈服强度、规定非比例扭转强度、抗扭强度及最大非比例切应变等。

金属扭转试验按 GB/T 10128—2007《金属材料　室温扭转试验方法》进行。

1. 试样

扭转试验主要采用直径 d=10mm，标距长度 L_o 分别为 50mm 或 100mm，平行长度分别为 70mm 和 120mm 的圆柱形试样，如图 2-15 所示。如采用其他直径的试样，平行长度为标距加上两倍直径。由于扭转试验时试样外表面切应力最大，对于试样表面的细微缺陷较为敏感。因此，对试样的表面粗糙度要求较拉伸试样高，规定 Ra 值为 0.4μm。

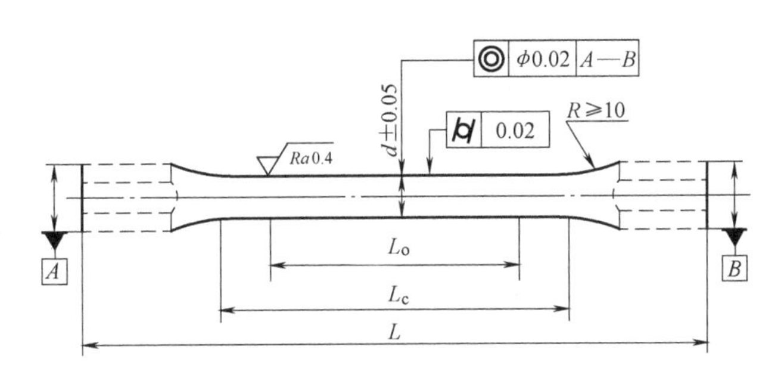

图 2-15　圆柱形扭转试样

试样夹持部分的形状和尺寸应按试验机夹头的要求进行设计。也可采用管形试样进行扭转试验，但在试样两端应放置符合标准要求的塞头，以便夹持，如图 2-16 所示。

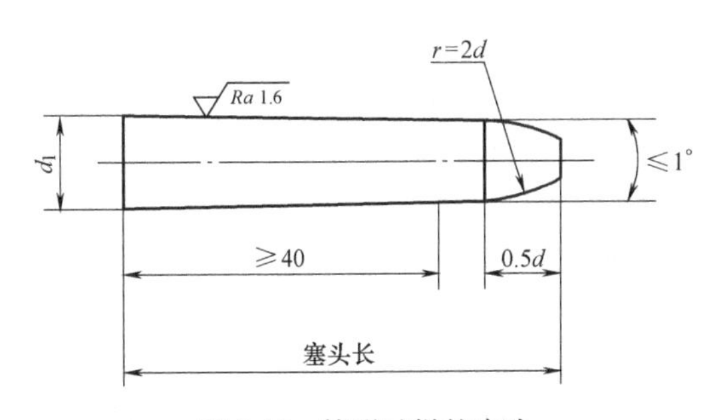

图 2-16　管形试样的塞头

2. 金属扭转试验原理

金属扭转试验一般在扭转试验机上进行，图 2-17 所示为 NJS-01 型数显式扭转试验机。在进行扭转试验时，试样两端部被装夹在扭转试验机的夹头上。试验机的一个夹头固定不动，另一个夹头绕轴旋转，以实现对试样施加扭矩 T。随扭矩增加，试样标距 L_o 间的两个横截面不断产生相对转动，其相对扭角以 ϕ（单位为°）表示。通过试验机上的自动绘图装置可绘出该试样的扭矩 T 与扭角 ϕ 的关系曲线。与力-伸长曲线相似，一般塑性材料的扭矩-扭角曲线分为弹性、屈服和强化三个阶段，如图 2-18 所示。

试样在弹性范围内表面的切应力和切应变为

$$\tau = \frac{T}{W} \quad \gamma = \frac{\phi d}{2L_o}$$

式中 T——转矩（N·m）；

W——试样抗扭截面系数，圆柱试样为 $W=\frac{\pi d^3}{16}$。

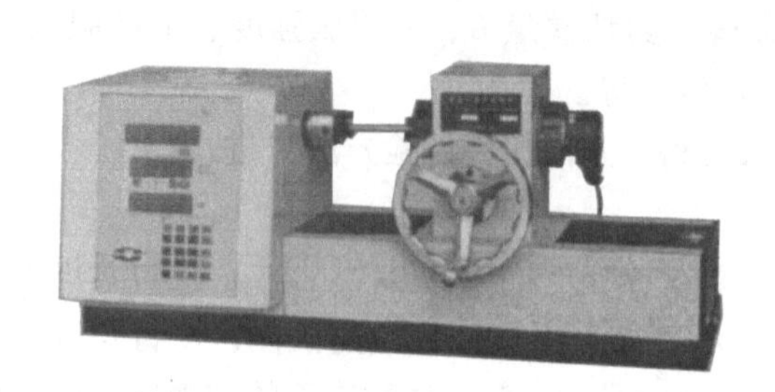

图 2-17 NJS-01 型数显式扭转试验机

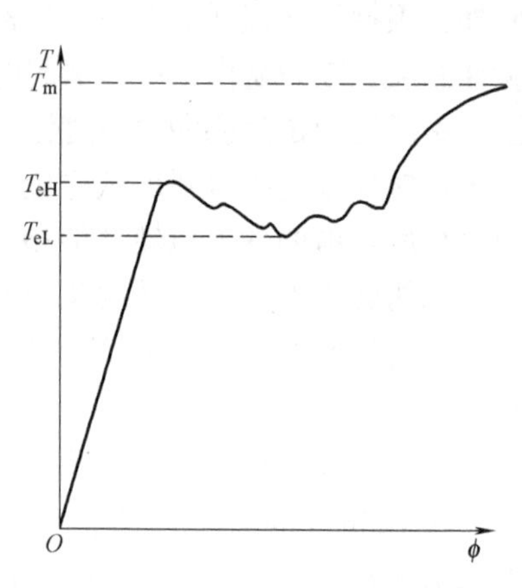

图 2-18 扭矩-扭角曲线

3. 金属扭转试验步骤

1）用游标卡尺测量试样直径，对于圆形试样，应在标距两端及中间处两个相互垂直的方向上各测量一次直径，取用三处测得的直径的算术平均值的最小值计算试样的抗扭截面系数 W。

2）扭转试验一般在室温 10～35℃ 范围内进行，对温度要求严格的试验，试验温度为 23℃±5℃。将试样装入试验机，用粉笔沿试样轴线画一条直线，以便观察试样受扭时的变形。试验时试验机两夹头中之一应能沿轴向自由移动，对试样无附加轴向力，两夹头保持同轴。

3）根据材料性质估算扭转试验所需最大扭矩，选好试验机的扭矩度盘，使最大扭矩指示值在度盘的后半圈内。起动试验机上的电动机，对试样进行扭转试验，在试验中，应注意选择扭转速度。低碳钢试样在屈服前，扭转速度为（6°～30°）/min，屈服后的扭转速度不大于 360°/min，且速度的改变应无冲击产生。

4）试样扭断后，立即关机，取下试样，试验结束。

5）记录试验中试样屈服时的扭矩 T_{eH} 或 T_{eL} 和破坏时的最大扭矩 T_m，写出试验报告。

4. 扭转试样的断口分析

扭转试样断裂后，从断裂面的破断情况可判断金属的性能和产生破断的原因，即是韧性断裂还是脆性断裂，是正应力引起的破断还是切应力产生的破断。

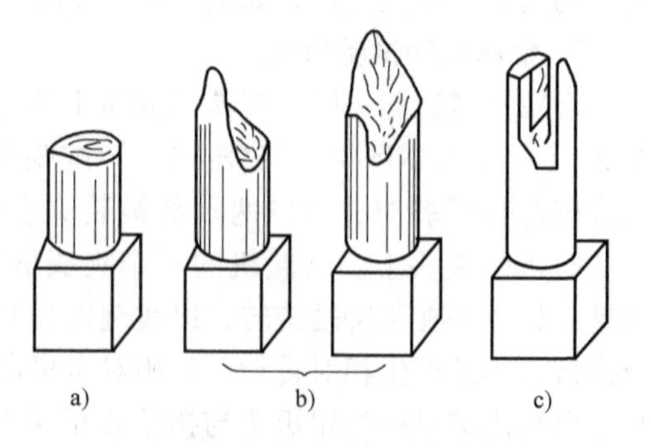

图 2-19 扭转试样的宏观断口

a）切断断口 b）正断断口 c）木纹状断口

塑性材料的断裂面与试样轴线垂直，断口平整，有回旋状塑性变形痕迹，如图 2-19a 所示，这是由切应力造成的切断；脆性材料的断裂面与试样轴线呈 45°角，呈螺旋状，如图 2-19b 所示，这是在正应力作用下产生的正断；图 2-19c 所示为木纹状断口，断裂面顺着试样轴线形成纵向剥层或裂纹，这是因为金属中存在较多的非金属夹杂物或偏析，并在轧制过程中使其沿轴向分布，降低了试样轴向切断强度造成的。因此，可以根据断口宏观特征来判断承受扭矩而断裂的工件的性能。

试一试

找几根粉笔，分别将其拉断、弯断、扭断，观察三种断口的区别。大家知道，粉笔是脆性材料，其前两种断口是沿横截面的平齐断口，而扭断断口是与粉笔轴线呈 45° 角的螺旋状断口，如图 2-20 所示。

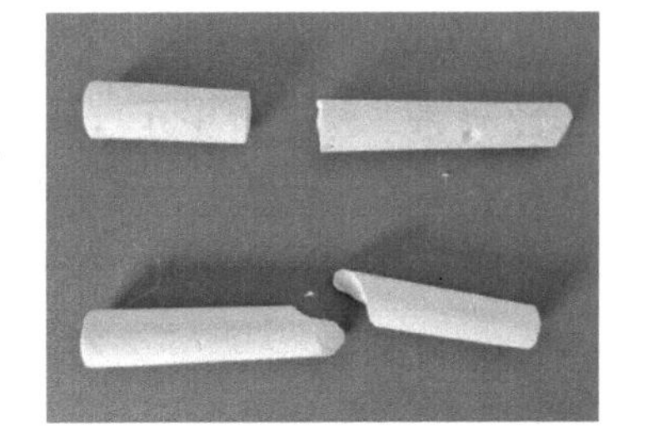
图 2-20 粉笔断口

三、金属扭转力学性能指标

扭转试验可测定下列主要力学性能指标。

1. 剪切模量(G)

在弹性范围内，切应力与切应变之比称为剪切模量。在扭矩-扭角曲线的直线段测出扭矩增量 ΔT 和相应的扭角增量 $\Delta\phi$，即可按下式求出剪切模量 G，如图 2-21 所示。

$$G = \frac{\tau}{\gamma} = \frac{32\Delta TL_o}{\pi\Delta\phi d^4}$$

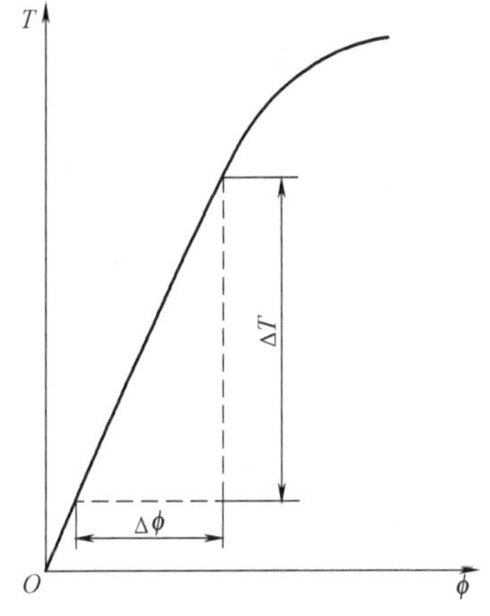

图 2-21 剪切模量的测量

2. 扭转屈服强度

具有明显拉伸物理屈服现象的金属材料，扭转试验时也同样有屈服现象。试验时，对试样连续施加扭矩，在扭转曲线或试验机扭矩度盘上读出屈服时的上屈服扭矩或下屈服扭矩，首次下降前的最大扭矩为上屈服扭矩 T_{eH}，屈服阶段中不计初始具体瞬间效应的最小扭矩为下屈服扭矩 T_{eL}，如图 2-18 所示。

试样发生屈服时的切应力称为扭转屈服强度，扭转屈服强度可采用图解法或指针法进行测定（仲裁试验采用图解法），按下式可分别计算出扭转上屈服强度 τ_{eH} 或扭转下屈服强度 τ_{eL}。

$$\tau_{eH} = \frac{T_{eH}}{W} \quad \tau_{eL} = \frac{T_{eL}}{W}$$

3. 抗扭强度

扭转试验时，试样被扭断前所承受的最大扭矩 T_m 对应的切应力称为抗扭强度，抗扭强度的计算公式为

$$\tau_m = \frac{T_m}{W}$$

最大扭矩 T_m 可从记录的扭矩-扭角曲线上求出或从试验机扭矩度盘上读出。

金属扭转试验

模块四 金属缺口试样静载荷试验

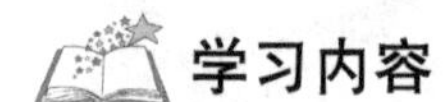

模块导入

在方便面或其他食品包装袋一侧都有锯齿形缺口，这样人们就可以方便地打开包装，如图2-22所示。这是因为在缺口处产生应力集中，缺口尖端临界应力很小，容易被撕开。但是，在金属工件表面却尽量不要开缺口。

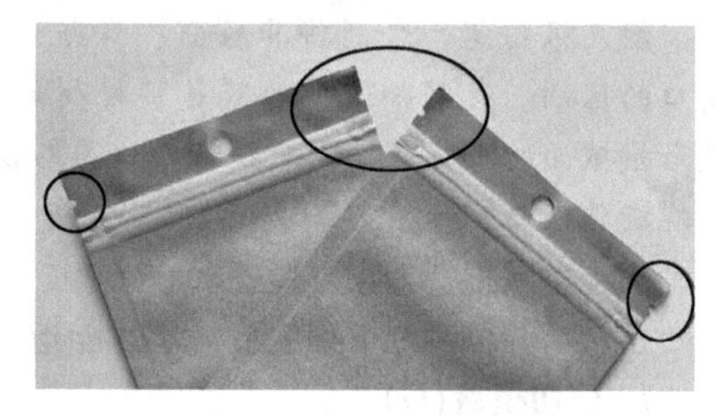

图2-22 包装袋上的锯齿形缺口

学习内容

一、缺口效应

前面介绍的拉伸、压缩、弯曲、扭转等静载荷试验方法，都是采用横截面均匀的光滑试样，但实际生产中的工件，绝大多数都不是截面均匀而无变化的光滑体，往往存在截面的急剧变化，如键槽、油孔、台阶、轴肩、螺纹、退刀槽及焊缝等。这种截面变化的部位可视为“缺口”。由于缺口的存在，在静载荷作用下，缺口截面上的应力状态将发生变化，产生所谓“缺口效应”，从而影响金属材料的力学性能。

1. 应力集中

金属缺口效应中最显而易见的是应力集中。由于缺口部分不能承受外力，这一部分外力要由缺口前方的部分材料来承担，因而缺口根部的应力最大，离开缺口根部，应力逐渐减小，一直减小到某一恒定数值，这时缺口的影响便消失了。图2-23所示的带圆孔的金属板材，使其承受轴向拉伸。由试验结果可知，在圆孔附近的局部区域内，应力急剧增大，而在离开这一区域稍远处，应力迅速减小而趋于均匀。

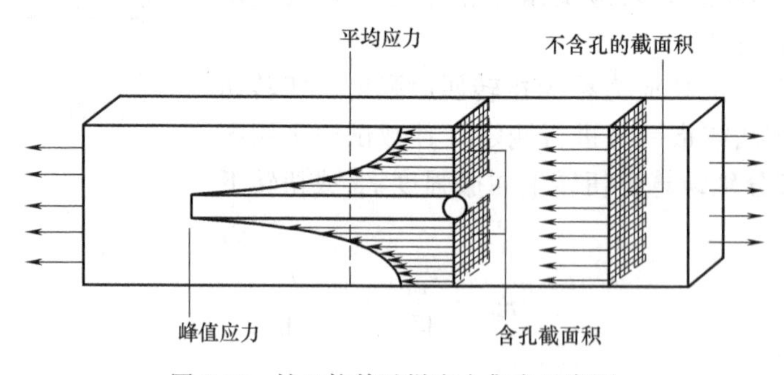

图2-23 缺口拉伸试样应力集中示意图

缺口净截面上的最大应力σ_{max}与同一截面上的平均应力σ之比，称为应力集中系数，用符号K_t表示，$K_t=\frac{\sigma_{max}}{\sigma}$，它反映了应力集中的程度，是一个大于1的系数。

试验表明，在弹性范围内，K_t的数值与材料性质无关，只取决于缺口的几何形状和尺寸。截面尺寸改变越剧烈，应力集中系数就越大。因此，零件上应尽量避免带尖角的孔或槽，在阶梯轴截面的突变处要用圆弧过渡。

对于给定的缺口形状，可通过公式计算或通过图表查到应力集中系数 K_t。

2. 缺口强化

金属缺口效应中的第二个表现是缺口强化。对于塑性好的材料，在缺口根部产生三向应力状态，在缺口附近产生局部的形变强化现象，材料整体的屈服变形更困难，从而使材料的屈服强度或抗拉强度升高，但塑性降低，产生所谓“缺口强化”。缺口强化的本质是形变强化的延伸。一般等截面尺寸条件下，缺口试样的强度不会超过光滑试样强度的三倍。

缺口强化并不是金属内在性能发生变化，纯粹是由于三向拉伸应力约束了塑性变形所致，因此，不能把缺口强化看作是强化金属材料的手段。虽然缺口提高了塑性材料的强度，但由于缺口约束塑性变形，故使塑性降低，增加材料的变脆倾向。

对于脆性材料，由于缺口造成的应力集中，不会因塑性变形而使应力重新分布，因此缺口试样的强度只会低于光滑试样。

总之，无论是塑性材料还是脆性材料，缺口的存在造成应力、应变的集中和缺口强化，使金属材料产生变脆倾向，降低了使用的安全性。为了评定不同金属材料的缺口变脆倾向，必须采用缺口试样进行静载力学性能试验，一般采用的试验方法是缺口试样静拉伸试验和缺口试样静弯曲试验。

二、缺口试样静拉伸试验

缺口试样静拉伸试验分为轴向拉伸和偏斜拉伸两种，试验的目的是比较各种材料对缺口敏感的程度。

1. 试样

圆柱形缺口拉伸试样的形状和尺寸如图 2-24 所示。

2. 缺口试样轴向静拉伸试验

缺口试样轴向静拉伸的过程与光滑试样静拉伸试验相同。

金属材料的缺口敏感性指标用缺口试样的抗拉强度 R_{BN} 与等截面尺寸光滑试样的抗拉强度 R_m 的比值表示，称为缺口敏感度，记为 NSR（Notch Strength Ratio），即

$$NSR = \frac{R_{BN}}{R_m}$$

在静载荷作用下，各种材料对缺口的敏感程度是不相同的，NSR 越大，缺口敏感性越小。

对于低碳钢那样的塑性材料，具有屈服阶段，当缺口附近的最大应力达到屈服强度时，该处材料首先屈服，应力暂时不再增大。如外力继续增加，增加的应力就由截面上尚未屈服的材料所承担，使截面上其他点的应力相继增大到屈服强度，该截面上的应力逐渐趋于平均，如图 2-25 所示。因此，低碳钢这样的塑性材料，一般 NSR 大于 1，在静载荷作用下可以不考虑应力集中的影响。

对于组织均匀的脆性材料，如高碳工具钢、高强度材料，因材料不存在屈服，当缺口附近最大应力值达到材料的抗拉强度时，该处首先断裂，应力集中将大大降低构件的强度，其危害是严重的，NSR 一般小于 1。这样，即使在静载荷作用下一般也应考虑因缺口产生的应力集中对材料承载能力的影响。

对于组织不均匀的脆性材料，如灰铸铁，由于其内部组织中片状石墨的影响，相当于在组织中存在大量的空洞或裂纹，而工件表面截面形状的改变反而不会对构件承载能力造成明显的影响。

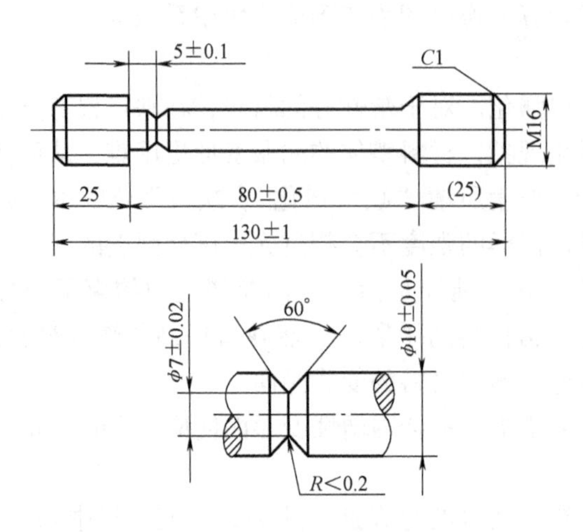

图 2-24 圆柱形缺口拉伸试样的形状和尺寸

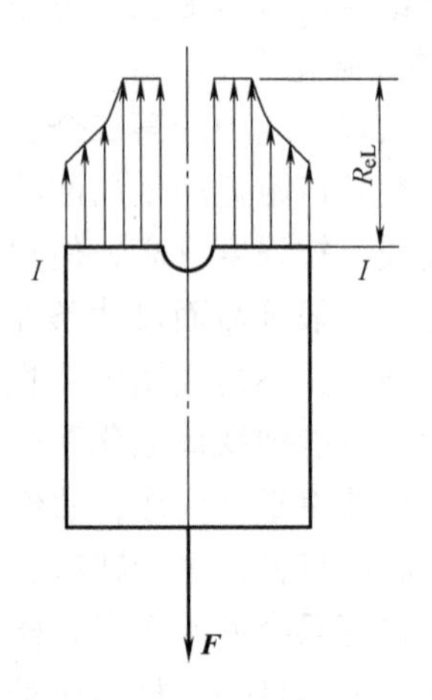

图 2-25 塑性材料缺口附近的应力分布

缺口试样轴向静拉伸试验广泛用于研究高强度钢（淬火及低中温回火）的力学性能、钢和钛的氢脆，以及高温合金的缺口敏感性等。缺口敏感度 NSR 如同材料的塑性指标一样，也是安全性的力学性能指标。但在选材时只能根据使用经验确定对 NSR 的要求，不能进行定量计算。

利用缺口拉伸试验还能查明光滑拉伸试样不能显示的其他力学行为。

3. 缺口试样偏斜拉伸试验

如果只做无偏斜的缺口轴向静拉伸试验，而以 NSR 来度量缺口敏感度的话，往往显示不出组织与合金元素的影响，因为只要很小的缺口塑性，就能保证 NSR>1。试验表明，缺口塑性只要大于 1%~2%，试样就可被认为是对缺口不敏感的。但是，这样的试验不能保证带尖锐缺口的零件，如高强度螺栓在实际使用中的安全可靠性。

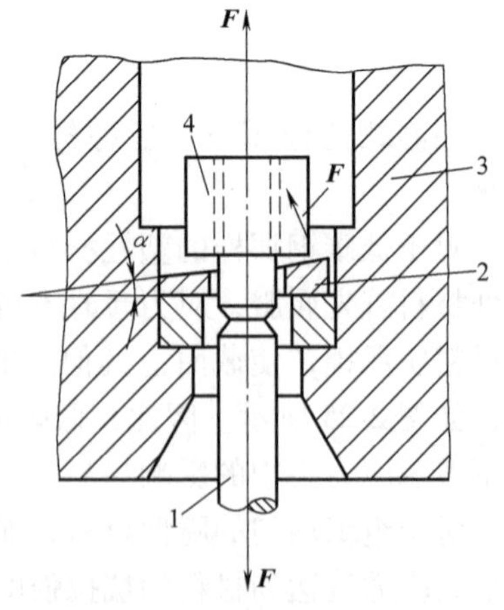

图 2-26 缺口偏斜拉伸试验装置
1—缺口试样 2—偏斜角垫圈
3—试验机夹头 4—试样的螺纹夹头

缺口偏斜拉伸试验就是在更苛刻的应力状态和试验条件下，检验与对比不同材料或不同工艺所表现出的性能差异。进行缺口偏斜拉伸试验的装置如图 2-26 所示。只要改变垫圈的角度即可改变试样的偏斜角度。最常用偏斜角度为 $\alpha=4°$ 或 8°，相应的缺口抗拉强度以 R_{BN}^{4} 或 R_{BN}^{8} 表示。

一般也用偏斜拉伸试验测得的缺口试样抗拉强度 R_{BN}^{α} 与光滑试样的抗拉强度 R_m 之比表示材料的缺口敏感度。

三、缺口试样静弯曲试验

光滑试样的静弯曲试验主要用来评定工具钢或一些脆性材料的力学性能，而缺口试样的静弯曲试验则用来评定或比较结构钢的缺口敏感度和裂纹敏感度。由于缺口和弯曲所引起的应力不均匀性叠加，使试样缺口弯曲的应力、应变分布的不均匀性较缺口拉伸时更甚，但应力、应变的多向性则减少。

缺口静弯曲试验可采用图 2-27 所示的试样与装置。也可采用尺寸为 10mm×10mm×55mm、缺口深度为 2mm、夹角为 60°的 V 形缺口试样。试验时记录弯曲曲线（试验力 F 与挠度 f 关系曲线），直至试样断裂。

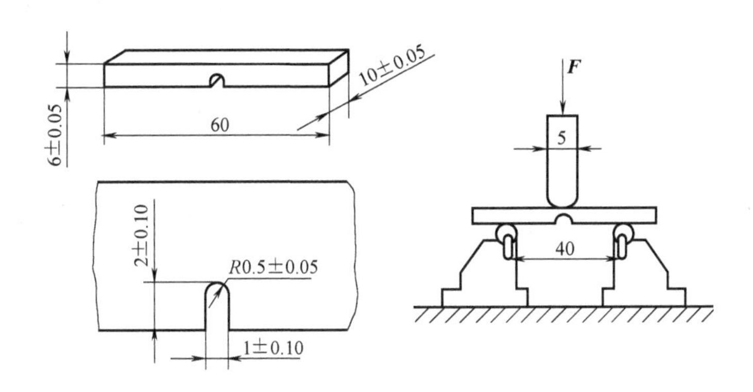

图 2-27　缺口静弯曲试验的试样与装置

图 2-28 所示为某金属材料的缺口试样静弯曲曲线。试样在 F_{max} 时形成裂纹，在 F_1 时裂纹扩展到临界尺寸随即失稳扩展而断裂。曲线所包围的面积分为弹性区Ⅰ、塑性区Ⅱ和断裂区Ⅲ。各区所占面积分别表示弹性变形功、塑性变形功和断裂功的大小，在这三部分中断裂功最重要。断裂功的大小取决于材料塑性，塑性好的材料裂纹扩展慢，断裂功增大，因此可用断裂功或 F_{max}/F_1 的大小来表示缺口敏感度。F_{max}/F_1 的比值越大，缺口敏感性越小；反之，缺口敏感性越大。若断裂功为零或 $F_{max}/F_1=1$，表明裂纹扩展极快，金属易产生突然脆性断裂，缺口敏感性最大。

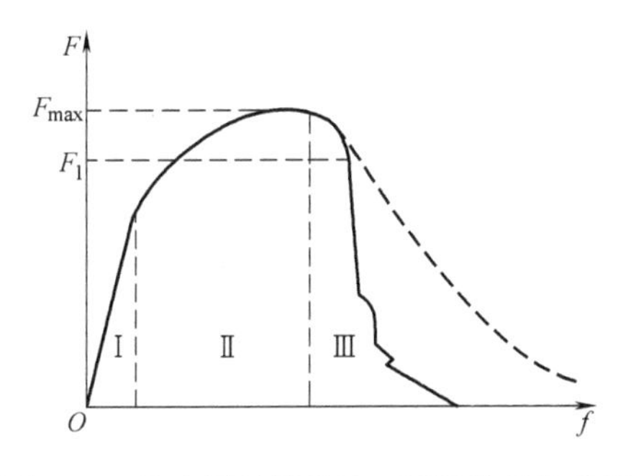

图 2-28　某金属材料的缺口试样静弯曲曲线

模块五　金属硬度试验

模块导入

1）在歌曲《团结就是力量》中有这样一句歌词：“这力量是铁，这力量是钢，比铁还硬，比钢还强”，那么铁到底有多硬呢？怎样衡量金属的硬度呢？

2）在古代中国，用金、银作为货币，除了贵重之外，还有什么原因？

3）俗话说“没有金刚钻，别揽瓷器活”，这里所说的金刚钻就是金刚石，金刚石有多硬呢？

学习内容

一、硬度及硬度试验的特点

硬度是衡量金属材料软硬程度的指标，是指金属材料在静载荷作用下抵抗局部变形，特别是塑性变形、压痕、划痕的能力。

硬度虽然不是金属独立的基本性能，但是硬度试验设备简单，操作迅速方便，又可直接在零件上或工具上进行试验而不破坏零件，更为重要的是通过硬度测量可以估计出金属材料的其他力学性能指标，如近似抗拉强度和耐磨性，所以硬度试验在实际生产中作为产品质量检查、制订合理加工工艺的最常用的重要试验方法。在产品设计图样的技术条件中，硬度也是一项主要技术指标。

测定硬度的方法很多，按一般的分类方法可分成四大类，即压入法、刻痕法、弹跳法和其他方法。在目前生产中，常用的测量硬度的方法是压入法。它是用一定几何形状的压头，在一定载荷下，压入被测试的金属材料表面，根据被压入程度来测定材料硬度值。用同样的压头，在相同载荷作用下，压入金属材料表面时，若压入程度越大，则材料的硬度值越低；反之，硬度值就越高。

生产中应用较多的有布氏硬度、洛氏硬度、维氏硬度、显微硬度等试验方法。

试一试

在没有专业硬度测量仪器时，人们常用划针、钢锯条、锉刀来划锉金属，以感觉金属的硬度。当用上述工具划锉金属时有明显的“打滑”现象，说明金属的硬度较高，反之较低。

二、布氏硬度试验

1. 布氏硬度原理

布氏硬度试验法是瑞士人布瑞聂耳（Brinell）于1900年提出的，其原理是在一定的载荷 F 作用下，将一定直径 D 的硬质合金球压头[⊖]压入到被测材料的表面，保持规定时间后将载荷卸掉，测量被测材料表面留下压痕的直径 d，根据 d 计算出压痕的表面积 S，最后求出压痕单位面积上承受的平均压力，以此作为被测金属材料的布氏硬度值，如图2-29所示。

布氏硬度用符号HBW表示，硬度值的计算公式为

$$\mathrm{HBW}=\frac{F}{S}=0.102\times\frac{2F}{\pi D(D-\sqrt{D^2-d^2})}$$

式中 F——载荷大小（N）；

D——压头的直径（mm）；

d——压痕表面的平均直径（mm）；

S——压痕的表面积（mm^2）。

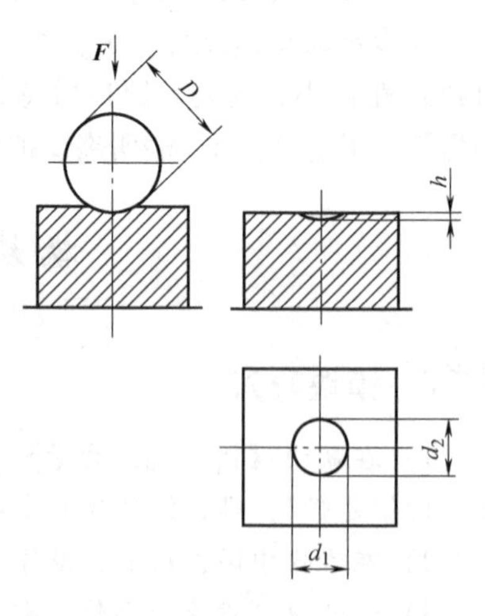

图2-29 布氏硬度原理示意图

布氏硬度值的单位为 $\mathrm{kgf/mm^2}$ 或者 $\mathrm{N/mm^2}$，习惯上布氏硬度是不标单位的。

实际测试布氏硬度时，硬度值是不用计算的，利用读数显微镜测出压痕直径 d，根据 d 值查阅GB/T 231.4—2009《金属材料 布氏硬度试验 第4部分：硬度值表》即可得出硬度值。某些型号的硬度计可自动测量 d 值并给出硬度值。

⊖ 由于淬火钢球压头本身硬度有限，在测量较硬材料时容易发生变形，因此，GB/T 231.1—2018中取消了淬火钢球压头，布氏硬度统一用碳化钨合金球（压头），硬度符号为HBW。——编者注

2. 布氏硬度规范

目前，金属布氏硬度试验方法执行 GB/T 231. 1—2018《金属材料 布氏硬度试验 第 1 部分：试验方法》，布氏硬度试验范围上限为 650HBW。

布氏硬度的表示方法如下：硬度值+硬度符号+试验条件。如 200HBW10/1000/30 表示用 10mm 直径的碳化钨合金压头，在 1000kgf（9. 807kN）作用下，保持 30s（保持时间为 10~15s 时，可以不标注），测得的布氏硬度值为 200。

在进行布氏硬度试验时，试验力 F（N）与压头直径 D（mm）平方的比值（$0.102F/D^2$）应为 30、15、10、5、2. 5、1 中的一个。根据金属材料的种类、试样厚度及试样的硬度范围，按照表 2-1 中的规范选择合适的试验条件，在试样尺寸允许时，应优先选用直径为 10mm 的球压头进行试验。

表 2-1　布氏硬度试验规范

<table>
<tr><th>材料种类</th><th>布氏硬度 HBW</th><th>$0.102F/D^2/(N/mm^2)$</th><th>备注</th></tr>
<tr><td>钢、镍基合金、钛合金</td><td></td><td>30</td><td rowspan="10">压痕中心距试样边缘距离不应小于压痕平均直径的 2. 5 倍
相邻压痕中心距离不应小于压痕平均直径的 3 倍
试样厚度至少应为压痕深度的 8 倍。试验后，试样支撑面应无明显变形痕迹
试验力的选择应保证压痕直径在（0. 24~0. 6）D 之间
对于铸铁的试验，压头的直径为 2. 5mm、5mm 或 10mm</td></tr>
<tr><td rowspan="2">铸铁</td><td><140</td><td>10</td></tr>
<tr><td>≥140</td><td>30</td></tr>
<tr><td rowspan="3">铜及铜合金</td><td><35</td><td>5</td></tr>
<tr><td>35~200</td><td>10</td></tr>
<tr><td>>200</td><td>30</td></tr>
<tr><td rowspan="3">轻金属及其合金</td><td><35</td><td>2. 5</td></tr>
<tr><td>35~80</td><td>10（5 或 15）</td></tr>
<tr><td>>80</td><td>10（15）</td></tr>
</table>

一般在零件图样或工艺文件上标注材料要求的布氏硬度值时，不规定试验条件，只需标出要求的硬度值范围和硬度符号，如 200~230HBW。

布氏硬度的优点是试验时试样上压痕面积较大，能较好反映材料的平均硬度；数据较稳定，重复性好。它的缺点是测试麻烦，压痕较大，不适合测量成品及薄件材料。目前，布氏硬度主要用于铸铁、非铁金属（如滑动轴承合金等）及经过退火、正火和调质处理的钢材。

3. 布氏硬度试验过程

（1）试样　试样表面应光滑和平坦，并且不应有氧化皮及外界污物，尤其不应有油脂。试样表面应能保证压痕直径的精确测量。制备试样时，应使过热或冷加工等因素对表面的影响减至最小。试样厚度至少应为压痕深度的 8 倍。试验后，试样背部如出现可见变形，则表明试样太薄。

（2）试验设备（布氏硬度计）　布氏硬度计是测量布氏硬度的精密计量仪器，尽管布氏硬度计种类较多，构造各异，但必须满足 GB/T 231. 2—2012《金属材料　布氏硬度试验 第 2 部分：硬度计的检验与校准》的要求，能施加预定试验力或 9. 807N~29. 42kN 范围内的试验力。图 2-30 所示为 HB-3000B 型数显布氏硬度计。

（3）试验过程　布氏硬度试验一般在 10~35℃的室温进行。对于温度要求严格的试验，温度为（23±5）℃。

将被测试样放置在样品台中央，顺时针平稳转动手轮，使样品台上升，试样与压头接触，直至手轮与螺母产生相对滑动（打滑），即停止转动手轮。此时按“开始”键，试验开始自动进行，依次自动完成以下过程：试验力加载，试验力完全加上后开始按设定的保持时间倒计时并保持该试验力，时间到后立即开始卸载，完成卸载后恢复初始状态。

逆时针转动手轮，样品台下降，取下试样，用读数显微镜测量试样表面的压痕直径，并取下试样，按附录A确定硬度值。

在整个试验期间，硬度计不应受到影响试验结果的冲击和振动。任一压痕中心距试样边缘的距离至少为压痕平均直径的2.5倍。两相邻压痕中心间距离至少为压痕平均直径的3倍。

图2-30 HB-3000B型数显布氏硬度计

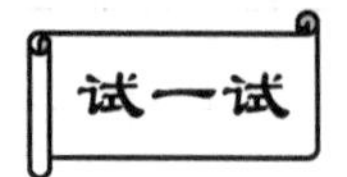

用JC-10读数显微镜测布氏硬度压痕直径

将打上压痕的试样置于水平工作台面上，把读数显微镜置于试样上，把透光孔对向光亮处，通过调焦在目镜中找到压痕的放大图像，并使零位线与压痕的左侧边缘相切，旋转百分筒，使指标线与压痕的右侧边缘相切，在目镜中读取压痕直径的整数值，在百分筒上读取小数值，两者相加即为压痕直径，如图2-31所示压痕直径为3mm+0.32mm=3.32mm。

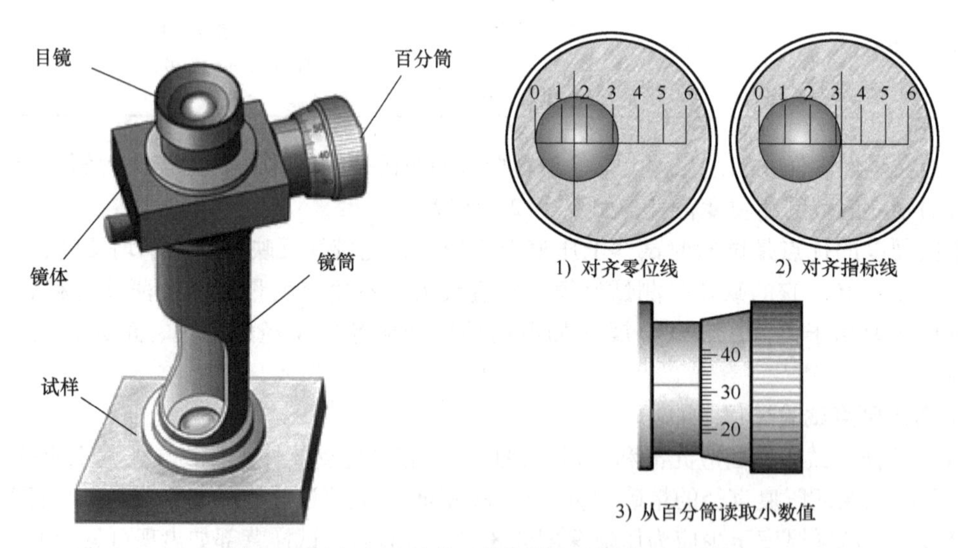

图2-31 用JC-10读数显微镜测布氏硬度压痕直径

由于压痕通常为不规则形状，故要把试样旋转90°，再测量一次，取两次结果的平均值，即得到压痕的最终直径d，然后查平面布氏硬度值表得相应的硬度值并记录下来。

4. 布氏硬度试验结果处理

1）试验后应检查试样背部及边缘，若发现试样背面出现变形迹痕或鼓胀变形，则试验结果无效。试验后压痕直径应在（0.24~0.6）D范围内，否则应在试验报告中注明压痕直径与压头直径的比值d/D。

2）在读数显微镜或其他测量装置上测量压痕直径时，应在两相互垂直方向测量压痕直径。对于表面研磨试样，建议在与磨痕方向夹角大约45°方向测量压痕直径。对于各向异性材料，如经过深度冷加工的材料，压痕垂直方向的两个直径可能会有明显差异，相关产品标准可能会给出允许的差异极限值。

布氏硬度试验

3）用压痕两直径的算术平均值计算平面试样的布氏硬度值，将试验结果修约到3位有效数字。布氏硬度值也可通过GB/T 231.4—2009给出的硬度值表直接查得。

三、洛氏硬度试验

1. 洛氏硬度原理

洛氏硬度试验法是美国冶金学家S. P. 洛克韦尔（S. P. Rockwell）于1919年提出的，其原理是采用顶角为120°的金刚石圆锥体或一定直径的碳化钨合金球作为压头，以规定的试验力使其压入试样表面。试验时，先加初始试验力，然后加主试验力，压入试样表面，经规定的保持时间后，卸除主试验力，在保留初始试验力的情况下，用测量的残余压痕深度计算硬度值的一种压痕硬度试验方法，如图2-32所示。

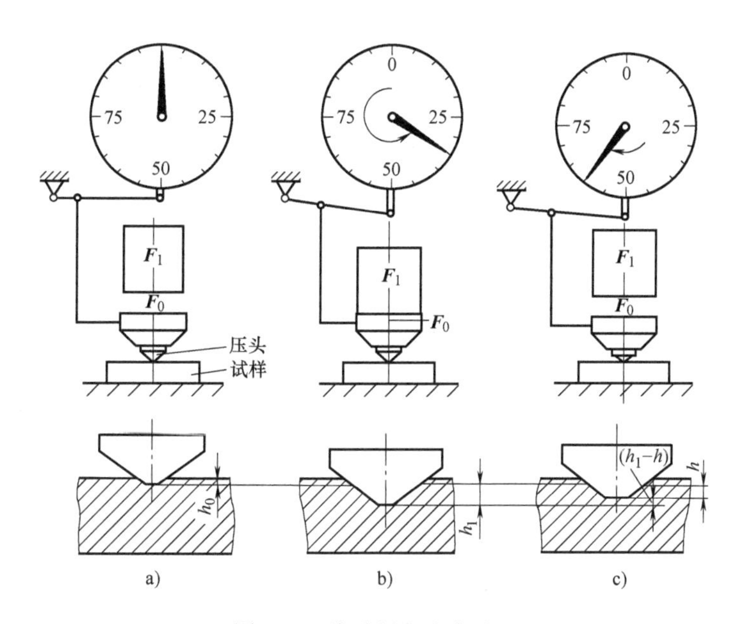

图2-32　洛氏硬度试验原理

a）加初始试验力 F_0　b）加主试验力 F_1　c）卸除主试验力

为保证压头与试样表面接触良好，试验时先加初始试验力 F_0，在试样表面得一压痕，深度为 h_0，并以此作为测量的基准，此时硬度计指针在表盘上指零，如图2-32a所示。然后加上主试验力 F_1，压头压入深度为 h_1，表盘上指针以逆时针方向转动到相应刻度位置，如图2-32b所示。卸去主载荷后，被测试样的弹性变形恢复，压头略微抬高一段距离（h_1-h），测得基准与压头顶点最后位置之间的距离为 h，即为残余压痕深度，而指针顺时针方向转动停止时所指的数值就是洛氏硬度，如图2-32c所示。

洛氏硬度值就是以残余压痕深度 h 的大小确定，h 值越大，硬度越低；反之，则硬度越高。为了照顾习惯上数值越大硬度越高的概念，一般用一个常数 N 减去 h 来作为硬度值，并以0.002mm（表面洛氏硬度为0.001mm）的压痕深度为一个硬度单位，可由硬度计表盘上直接读数。洛氏硬度用符号HR表示，计算公式为

$$HR = N - \frac{h}{0.002}$$

式中 N——金刚石圆锥体压头，N取100；碳化钨合金球压头，N取130；

h——残余压痕深度增量（mm）。

2. 洛氏硬度规范

目前，金属洛氏硬度试验方法执行GB/T 230.1—2018《金属材料 洛氏硬度试验 第1部分：试验方法》。为了能用同一硬度计测定从软到硬或厚薄试样的材料硬度，需要采用由不同的压头和载荷组成的A、B、C、D、E、F、G、H、K 9种洛氏硬度标尺，此外还有6种表面洛氏硬度，共15种。最常用的是A、B、C三种标尺，分别记作HRA、HRBW、HRC，其中洛氏硬度C标尺应用最广泛。

洛氏硬度不标单位，是一个无量纲的力学性能指标，表示方法是将硬度值写在硬度符号前面，如75HRA、90HRBW、60HRC等。洛氏硬度各标尺间没有对应关系。常用三种洛氏硬度的试验条件及应用范围见表2-2。

表2-2 常用三种洛氏硬度的试验条件及应用范围

标尺	硬度符号	压头类型	总试验力/(N或kgf)	测量范围	应用范围
A	HRA	金刚石圆锥体	588.4（60）	20~95HRA	硬质合金、表面硬化层、淬火工具钢等
B	HRBW	直径1.5875mm碳化钨合金球	980.7（100）	10~100HRBW	低碳钢、铜合金、铝合金、铁素体可锻铸铁
C	HRC	金刚石圆锥体	1471（150）	20~70HRC	淬火钢、调质钢、高硬度铸铁

洛氏硬度试验法是目前应用最广泛的硬度测试方法。它的特点是测量迅速简便，压痕较小，可用于测量成品零件；同样由于压痕较小，测得的硬度值不够准确，数据重复性差。因此，在测试金属的洛氏硬度时，需要选取四个不同位置测量，第一点硬度值不计，然后分别测出另外三点硬度值。

3. 洛氏硬度试验过程

（1）试样 试样表面应尽可能是平面，不应有氧化皮及其他污物，表面粗糙度参数Ra值一般不大于0.8μm，试样支承面应平整并与试验面平行。

对于用金刚石圆锥体或球压头进行的试验，试样或试验层的厚度应不小于残余压痕深度的10或15倍，并且试验后试样背面不得有肉眼可见变形痕迹。有关试样最小厚度与洛氏硬度值的关系参见GB/T 230.1—2018附录。

（2）试验设备（洛氏硬度计） 洛氏硬度计是应用最广的一种硬度计。在实验室中，要定期检查硬度计以确保其准确性和稳定性。洛氏硬度计须满足GB/T 230.2—2012《金属材料 洛氏硬度试验 第2部分：硬度计（A、B、C、D、E、F、G、H、K、N、T标尺）的检验与校准》的要求，图2-33所示为常用的HR-150A型洛氏硬度计。

（3）试验过程 洛氏硬度试验一般在10~35℃的室温进行。对于温度要求严格的试验，温度为（23±5）℃。

下面以常用的HR-150A型洛氏硬度计为例说明洛氏硬度的试验过程。

试验前应首先对硬度计的工作状态进行检查。应使用与试样硬度值相近的标准洛氏硬度块对硬度计进行校验，硬度计应符合国家计量部门的规定要求。

1）将试样放在洛氏硬度计的载物台上，选好测试位置，顺时针旋转手轮，加初始试验力，使压头与试样紧密接触，直到小指针对准表盘上的小红点为止。

2）将表盘上的大指针对零（HRBW、HRC 对 B-C；HRA 对 0）。

3）轻轻推动手柄加主试验力，在大指针停止转动 3~4s 后拉回手柄，卸除主试验力，此时大指针回转若干格后停止，从表盘上读出大指针所指示的硬度值（HRA、HRC 读外圈黑数字，HRBW 读内圈红数字），并记录下来。

4）逆时针旋转手轮，使压头与试样分开，调换试样位置再次测量。共需测量四次，取后三次测量结果作为试样的洛氏硬度值。

图 2-33　常用的 HR-150A 型洛氏硬度计

4. 表面洛氏硬度

由于洛氏硬度试验所用试验力较大，不宜用来测定极薄工件及氮化层、金属镀层等的硬度。为了测定表面硬度，人们应用洛氏硬度的原理，设计出一种表面洛氏硬度计。它也是用金刚石圆锥体或直径为 1.5875mm 的碳化钨合金球作为压头，只是采用的试验力较小，其初始试验力为 29.42N（3kgf），总试验力分别为 147.1N（15kgf）、294.2N（30kgf）及 441.3N（45kgf），以每 0.001mm 残余压痕增量为一个硬度单位。

洛氏硬度试验

表面洛氏硬度标尺见表 2-3。

表 2-3　表面洛氏硬度标尺

标尺	硬度符号	压头类型	总试验力/(N 或 kgf)	测量范围
15N	HR15N	120°金刚石圆锥体	147.1（15）	70~94HR15N
30N	HR30N	120°金刚石圆锥体	294.2（30）	42~86HR30N
45N	HR45N	120°金刚石圆锥体	441.3（45）	20~77HR45N
15T	HR15TW	ϕ1.5875mm 碳化钨合金球	147.1（15）	67~93HR15TW
30T	HR30TW	ϕ1.5875mm 碳化钨合金球	294.2（30）	29~82HR30TW
45T	HR45TW	ϕ1.5875mm 碳化钨合金球	441.3（45）	10~72HR45TW

表面洛氏硬度表示方法如下。

1）N 标尺表面洛氏硬度用硬度值、符号 HR、试验力数值（总试验力）和使用的标尺表示。例如，70.5HR30N 表示在总试验力为 294.2 N 的 30N 标尺上测得表面洛氏硬度值为 70.5。

2）T 标尺表面洛氏硬度用硬度值、符号 HR、试验力数值（总试验力）和使用的标尺表示。例如，40.5HR30TW 表示用碳化钨合金球压头在总试验力为 294.2 N 的 30T 标尺上测得表面洛氏硬度值为 40.5。

表面洛氏硬度对试样表面、试样厚度及硬度计精度要求较高，其操作要求与洛氏硬度试验相同。

四、维氏硬度试验

1. 维氏硬度原理

布氏硬度试验不适用于测定硬度较高的材料。洛氏硬度试验虽然可用于测定较软材料和较硬材料，但其不同标尺的硬度值间没有简单的换算关系，不能进行比较，使用上很不方便。1925 年英国维克尔公司的 R. 史密斯和 G. 桑德来德提出了维氏硬度试验法，维氏硬度试验可以测量从软到硬的各种材料以及金属零件的表面硬度，并有连续一致的硬度标尺。

维氏硬度试验原理与布氏硬度试验原理相似，也是根据压痕单位表面积上的试验力大小来计算硬度值，区别是采用两相对面夹角为 136°的正四棱锥体金刚石作为压头。试验时，以选定的试验力（49.03~980.7N）将压头压入试样表面。经规定的保持时间后，卸除试验力，测量压痕对角线长度，可计算出压痕表面积，压痕单位表面积上所承受的平均压力即为维氏硬度值，用符号 HV 表示，如图 2-34 所示。

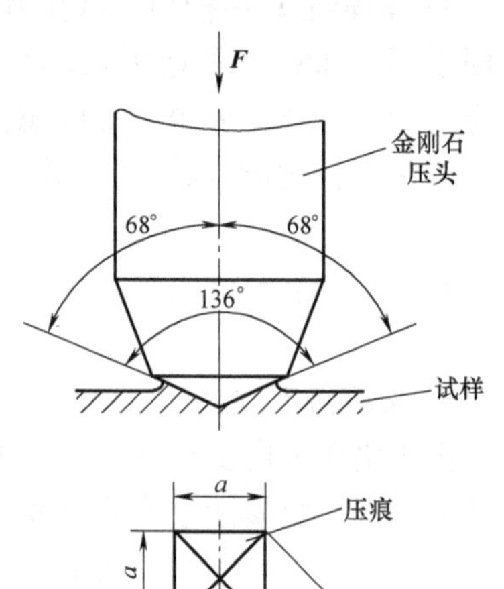

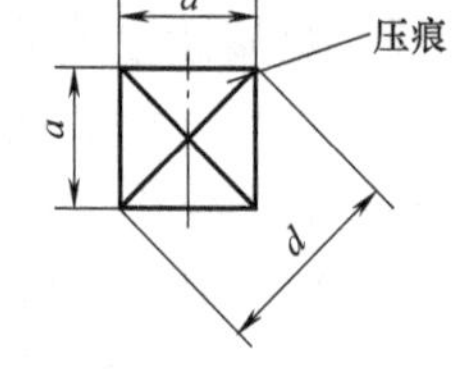

图 2-34 维氏硬度试验原理图

计算公式为

$$HV = 0.1891 \frac{F}{d^2}$$

式中 F——作用在压头上的试验力（N）；

d——压痕两条对角线长度算术平均值（mm）。

在实际测试时，维氏硬度值不用计算，而是用硬度计测出压痕对角线的长度，计算出平均值后，然后根据 d 大小查 GB/T 4340.1—2009 附表，即可求出所测的硬度值。

2. 维氏硬度规范

维氏硬度试验所用试验力视试样大小、薄厚及其他条件，可在 49.03~980.7N 的范围内选择。常用的试验力有 49.03N、98.07N、196.1N、294.2N、490.3N、980.7N。

维氏硬度的表示方法与布氏硬度相同，在符号 HV 的前面写出硬度值，试验条件写在符号的后面，若试验力保持时间为 10~15s 时，可以不标出。例如，640HV30/20 表示在 30kgf（294.2N）试验力作用下，保持 20s 测得的维氏硬度值为 640。

维氏硬度的测量范围在 5~3000HV，可以测量极软到极硬的材料，常用来测量薄片金属、金属镀层及零件表面硬化层的硬度。

维氏硬度的优点是试验载荷小，压痕较浅，适用范围宽，可以测量极软到极硬的材料，尤其适合测定零件表面淬硬层及化学热处理的表面层等。由于维氏硬度只用一种标尺，材料的硬度可以直接通过维氏硬度值比较大小。维氏硬度的缺点是对试样表面要求高，压痕对角线长度 d 的测定较麻烦，工作效率不如洛氏硬度高，不适于大批测试。

3. 维氏硬度试验过程

（1）试样 试样表面应平坦光滑，无氧化皮及其他污物，尤其不应有油脂，除非在产品标准中另有规定。试样表面的质量应保证压痕对角线长度的测量精度，建议试样表面进行表面抛光处理。制备试样时应使由于过热或冷加工等因素对试样表面硬度的影响减至最小。

由于维氏硬度压痕很浅，加工试样时建议根据材料特性采用抛光/电解抛光工艺。试样厚度至少应为压痕对角线长度的 1.5 倍，见 GB/T 4340.1—2009 附录 A。试验后试样背面不应出现可见变形压痕。

（2）试验设备（维氏硬度计）　维氏硬度计是测量维氏硬度的精密计量仪器。维氏硬度计配有测微目镜，用于加载后测读压痕对角线长度，使用方便，测量精度高。

（3）试验过程　维氏硬度的试验过程与布氏硬度试验基本相同，先对试样进行加载，载荷保持规定时间后卸除载荷，用测微目镜测量压痕对角线长度，查表或直接输入硬度计算公式得到试样的维氏硬度值。

【小资料】 由于各种硬度试验的原理和条件不同，因此相互之间没有理论换算关系。但根据试验数据分析，可以得到金属材料的各种硬度值之间、硬度值与强度值之间具有近似的相应关系。当硬度在 200~600HBW 范围内时，HRC≈1/10HBW；当硬度小于 450HBW 时，HBW≈HV。当硬度小于 500HBW 时，对于碳素钢：R_m(MPa)≈3.5HBW；对于铸铁：R_m(MPa)≈1HBW。

五、显微硬度试验

习惯上把硬度试验分为两类——宏观硬度试验和显微硬度试验。宏观硬度试验是指采用 1kgf（9.81N）以上载荷进行的硬度试验，显微硬度试验是指采用 1kgf（9.81N）或小于 1kgf（9.81N）载荷进行的硬度试验。

1. 维氏显微硬度

由于加载载荷小，维氏显微硬度可测定金属箔、薄材的表面处理层及合金中组织组分的硬度。

图 2-35　显微硬度计

维氏显微硬度试验

显微硬度计实际上是一台设有加载装置并带有目镜测微器的显微镜，如图 2-35 所示。测定之前，先要将待测件磨制成反光磨片试样，置于显微硬度计的载物台上，通过加载装置对四棱锥形的金刚石压头加压，载荷的大小可根据待测材料的硬度不同而增减。金刚石压头压入试样后，在试样表面上产生一个凹坑。把显微镜十字丝对准凹坑，用目镜测微器测量凹坑对角线长度，然后根据所加载荷及凹坑对角线长度就可查表或自动计算出所测材料的显微硬度值。

显微硬度具有试验力小、压痕深度浅的特点，主要用途有两种：一是用于单独进行硬度测定，如表面比较光洁的零件试样的硬度，各种电镀层、氮化层、渗碳层、碳氮共渗层零件的表层硬度，玻璃、陶瓷、玛瑙等脆性非金属材料的硬度；二是作为金相显微镜用，即观察和拍摄材料的显微组织，并测定金相组织的显微硬度。维氏显微硬度试验还用于极小或极薄零件的测试，零件厚度可薄至 3μm。图 2-36 所示为测量钢氮化层的显微硬度照片，图中菱形方块为显微硬度的压痕，自左向右压痕逐

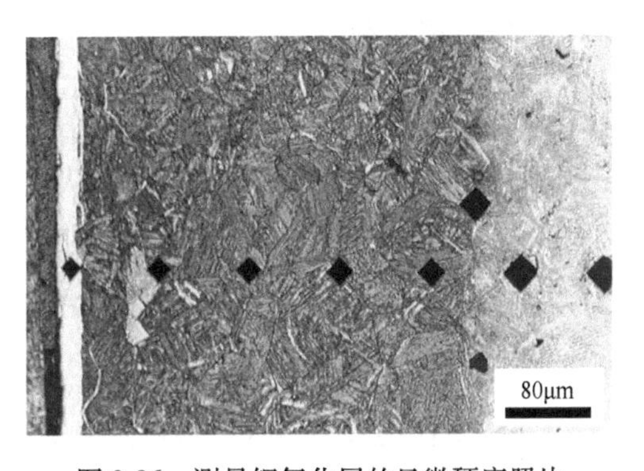

图 2-36　测量钢氮化层的显微硬度照片

渐增大，说明硬度降低。

2. 努氏显微硬度

除维氏显微硬度外，还有一种努普（Knoop）显微硬度，简称为努氏显微硬度。努氏显微硬度试验使用的压头是两个相对面夹角不等的四角菱形锥体金刚石压头（其相对面角分别为172°30′和130°），因此，在试样上得到的是长、短对角线长度比为7.11的菱形压痕，压痕的深度约为其长度的1/30，如图2-37所示。

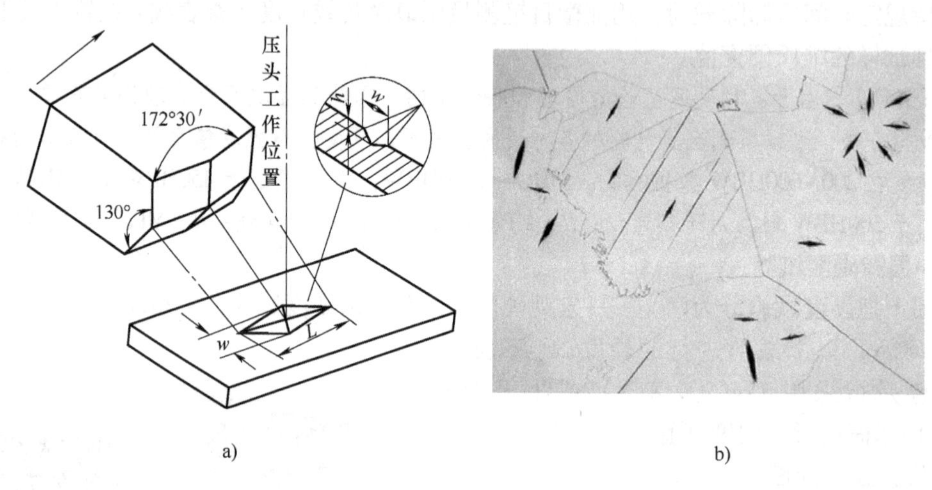

图2-37 努氏显微硬度试验原理与压痕

a）试验原理 b）压痕

与维氏显微硬度不同，努氏显微硬度值不是试验力除以压痕表面积的商值，而是除以压痕投影面积的商值，用符号HK表示。因此，测量出压痕长对角线的长度L，努氏显微硬度按以下公式计算，即

$$HK = 1.451\frac{F}{L^2}$$

式中 F——作用在压头上的试验力（N），其值可在0.4903～19.61N之间选取；

L——压痕长对角线的长度（mm）。

努氏显微硬度由于压痕比较细长，而且只测量长对角线的长度，因而精确度较高。对于表面淬硬层或渗层、镀层等薄层区域的硬度测定以及脆性材料如玻璃、陶瓷、玛瑙的硬度测定较为方便。

六、其他硬度试验

1. 肖氏硬度试验

肖氏硬度试验方法是一种动载荷试验法，由英国人肖尔（Albert F. Shore）于1906年首先提出，其原理是将规定形状的金刚石冲头从规定的高度h_0落在试样表面上，冲头弹起一定高度h，用h与h_0的比值计算肖氏硬度值，如图2-38所示。肖氏硬度以HS表示，计算公式为

$$HS = K\frac{h}{h_0}$$

式中 HS——肖氏硬度；

K——肖氏硬度系数（C型肖氏硬度计$K=10^4/65$；D型肖氏硬度计$K=140$）。

肖氏硬度值一般是以淬硬的高碳钢表面上回跳高度平均值定为100而标定的。

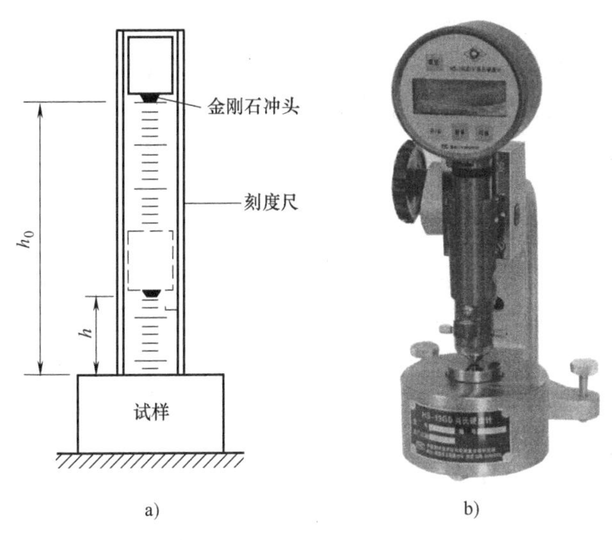

图 2-38 肖氏硬度试验原理示意图
a）原理图 b）HS-19DGV 肖氏硬度计

与布、洛、维等静态力硬度试验法相比，肖氏硬度试验准确度稍差，受测试时的垂直性、试样表面粗糙度等因素的影响，数据分散性较大，其测试结果的比较只限于弹性模量相同的材料。它对试样的厚度和重量都有一定要求，不适用于较薄和较小试样。

肖氏硬度计是一种轻便的手提式仪器，便于现场测试，其结构简单，便于操作，测试效率高，特别适用于冶金、重型机械行业中的中大型工件，如大型构件、铸件、锻件、曲轴、轧辊、特大型齿轮、机床导轨等工件。肖氏硬度的试验规范请参阅 GB/T 4341. 1—2014《金属材料 肖氏硬度试验 第 1 部分：试验方法》。

2. 里氏硬度试验

里氏硬度试验方法也是一种动载荷试验法，由瑞士人 Dr. Dietmar Leeb 首先提出，其原理是用规定质量的冲击体在弹力作用下以一定速度冲击试样表面，用冲击体在距表面 1mm 处的回弹速度与冲击速度的比值乘以 1000 定义为里氏硬度值，以 HL 表示，计算公式为

$$\mathrm{HL} = 1000\,\frac{v_{\mathrm{R}}}{v_{\mathrm{A}}}$$

式中 HL——里氏硬度；

v_{R}——回弹速度；

v_{A}——冲击速度。

里氏硬度计有各种不同的型号，其主要技术参数见表 2-4。

表 2-4 里氏硬度计主要技术参数

冲击装置类型	主要参数				测试范围	应用范围
	冲击体质量/g	冲击能量/mJ	球头直径/mm	球头材料		
D 型	5. 5±0. 03	11. 0	3±0. 06	碳化钨	300～890HLD	一般场合
DC 型	5. 5±0. 03	11. 0	3±0. 06	碳化钨	300～890HLDC	内孔或小空间
G 型	20. 0±0. 03	90. 0	5±0. 06	碳化钨	300～750HLG	大型铸锻件
C 型	3. 0±0. 03	2. 7	3±0. 06	碳化钨	350～960HLC	表面层及薄壁件

里氏硬度也是一个无量纲的值。里氏硬度的表示方法是在符号 HL 前注出硬度值，在 HL 后面注明所用硬度计型号。例如，700HLD 表示用 D 型硬度计测定的里氏硬度值为 700。

虽然肖氏硬度与里氏硬度均属动载测试法，但肖氏硬度考察的是冲击体反弹的垂直高度，因此决定了肖氏硬度仪要垂直向下使用，这势必在实际使用中造成很大的局限性；而里氏硬度就不同了，里氏硬度考察的是冲击体反弹与冲击的速度，通过速度修正，可在任意方向上使用，极大地方便了使用者。

里氏硬度测试技术是国际上继布、洛、维之后新发展的一种技术，依据里氏硬度理论制造的里氏硬度计改变了传统的硬度测试方法。由于硬度传感器小如一支笔，可以手握传感器在生产现场直接对工件进行各种方向的硬度检测，因此是其他台式硬度计所难以胜任的。自里氏硬度计诞生以来，在国际上的普及程度越来越广。为推广这一先进技术，参照国际标准，国家质量技术监督局已颁布 GB/T 17394. 1—2014《金属材料 里氏硬度试验 第 1 部分：试验方法》。图 2-39 所示为便携式里氏硬度计。

里氏硬度试验

图 2-39 便携式里氏硬度计

里氏硬度（HL）可以转化布氏（HBW）、洛氏（HR）、维氏（HV）等硬度。

3. 莫氏硬度

莫氏硬度是表示矿物硬度的一种标准，1822 年由德国矿物学家莫斯（Frederich Mohs）首先提出。确定这一标准的方法是用棱锥形金刚石钻针刻划所试矿物的表面而产生划痕，用测得的划痕深度来表示硬度。

在实际应用中，莫氏硬度以常见的十种矿物作为标准，相互刮擦以区分孰硬孰软，习惯上矿物学或宝石学上都是用莫氏硬度。

莫氏硬度矿物分十级，见表 2-5，最软的是滑石，硬度为 1，最硬的是金刚石，硬度为 10。

表 2-5 莫氏硬度表（Mohs）

材料	滑石	石膏	方解石	萤石	磷灰石	正长石	石英	黄玉	刚玉	金刚石
硬度	1	2	3	4	5	6	7	8	9	10

莫氏硬度计所测的相对硬度用 1～10 数字表示，根据实测情况，可分别用等于、大于、小于某硬度级别表示样品莫氏硬度值或范围。如有一种未知硬度的矿物，用它能刻划正长

石，但不能刻划石英，则此矿物的硬度可定为6.5度。其他可依此类推。

莫氏硬度也用于表示其他固体物料的硬度，如指甲为2.5，铜币为3.5，铁钉为4.5，玻璃为5.5，锯片和美工刀为6.5等。

单元小结

1）本单元主要介绍了金属压缩、弯曲、扭转、缺口静拉伸、硬度等试验方法，这些试验方法可以测定金属在相应应力状态下的力学性能指标，在金属材料的实际工程应用中有重要的意义。

2）本单元的另一个重点为应力集中，在金属材料的实际应用中非常重要。需要掌握应力集中产生的原因、对材料力学性能的影响以及消除或减小应力集中的方法。

3）表2-6和表2-7对本单元中涉及的力学性能试验进行了总结，希望对读者有所帮助。

表2-6　金属压缩、弯曲、扭转、缺口静拉伸和缺口静弯曲试验汇总表

试验方法	适用范围	执行标准	力学性能指标
压缩	脆性材料，如铸铁、铸铝合金等 对塑性材料只是测定弹性模量、比例极限和弹性极限等指标	GB/T 7314—2017	规定塑性压缩强度，如 $R_{pc0.01}$ 上、下压缩屈服强度 R_{eHc} 和 R_{eLc} 抗压强度 R_{mc}
弯曲	低塑性材料弯曲载荷条件下的力学性能测试，如铸铁、硬质合金、陶瓷等材料	YB/T 5349—2014	抗弯强度 R_{bb} 还可测定弯曲弹性模量 E、断裂挠度 f_{bb}
扭转	评价材料的塑性，尤其是拉伸试验时呈脆性的材料；反映金属表面缺陷及表面硬化层的性能	GB/T 10128—2007	剪切模量（G） 扭转上屈服强度 τ_{eH} 或扭转下屈服强度 τ_{eL} 抗扭强度 τ_m
缺口静拉伸	比较各种材料对缺口敏感的程度		缺口敏感度，NSR
缺口静弯曲	评定或比较结构钢的缺口敏感度和裂纹敏感度		缺口敏感度

表2-7　金属硬度试验汇总表

试验方法	压头	执行标准	符号	适用范围
布氏硬度	碳化钨合金球	GB/T 231.1—2018	HBW	铸铁、非铁金属（如滑动轴承合金等）及经过退火、正火和调质处理的钢材
洛氏硬度	120°金刚石圆锥体或碳化钨合金球	GB/T 230.1—2018	HRA HRBW HRC	淬火钢、调质钢、高硬度铸铁（常用HRC）
维氏硬度	136°金刚石四棱锥	GB/T 4340.1—2009	HV	从软到硬的各种材料及金属零件的表面硬度，并有连续一致的硬度标尺
显微硬度	136°金刚石四棱锥	GB/T 4340.1—2009	HV	比较光洁的表面处理层，如电镀层、渗碳层等；测定特定金相组织的显微硬度，如铁素体、第二相粒子的硬度
	两个相对面夹角不等的四角菱形锥体金刚石压头	GB/T 18449.1—2009	HK	

（续）

试验方法	压头	执行标准	符号	适用范围
肖氏硬度	金刚石冲头或硬质合金冲头	GB/T 4341.1—2014	HS	便携式硬度计，适用于冶金、重型机械行业中的中大型工件
里氏硬度	碳化钨冲头	GB/T 17394.1—2014	HL	便携式硬度计，生产现场直接对工件进行各种方向的硬度检测

综合训练

一、名词解释

①缺口敏感度NSR；②应力集中系数；③剪切模量；④布氏硬度；⑤洛氏硬度；⑥维氏硬度；⑦努氏硬度；⑧肖氏硬度；⑨里氏硬度。

二、选择题

1. 在压缩试验中，能测出抗压强度的金属材料是（　　）。

A. 低碳钢　　B. 灰铸铁　　C. 硬铝合金　　D. 黄铜

2. 对于脆性材料，其抗压强度一般比抗拉强度（　　）。

A. 高　　B. 低　　C. 相等　　D. 不确定

3. 表示金属材料抗压强度的符号是（　　）。

A. R_{eL}　　B. R_{eHc}　　C. R_{mc}　　D. σ_{-1}

4. 三点弯曲力学性能试验能测出（　　）金属材料的抗弯强度。

A. 脆性　　B. 韧性　　C. 所有

5. 塑性材料的扭转断口为（　　）状，而脆性材料的扭转断口为（　　）状。

A. 螺旋　　B. 杯锥　　C. 平齐

6. 金属材料抵抗局部变形，特别是表面塑性变形、压痕或划痕的能力称为（　　）。

A. 强度　　B. 硬度　　C. 塑性　　D. 弹性

7. 布氏硬度测量法（　　）测量成品及较薄零件。

A. 不适合　　B. 适合

8. 洛氏硬度C标尺所用的压头是（　　）。

A. 淬硬钢球　　B. 金刚石圆锥体　　C. 硬质合金球

9. 在测量退火钢工件的硬度时，常用的硬度测量方法的符号是（　　）。

A. HBW　　B. HRC　　C. HV

10. 45钢工件淬火后，测量硬度的适宜方法是（　　）。

A. HBW　　B. HRC　　C. HV　　D. 以上方法都行

11. 用136°金刚石四棱锥体作为压头，并以压痕表面积计量硬度值的是（　　）

A. 布氏硬度　　B. 洛氏硬度　　C. 维氏硬度　　D. 以上都可以

12. 显微硬度测试所用的载荷等于或小于（　　）kgf。

A. 100　　B. 10　　C. 1　　D. 0.1

13. 一些食品包装袋一侧有锯齿形缺口，这是为了产生（　　），以便于撕开。

A. 脆化　　B. 强化　　C. 应力集中　　D. 韧化

14. 构件上的孔洞产生的应力集中系数（　　）。

A. $K_t=1$　　B. $K_t>1$　　C. $K_t<1$　　D. $K_t=0$

15. 在静载荷作用下，下列金属材料中对表面缺口比较敏感的是（　　）。

A. 低碳钢　　B. 高碳钢

C. 灰铸铁　　D. 以上三种都敏感

16. 脆性金属材料在拉伸时产生正断，塑性变形几乎为零，而在压缩时除能产生一定的塑性变形外，常沿与轴线成（　　）方向产生切断。

A. 30°　　B. 35°　　C. 40°　　D. 45°

17. 图 2-20 所示为两根断裂的粉笔，从断口形状分析，其中（　　）是被拉断的，而（　　）是被扭断的。

A. 上部　　B. 下部

18. 缺口使塑性材料强度（　　），塑性（　　），这是缺口效应之一。

A. 提高 提高　　B. 提高 不变　　C. 提高 降低　　D. 不变 降低

19. 布氏硬度试验在选定压头直径 D 的条件下，要使试验结果有效，压痕直径 d 必须在（　　）范围内。

A. $(0.30\sim0.6)D$　　B. $(0.24\sim0.7)D$　　C. $(0.24\sim0.6)D$

20. 布氏硬度试验时，载荷 F 与压头直径 D 的关系应满足：（　　）为国家标准中规定的一个常数。

A. F/D　　B. F/D^2　　C. F/D^3　　D. D/F

三、简答题

1. 说明下列力学性能指标的意义

①R_{mc}；②R_{bb}；③τ_{eL}；④τ_m；⑤NSR；⑥HBW。

2. 今有 45 钢、40Cr 钢和灰铸铁几种材料，应选择哪种材料作为机床床身？为什么？

3. 试述金属材料弯曲试验的特点及其应用。

4. 缺口试样拉伸时应力分布有何特点？

5. 试综合比较光滑试样轴向拉伸试验、缺口试样轴向拉伸试验和偏斜拉伸试验的特点。

6. 如何评定金属材料的缺口敏感性？钢和铸铁相比，哪种材料对缺口比较敏感？为什么？

7. 为什么塑性材料在缺口静拉伸时，其缺口强度一般比光滑试样高，而脆性材料的缺口强度则低于光滑试样的强度？

8. 试说明布氏硬度、洛氏硬度与维氏硬度的试验原理，并比较布氏、洛氏与维氏硬度试验方法的优缺点。

9. 今有如下零件和材料需测定硬度，试说明选用何种硬度试验方法为宜。

①渗碳层；②淬火钢；③灰铸铁；④钢中的隐晶马氏体与残留奥氏体；⑤仪表用小黄铜齿轮；⑥龙门刨床导轨；⑦渗氮层；⑧高速钢刀具；⑨退火态低碳钢；⑩硬质合金。

10. 今有以下各种材料，欲评定材料在静载条件下的力学行为，给定测试方法有单向拉伸、单向压缩、弯曲、扭转和硬度试验五种，试对给定的材料选定一种或两种最佳的测试方法。

材料：低碳钢、灰铸铁、高碳工具钢（经淬火及低温回火）。

第三单元　金属在冲击载荷下的力学性能

【学习目标】

知识目标	1. 掌握金属材料在冲击载荷下的力学性能指标的含义、符号及工程意义 2. 了解金属材料夏比摆锤冲击试验的原理和特点 3. 掌握金属材料低温脆性的含义和特点，了解韧脆转变温度的测定方法
能力目标	1. 能够使用金属材料夏比摆锤冲击试验数据，计算金属材料的冲击吸收能量等指标 2. 在教师的指导下，能正确操作冲击试验机，完成金属材料室温冲击试验 3. 能够按要求完成金属材料室温冲击试验报告

模块一　冲击载荷和冲击韧性

模块导入

如果想知道一辆车的质量究竟怎么样，最简单粗暴的方法就是“撞”，这就是汽车碰撞测试，如图 3-1 所示。无论是正面碰撞还是侧面碰撞，测试车辆在碰撞瞬间受到很大的冲击载荷作用，碰撞测试成绩将体现该车的主被动安全、车身强度等各方面性能。那么冲击载荷有什么特点？本模块我们就来学习相关知识。

图 3-1　汽车碰撞测试

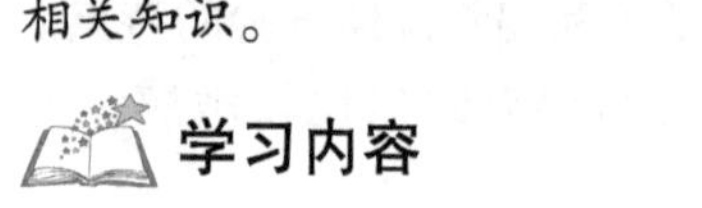

学习内容

一、冲击载荷

1. 冲击载荷的特性

强度、硬度、塑性等力学性能指标都是金属材料在静载荷作用下的表现。金属材料在工作时还经常受到动载荷的作用，动载荷包括短时间快速作用的冲击载荷（如空气锤），随时间做周期性变化的周期载荷（如空气压缩机曲轴）和非周期变化的随机载荷。

在很短时间内作用在金属材料上的载荷称为冲击载荷。压力机的冲头、锤锻杆、风动工具、锤子等，它们是利用冲击载荷工作的；而在其他很多情况下，则要尽量避免受到冲击载荷的作用，如在轴的运转过程中，刀具的切削过程中以及汽车行驶通过凹坑、飞机起飞和降落等过程中。

冲击载荷与静载荷的主要区别在于加载时间短，加载速率高，应力集中。由于加载速率提高，金属形变速率也随之增加，一般冲击试验时金属的形变速率为 $10^2 \sim 10^4 s^{-1}$。提高形变速率将使金属材料的变脆倾向增大，因此冲击载荷对材料的作用效果或破坏效应大于静载荷。

试一试

向墙上或木板上钉钉子时，必须使用锤子等工具，而用手直接按则很困难。这是为什么？

2. 金属材料在冲击载荷作用下的变形过程

在冲击载荷作用下，同样存在弹性变形、塑性变形和断裂三个阶段。只要加载速度低于声速，受冲击载荷的构件的弹性变形不受影响，而塑性变形则需要时间。当加载速度很快时，塑性变形有可能来不及发展而直接产生断裂。

金属材料在冲击载荷作用下的塑性变形过程受到限制，从而导致形变抗力的增加，造成塑性变形阶段的变形量减少，最终倾向于脆性破坏。

二、冲击韧性

金属材料在冲击载荷作用下抵抗破坏的能力，或者说在断裂前吸收变形能量的能力称为冲击韧性，是金属材料力学性能的重要指标。常用韧度来衡量金属材料的韧性好坏，但习惯上，韧性和韧度不加严格区分。

金属的冲击韧性随加载速度的提高，温度的降低，应力集中程度的加剧而下降。冲击试验就是综合应用较高冲击速度和缺口试样的应力集中，来测定金属从变形到断裂所消耗的冲击能量的大小，即冲击韧性的高低。

虽然冲击试验中测定的冲击吸收能量或冲击韧度值不能直接用于工程计算，但可以作为判断材料脆化趋势的一个定性指标，还可作为检验材料热处理工艺的一个重要手段，这是因为它对材料的品质、宏观缺陷、显微组织十分敏感，而这点恰是静载荷试验所无法揭示的。

模块二 冲击试验

模块导入

我们知道脆的材料如玻璃、陶瓷、铸铁等，摔在地上就容易碎裂，不耐冲击；而韧性好的低碳钢、铜合金等摔在地上不容易碎裂，耐冲击。那么低碳钢和铜合金哪个抗冲击性能更好些？我们需要通过冲击试验才能最终确认。

学习内容

为了评定金属材料的韧性高低，揭示金属材料在冲击载荷作用下的力学行为，就需要进行冲击试验。

冲击试验的分类很多，按试验温度条件可分为高温冲击试验、室温冲击试验和低温冲击试验三类；按受力形式又可分为拉伸冲击试验、弯曲冲击试验、扭转冲击试验和剪切冲击试验四类，而在弯曲冲击试验中又可分为简支梁冲击试验（夏比冲击试验 Charpy impact test）和悬臂梁冲击试验（艾氏冲击试验 Izod impact test）。常用冲击试验形式如图 3-2 所示。

按能量区分，冲击试验又可分为大能量一次冲击试验和小能量多次冲击试验；按试样形式，冲击试验又可分为常规试样冲击试验和实际工作区的冲击试验。

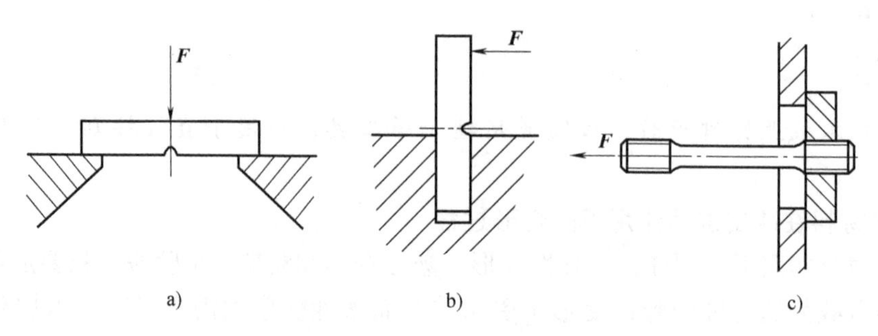

图 3-2 常用冲击试验形式

a）简支梁冲击 b）悬臂梁冲击 c）拉伸冲击

工程上常用一次摆锤冲击试验来测定材料抵抗冲击载荷的能力，即测定试样在冲击载荷作用下被折断而消耗的冲击吸收能量 K，单位为 J（焦耳）。一次摆锤冲击试验按照 GB/T 229—2020《金属材料 夏比摆锤冲击试验方法》进行。

一、冲击试样

标准冲击试样有夏比 U 型缺口和夏比 V 型缺口两种试样类型。图 3-3 所示为标准夏比缺口冲击试样。试样缺口的作用是使缺口附近造成应力集中，使塑性变形局限在缺口附近不大的体积范围内，并保证试样一次冲断且使断裂发生在缺口处。选择试样类型的原则是根据试验材料的产品技术条件、材料的服役状态和力学特性。一般情况下，尖锐缺口和深缺口试样适用于韧性较好的材料。

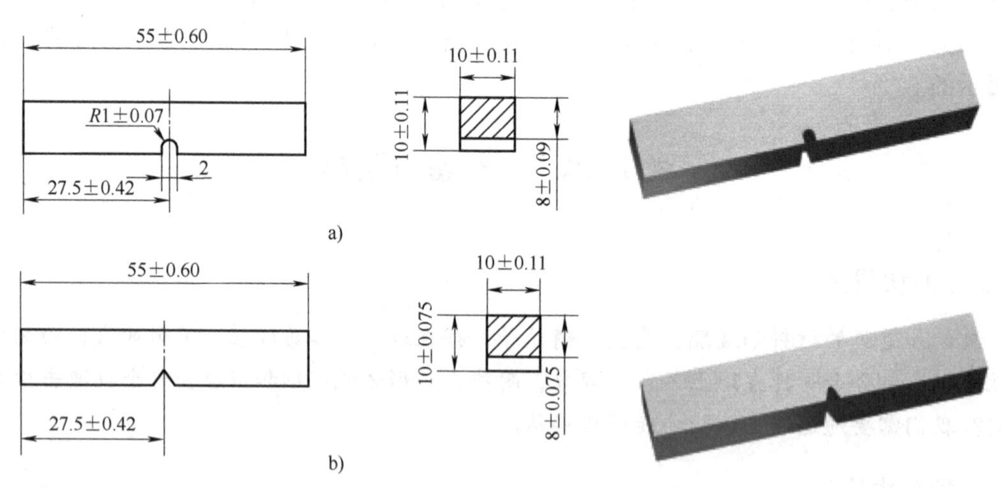

图 3-3 标准夏比缺口冲击试样

a）U 型缺口 b）V 型缺口

如不能制备标准试样，可采用厚度为 7.5mm、5mm 或 2.5mm 的小尺寸试样，试样的其他尺寸、公差、相应缺口尺寸与标准试样相同，缺口应开在试样的窄面上。其中 5mm×10mm×55mm 试样常用于薄板材料的检验。

由于冲击试样的缺口深度、缺口根部半径及缺口角度决定着缺口附近的应力集中程度，从而影响该试样的冲击吸收能量，试验前可用缺口检查仪来检查这几个尺寸参数。此外，缺口底部的表面质量也很重要，缺口底部应光滑，不应出现与缺口轴线平行的加工痕迹和划痕，对于重要的试验或仲裁试验，缺口底部的表面粗糙度参数 Ra 值一般不大于 1.6μm，为避免混淆，试验前应对试样进行适当标记，但标记的位置不应影响试样的支承和定位，并且应尽量远离缺口。

焊接接头冲击试样的形状和尺寸与相应的标准试样相同，但其缺口轴线应当垂直于焊缝表面，如图 3-4 所示。

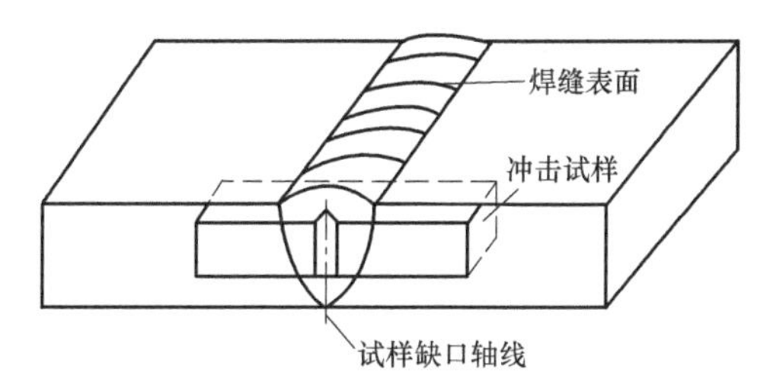

图 3-4　焊接接头试样缺口方向示意图

值得注意的是，对于铸铁或工具钢等脆性材料，常采用无缺口冲击试样（10mm×10mm×55mm）。

二、一次摆锤冲击试验原理

1. 一次冲击试验原理

一次冲击试验原理如图 3-5 所示，试验时，将标准试样放在试验机的支座上，把质量为 m 的摆锤抬升到一定高度 H_1，然后释放摆锤冲断试样，摆锤依靠惯性运动到高度 H_2。冲击过程中如果忽略各种能量损失（空气阻力及摩擦等），摆锤的位能损失 $mgH_1-mgH_2=mg(H_1-H_2)$ 就是冲断试样所需要的能量，即是试样变形和断裂所消耗的功，称为冲击吸收能量 K，即

$$K=mg(H_1-H_2)$$

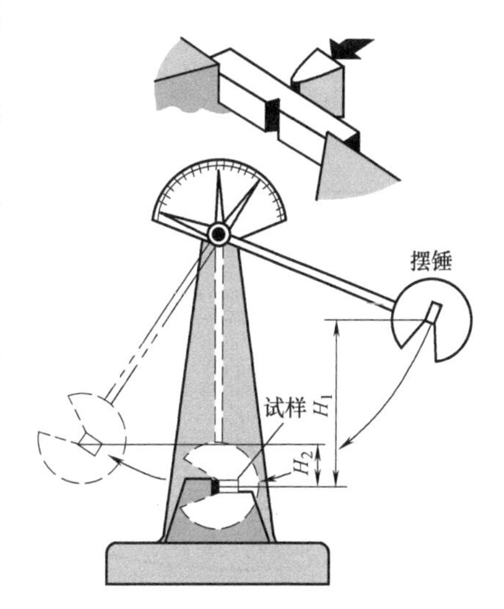

图 3-5　一次冲击试验原理

按照 GB/T 229—2020，U 型缺口试样和 V 型缺口试样的冲击吸收能量分别表示为 KU 和 KV，并用下标数字 2 或 8 表示摆锤锤刃半径，如 KU_2，其单位为 J。冲击吸收能量的大小直接由试验机的刻度盘读出。

而用试样缺口处的截面积 S 去除 KU 或 KV，可得到材料的冲击韧度值指标，用符号 a_K（$=K/S$）表示，其单位为 kJ/m^2 或 J/cm^2。与 K 相比，a_K 并没有明确的物理意义，只是一种数学表达方法。所以，现在大多用冲击吸收能量 K 作为材料韧性的判据。

冲击吸收能量 K 或冲击韧度值 a_K 越大，材料的韧性越高，越可以承受较大的冲击载荷。一般把冲击吸收能量低的材料称为脆性材料，冲击吸收能量高的材料称为韧性材料。

【小资料】　GB/T 229—2020 与 GB/T 229—1994 相比，在金属冲击韧性的名称和符号等方面有较大变化，为方便读者学习，将关于金属材料冲击韧性的新、旧标准名称和符号对照列于表3-1中。

表 3-1 金属材料冲击韧性的新、旧标准名称和符号对照

新标准 GB/T 229—2020		旧标准 GB/T 229—1994	
名称	符号	名称	符号
冲击吸收能量	K	冲击吸收功	A_K
U 型缺口试样在 2mm 摆锤锤刃下的冲击吸收能量	KU_2	U 型缺口冲击吸收功（2mm 锤刃）	A_{KU}
U 型缺口试样在 8mm 摆锤锤刃下的冲击吸收能量	KU_8		
V 型缺口试样在 2mm 摆锤锤刃下的冲击吸收能量	KV_2	V 型缺口冲击吸收功（2mm 锤刃）	A_{KV}
V 型缺口试样在 8mm 摆锤锤刃下的冲击吸收能量	KV_8		
无缺口试样在 2mm 摆锤锤刃下的冲击吸收能量	KW_2		
无缺口试样在 8mm 摆锤锤刃下的冲击吸收能量	KW_8		
转变温度	T_t	韧脆转变温度	T_K

2. 冲击断口

冲击断口由纤维区、放射区、剪切唇三个区组成，如图 3-6 所示。如果试验材料具有较高的韧性，可形成两个纤维区。

依据断口形貌可以定性地表示金属材料的冲击韧性。韧性材料在断裂前有明显的塑性变形，断口上放射区全部消失，只有纤维区和剪切唇，无光泽。脆性材料在断裂前没有明显的塑性变形，纤维区将不存在并被放射区代替，断口较平直、呈晶状或瓷状，有金属光泽。图 3-7 所示为一组冲击试样的断口照片，从断面形貌上可以判断出，从上而下，材料的冲击韧性降低。

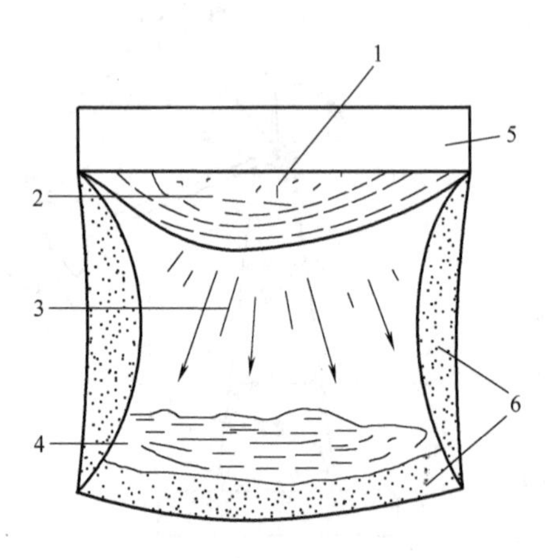

图 3-6 冲击试样断口宏观形貌
1—裂纹源 2—脚跟型纤维区 3—放射区
4—二次纤维区 5—缺口 6—剪切唇

图 3-7 一组冲击试样的断口照片

3. 冲击试验的应用

缺口冲击试验最大的优点就是测量迅速、简便，被广泛采用。其应用主要表现在两方面：

1）用于控制材料的冶金质量和铸造、锻造、焊接及热处理等热加工工艺的质量。由于冲击吸收能量 K 对材料内部组织变化十分敏感，通过测量冲击吸收能量和对冲击试样进行断口分析，可揭示原材料中的夹渣、气泡、严重分层、偏析以及夹杂物等冶金缺陷；检查过

热、过烧、回火脆性等锻造或热处理缺陷。

2）用来评定材料的冷脆倾向。根据系列冲击试验（低温冲击试验）可得冲击吸收能量 K 与温度的关系曲线，测定材料的韧脆转变温度。据此可以评定材料的低温脆性倾向，供选材时参考或用于抗脆断设计。

缺口冲击试验由于其本身反映一次或少数次大能量冲击破断抗力，因此对某些特殊服役条件下的零件，如弹壳、装甲板、石油射孔枪等，有一定的参考价值。

所以，通过一次摆锤冲击试验测定的冲击吸收能量 K 是一个由强度和塑性共同决定的综合性力学性能指标，不能直接用于零件和构件的设计计算，但它是一个重要参考，所以将材料的冲击韧性列为金属材料的常规力学性能，R_{eL}（$R_{r0.2}$）、R_m、A、Z 和 K 被称为金属材料常规力学性能的五大指标。

三、一次摆锤冲击试验

1. 冲击试验机

冲击试验机有手动和半自动两种。通过更换摆锤，冲击试验机的标准打击能量一般为 300J（±10J）和 150J（±10J），打击瞬间摆锤的冲击速度应为 5.0~5.5m/s。根据需要，也可使用其他冲击能量的试验机。常用的 JB-300B 半自动摆锤冲击试验机如图 3-8 所示。

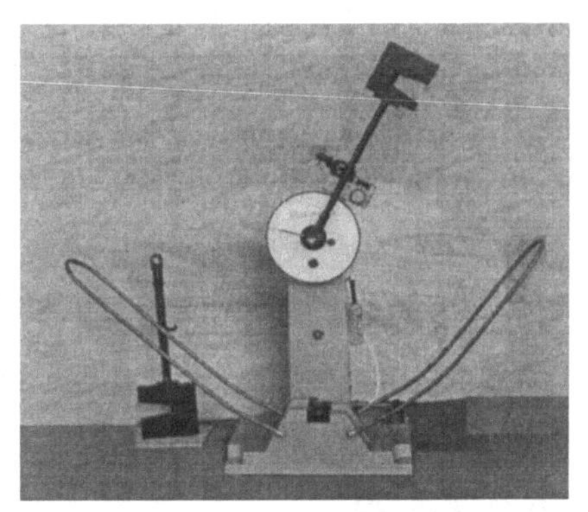

图 3-8　常用的 JB-300B 半自动摆锤冲击试验机

2. 冲击试验

1）根据试验要求先记录有关材料牌号、炉号、规格、材料状态、试验温度、试验机打击能量、试验日期等。

2）用精度为 0.02mm 的游标卡尺测量试样尺寸是否符合有关标准要求。试样缺口底部应光滑，不允许有与缺口轴线平行的明显划痕。

3）试验前应检查砧座跨距，砧座跨距应保证在 $40^{+0.2}_{0}$mm 以内；试样应紧贴试验机砧座，摆锤锤刃沿缺口对称面打击试样缺口的背面，试样缺口对称面偏离两砧座间的中点应不大于 0.5mm，如图 3-9 所示。

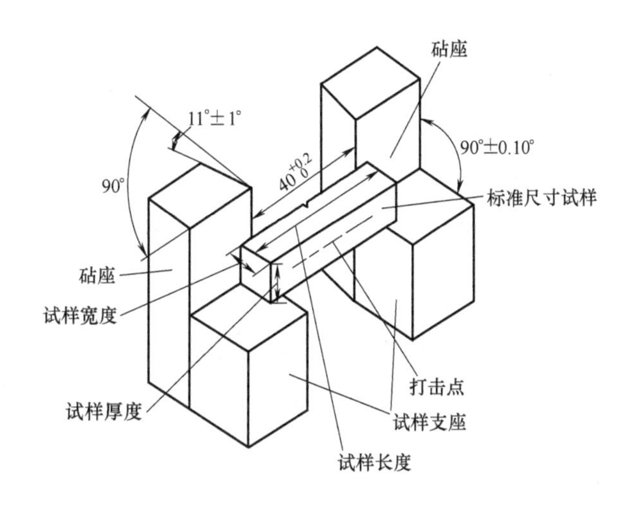

图 3-9　试样与支座和砧座相对位置示意图

4）根据所要测定的材料，选用摆锤的能量等级，试验前应检查摆锤空打时的回零差或空载能耗，回零偏差不应超过最小分度的1/4。

5）试验机正常使用范围一般规定为每套摆锤最大打击能量的10%～90%。

6）对于试验温度有规定的，应在规定温度±2℃范围内进行。如果没有规定，室温冲击试验应在（23±5）℃范围进行。

7）每组材料应做三个试样，取三个试样冲击吸收能量的平均值。

8）试验时应注意安全，禁止非试验人员进入摆锤摆动危险区，操作时应按操作规程进行。

9）试验完毕，关闭电源。

3. 试验结果处理

读取每个试样的冲击吸收能量，应至少估读到0.5J或0.5标度单位（或两者之间取最小值）。试验结果至少应保留两位有效数字，修约方法按GB/T 8170—2008执行。

对于试样试验后没有完全断裂，可以报出冲击吸收能量，或与完全断裂试样结果平均后报出。由于试验机打击能量不足使试样未完全折断时，冲击吸收能量不能确定，试验报告应注明用×J的试验机试验，试样未断开。不同类型和尺寸试样的试验结果不能直接对比和换算。试验后试样断口有明显可见裂纹或缺陷时，也应在试验报告中注明。

试验中如有下列情况之一时试验结果无效：误操作、试样打断时有卡锤现象。

金属冲击试验

四、小能量多次冲击试验

1. 小能量多次冲击试验的工程意义

在工程实际中，机械零件或构件受到大能量冲击载荷作用而断裂的情况较少，小能量多次冲击更接近于机械零件的实际工作情况，如内燃机中的曲轴、锻锤杆、凿岩机风镐上的活塞等。研究表明，在小能量多次冲击条件下，材料的破坏是由于多次冲击损伤的积累，导致裂纹的产生与扩展的结果不同于一次冲击的破坏过程。小能量多次冲击的脆断主要取决于材料的强度，大能量少次冲击的脆断主要取决于材料的塑性。如高强度球墨铸铁的冲击吸收能量KU_2仅为12J，但大量用于制造发动机中的重要零件——曲轴，原因是发动机曲轴工作时承受的是小能量多次冲击，球墨铸铁的高强度保证了材料的抗破断能力。因此，对金属材料进行小能量多次冲击试验和研究具有很重要的实用意义。

【案例3-1】 张家口某机场M211型1t模锻锤杆用45Cr调质钢做成，使用时常常断裂，寿命仅为一个月左右。失效分析表明该锤杆的失效形式为小能量多次冲击疲劳断裂，失效抗力指标为多冲疲劳抗力。根据小能量多次冲击的研究结果，决定多冲疲劳抗力的主要因素为零件的强度，塑性、韧性处于次要地位。因此，该锤杆失效的主要原因是强度低。为此，将该锤杆的回火温度由650℃降至450℃，使锤杆的强度有较大的升高，结果使该种锤杆的使用寿命提高了十倍以上。

2. 小能量多次冲击试验方法

目前国内小能量多次冲击试验的形式基本是西安交通大学强度研究室的模式，如图3-10所示。多次冲击试验机是由一个刚性较好的机座、冲锤、齿轮箱、飞轮和偏心轮等组成，试验机由电动机带动飞轮，通过齿轮箱使带有偏心轮的旋转头转动，由两偏心轮轮换托起冲锤做垂直上、下运动，对试样进行反复冲击。试验工作部分承受四点纯弯曲力。试验所用的试样，按试验机的使用说明书所提供的试样图加工。

目前，小能量多次冲击试验还没有试验标准，一般试验方法有3种，即

1）在规定的冲击能量下进行试验，测定试样出现裂纹或断裂时的冲击次数。

2）系列冲击能量试验，测定试样出现裂纹或断裂时的冲击次数。

3）承受规定冲击次数而不损坏的最大冲击能量 K_m 试验。

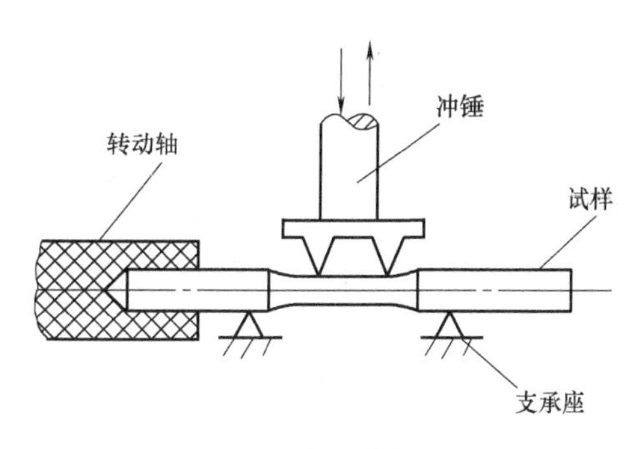

图3-10　小能量多次冲击试验示意图

25钢（正火）、45钢（调质）和T8钢（淬火-低温回火）小能量多次冲击试验测定的冲击吸收能量与断裂周次曲线图，如图3-11所示。

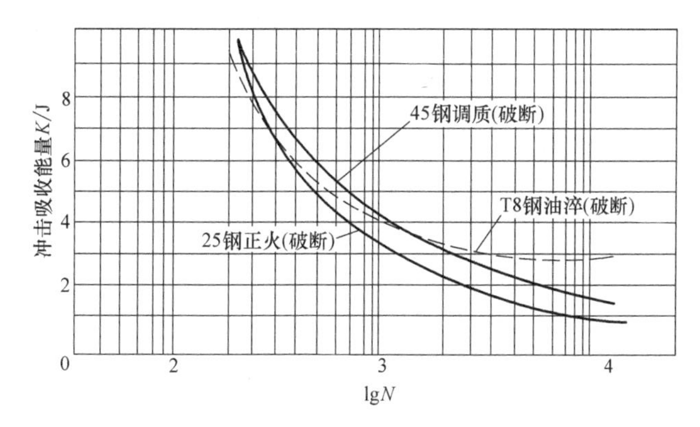

图3-11　三种钢冲击吸收能量与断裂周次曲线图

【致敬大师】

金属多次冲击抗力理论的创立者：周惠久

周惠久（1909—1999），金属材料学家、力学性能及热处理学家、教育家。周惠久在国内率先开设并改革充实“金属力学性能”课程。1961年由他主编的中国第一本《金属机械性能》教材在国内教育界和工程界产生了重大影响。他创立多次冲击抗力理论，在低碳马氏体的理论和应用方面做出贡献，并阐明了金属材料强度、塑性、韧性合理配合的规律性，对我国材料强度学科的建立起了推动作用。

1962年—1965年，他在《中国机械工程学报》和《中国科学》（英文版）上连续发表了5篇论文，总结并阐述了金属材料多次冲击抗力的基本规律，指出了盲目追求塑性韧性的不合理性。周惠久等论证了多次冲击抗力并非仅仅取决于冲击韧性，而是取决于强度和塑性韧性的配合。在大量、常见的冲击能量范围内，提高强度不仅不降低、反而能提高多次冲击抗力，这就为合理选择材料和制订热处理工艺指明了方向。国家科委把多次冲击抗力理论列为1963年—1964年100项国家重大科学成果之一。在1965年高等教育

部举办的直属高校科研成果展览会上，多次冲击抗力理论和人工合成胰岛素等并列为5项重大的科研成果，被誉为“五朵金花”。

模块三 低温脆性

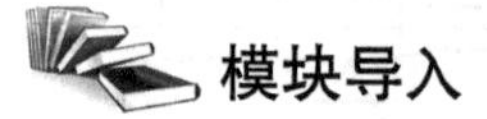

模块导入

1912年4月泰坦尼克号（Titanic）首航沉没于冰海，成为20世纪令人难以忘怀的悲惨海难。泰坦尼克号（图3-12）是当时世界上体积最庞大、内部设施最豪华的客运轮船，是埃菲尔铁塔之后最大的人工钢铁构造物，有“永不沉没”的美誉。然而不幸的是，在它的处女航中，漂浮在北大西洋上的那座冰山，成了号称“永不沉没”的泰坦尼克号的终结者。那你知道泰坦尼克号为什么会沉没吗？本模块我们就来学习相关知识。

图3-12 泰坦尼克号

学习内容

一、金属的冷脆现象

有些金属材料，如工程上用的中低强度钢，当温度降低到某一程度时，会出现冲击吸收能量明显下降并引起脆性破坏的现象，称为冷脆。历史上曾经发生过多次由于低温脆性造成的压力容器、船舶、桥梁等大型钢结构脆断的事故，造成巨大损失，如著名的泰坦尼克号冰海沉船事故、美国二战期间建造的焊接油轮“自由轮”断裂事故、西伯利亚铁路断轨事故等。

除冷脆外，金属材料在不同温度范围内还存在哪些脆性？你能说出几种？

通过测定材料在不同温度下的冲击吸收能量，就可测出某种材料冲击吸收能量与温度的关系曲线，如图3-13所示。冲击吸收能量随温度降低而减小，在某个温度区间冲击吸收能量发生急剧下降，试样断口由韧性断口过渡为脆性断口，这个温度区间就称为韧脆转变温度（T_t）范围。

体心立方晶格金属及其合金或某些密排六方晶格金属及其合金，特别是工程上常用的中、低强度结构钢（铁素体-珠光体钢）有明显的冷脆现象。而面心立方金属及其合金一般没有低温脆性现象，但有试验证明，在20~42K的极低温度下，奥氏体钢及铝合金也有冷脆性。高强度的体心立方合金（如高强度钢及高强度铜）在很宽温度范围内，冲击吸收能量均较低，故韧脆转变不明显，如图3-14所示。

韧脆转变温度越低，金属材料的低温冲击韧性就越好。在严寒地区使用的金属材料必须有较低的韧脆转变温度，才能保证正常工作，如高纬度地区使用的输油管道、极地考察船等建造用钢的韧脆转变温度应在-50℃以下。

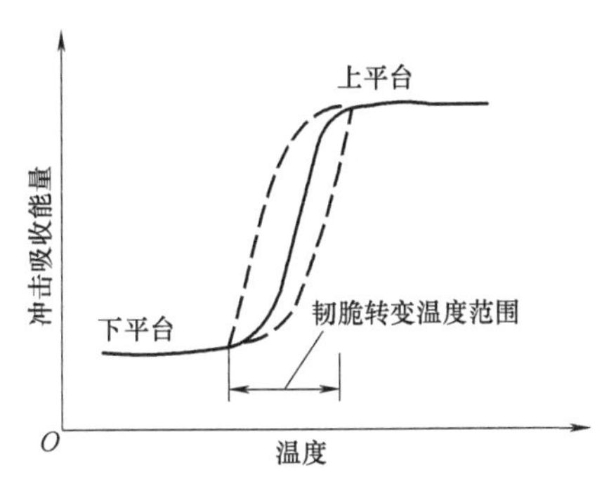

图3-13　冲击吸收能量与温度的关系

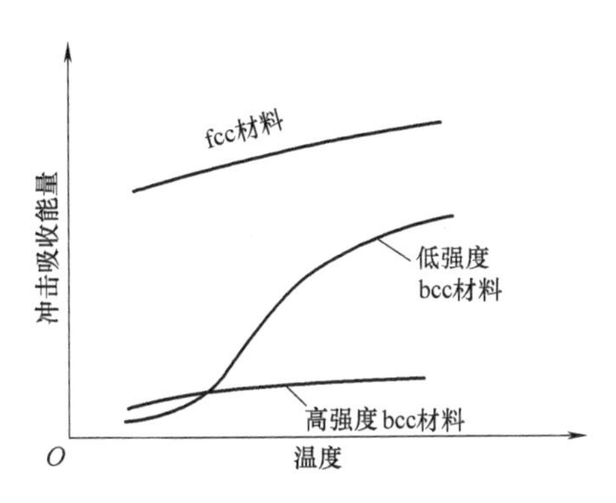

图3-14　三种不同冷脆倾向的材料

【案例3-2】　20世纪80年代后，材料科学家通过对打捞上来的泰坦尼克号船板进行研究，揭示了“冰海沉船”的原因，回答了80年的未解之谜。由于泰坦尼克号采用了含硫高的钢板，韧性很差，特别是在低温呈脆性。所以，当船在冰水中撞击冰山时，脆性船板使船体产生很长的裂纹，海水大量涌入使船迅速沉没。图3-15所示为泰坦尼克号钢板与近代船用钢板的冲击试验结果对比。

a)

b)

图3-15　泰坦尼克号钢板与近代船用钢板的冲击试验结果对比

a）泰坦尼克号钢板试样　b）近代船用钢板试样

二、金属韧脆转变温度的测定

1. 系列低温冲击试验

韧脆转变温度一般使用标准夏比V型缺口冲击试验测定，试验原理与常温冲击试验相同，只是要增设一个试样冷却装置，如低温箱，也可使用广口保温瓶等，如图3-16所示。

冷却介质由制冷剂和调温剂组成，应无毒、安全和不腐蚀金属。

当使用液体介质冷却试样时，试样应放置于一容器中的网栅上，网栅至少高于容器底部25mm，液体浸过试样的高度至少为25mm，试样距容器侧壁的距离至少为10mm，并应连续均匀搅拌介质以使温度均匀。当使用气体介质冷却试样时，试样距低温装置内表面或试样与试样之间应保持足够的距离，试样应在规定温度下保持至少20min。

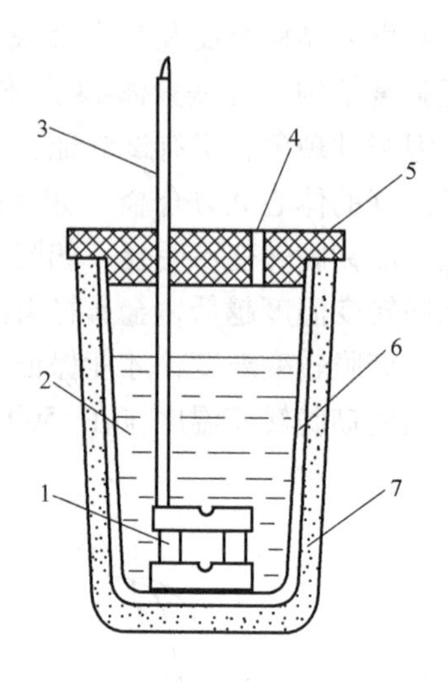

图3-16 简易低温冲击制冷器示意图
1—冲击试样 2—冷却介质 3—温度计 4—气孔
5—软木塞 6—玻璃杯 7—泡沫塑料

低温冲击试验大多数是人工操作。实践表明，如试样从低温箱中取出到冲断的整个时间少于2s，则试样的温度变化不大，冷却介质的温度一般不留附加过冷温度。若试样从取出到冲断的时间大于5s，则试样温度回升较多。因此，冷却介质的温度就应为规定冷却温度加上相应的过冷温度。所需过冷温度应预先通过试验确定，当使用标准试样，室温为（20±5）℃时，可参考表3-2给出的过冷温度。

表3-2 低温冲击试验试样的过冷温度范围

试验温度范围/℃	-60~0	-100~-60	-192~-100
过冷温度/℃	1~2	2~3	3~4

每个试验温度一般用三个试样，试验温度的间隔和试验点应保证绘出完整、明确的曲线。根据不同温度下的冲击试验结果，以冲击吸收能量或脆性断面（放射区）率为纵坐标，以试验温度为横坐标绘制曲线，确定韧脆转变温度，如图3-17所示。

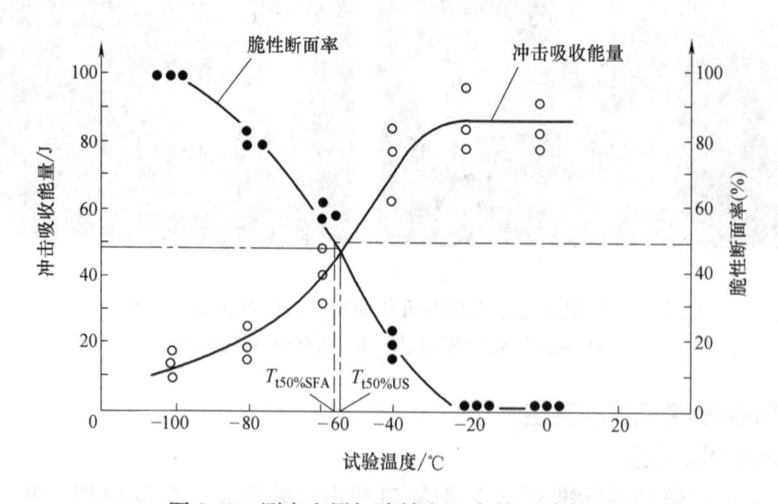

图3-17 测定金属韧脆转变温度的几种方法

2. 韧脆转变温度的确定

对于具有低温脆性的金属材料，可通过系列温度冲击试验测定其韧脆转变温度 T_t。根据有关标准或双方协议，韧脆转变温度可用如下方法确定。

（1）能量准则法　以某一固定能量来确定韧脆转变温度，如冲击吸收能量达到 27J 时的温度，表示为 T_{t27}；也可以是冲击吸收能量达到上平台某一百分数（n）时的温度，用 T_{tnUS} 表示，如冲击吸收能量达到上平台 50%所对应的温度记为 $T_{t50\%US}$。

（2）断口形貌准则法　一组在不同温度下的冲击试样冲断后，对断口进行评定，在剪切断面率-试验温度曲线中规定剪切断面率（n）所对应的温度，称为断口面积转化温度，用 T_{tnSFA} 表示，如当剪切断面率为 50%所对应的温度记为 $T_{t50\%SFA}$。

（3）侧膨胀值法　温度曲线上平台与下平台区间某规定侧膨胀值（n mm）所对应的温度，用 T_{tn} 表示，如规定侧膨胀值为 0.9mm 所对应的温度记为 $T_{t0.9}$。

金属夏比冲击试样断口脆性断面率和侧膨胀值的测定方法请参阅 GB/T 229—2020。

由于冲击试验中影响因素很多，试验数据比较分散，为了保证测绘出完整准确的曲线，每个试验温度一般用 3 个试样，试验温度的间隔和试验点应根据材料的低温特性和试验要求确定，一般为 20℃ 左右，曲线平缓时温度间隔可大些，曲线陡峭时温度间隔可小些。

必须注意，用不同方法测定的韧脆转变温度是不同的，不能相互比较。此外，韧脆转变温度还与金属材料的形状和尺寸等因素有关，所以，不能认为实际构件或零件在用试样测得的韧脆转变温度以上工作就必然是安全的，只能说韧脆转变温度低的材料具有较低的冷脆倾向。

【案例 3-3】　第二次世界大战前夕，在比利时的阿尔贝特（Albert）运河上建造了约 50 座全焊接拱形空腹式桁架钢桥，材料为比利时 9t42 转炉钢。1938 年—1956 年共有 14 座大桥断裂，其中有 6 座桥梁属低温下冷脆断裂，大部分在下弦与桥墩支座的连接处断裂且应力处于极限状态。归结大桥断裂的原因主要有四点：应力集中、残余应力、低温和冲击韧性值太小。

三、影响金属韧脆转变温度的因素

1. 化学成分

随着钢中含碳量的增加，韧脆转变温度几乎呈线性地上升，且最大冲击吸收能量也急剧降低。钢中碳的质量分数每增加 0.1%，韧脆转变温度升高约为 13.9℃。钢中含碳量的影响，主要归结为珠光体增加了钢的脆性。

一般来说，间隙溶质元素溶入铁素体基体中，起固溶强化作用，导致韧脆转变温度提高。钢中加入置换型溶质元素对韧脆转变温度影响不大，但 Ni、Mn 除外，这两种元素是低温用钢中的主要元素。杂质元素 S、P、As、Sn、Sb 等降低钢的韧性，所以，提高材料的冶金质量，减少杂质元素含量，可降低韧脆转变温度。几种常见元素对韧脆转变温度的影响如图 3-18 所示。

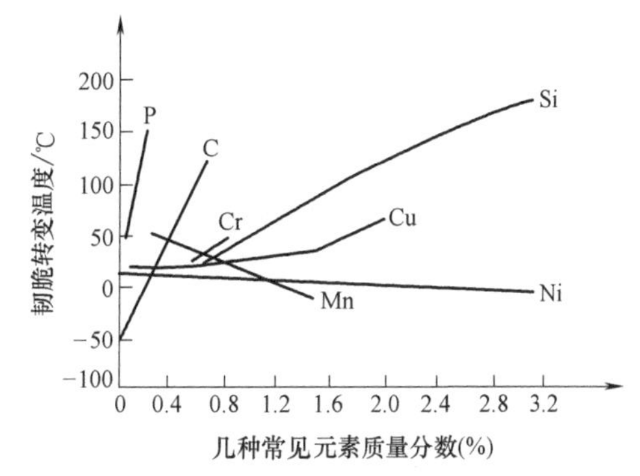

图 3-18　几种常见元素对韧脆转变温度的影响

2. 晶粒大小

细化晶粒一直是控制材料韧性，避免脆断的主要手段。理论与试验均得出韧脆转变温度与晶粒大小有定量关系，如图 3-19 所示。普通碳钢和低合金钢的奥氏体晶粒度每细化一级，冲击韧度值能提高 19.6~39.2J/cm^2，同时韧脆转化温度可降低 10℃以上。在钢中加入钒、钛、铝、氮等元素，可通过细化晶粒来提高钢的低温韧性。在热处理时也应严格控制奥氏体晶粒大小，以获得良好的综合力学性能。

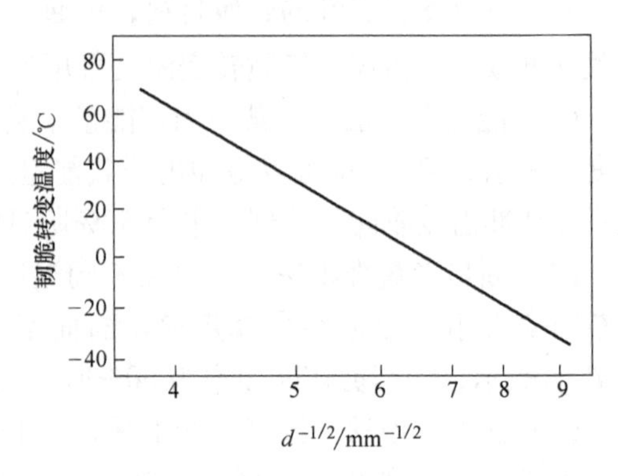

图 3-19 韧脆转变温度与铁素体晶粒尺寸的关系

3. 显微组织

在给定强度下，钢的韧脆转变温度取决于转变产物。就钢中各种组织来说，珠光体有最高的脆化温度，按照韧脆转变温度由高到低的依次顺序为：珠光体，上贝氏体，铁素体，下贝氏体和回火马氏体。

4. 其他因素

除了上述材质因素外，材料的韧脆转变温度还受试样尺寸和形状、加载速率等外部因素影响。

1）试样尺寸增加，特别是宽度尺寸增加，会使约束程度增加，导致脆性断裂，降低冲击吸收能量；缺口尖锐度增加，韧脆转变温度也显著升高。

2）提高加载速率使材料脆性增大，韧脆转变温度升高。一般中、低强度钢的韧脆转变温度对加载速率比较敏感，而高强度钢、超高强度钢则较小。

单元小结

1）金属材料在工作时还经常受到冲击载荷的作用，冲击载荷加载时间短，加载速率高，应力集中，对材料的作用效果或破坏效应大于静载荷。

2）冲击韧性是在冲击载荷作用下抵抗破坏的能力，或者说在断裂前吸收变形能量的能力，常用标准试样的冲击吸收能量 K 表示。工程技术上常用一次摆锤冲击试验来测定材料冲击韧性的高低。

3）温度降低，材料由韧性状态转变为脆性状态的现象称为低温脆性。在不同温度下进行冲击试验，根据试验结果绘制冲击吸收能量与温度关系曲线，断口形貌中各区所占面积和温度关系曲线，以及试样断裂后塑性变形量和温度关系曲线，根据这些曲线即可求出韧脆转变温度。

4）影响冲击韧性和韧脆转变温度的因素有化学成分、晶粒尺寸、显微组织等材质因素以及试样尺寸和形状、加载速率等外部因素。

综合训练

一、名词解释

①冲击载荷；②冲击韧性；③冲击吸收能量；④低温脆性；⑤韧脆转变温度。

二、选择题

1. 在短时间内以较高速度作用于零件的载荷称为（　　）载荷。

A. 静　　B. 冲击　　C. 交变

2. 在 GB/T 229—2020 中，表示金属材料冲击韧性的表征指标是（　　）。

A. 冲击韧性值　　B. 冲击吸收能量

C. 冲击吸收功　　D. 冲击功

3. 冲击试样开缺口的目的是（　　）。

A. 美观　　B. 强化　　C. 造成应力集中　　D. 韧化

4. 金属材料的韧性越高，其冲击断口上放射区面积（　　）。

A. 越小　　B. 越大　　C. 不变

5. 比较图 3-7 中三个冲击试样的韧性高低，正确的是（　　）。

A. 相同　　B. 上<中<下　　C. 上>中>下　　D. 不确定

6. 金属冲击韧性试验时，每组材料应做（　　）个试样。

A. 1　　B. 2　　C. 3　　D. 4

7. 金属的韧性通常随加载速度提高、温度降低、应力集中程度加剧而（　　）。

A. 提高　　B. 降低　　C. 无影响　　D. 难以判断

8. 下列金属材料中存在低温脆性的是（　　）。

A. 体心立方晶格的中、低强度结构钢　　B. 奥氏体不锈钢

C. 铝合金　　D. 黄铜

9. 冲击试验的试样冲击吸收能量不应超过试验机摆锤最大能量的（　　）%，如超过此值，应在试验报告中说明。

A. 70　　B. 80　　C. 90　　D. 95

10. 对于低温冲击试验，试样从液体介质中移出至打断的时间应在（　　）之内。

A. 3s　　B. 5s　　C. 8s　　D. 10s

11. 钢的韧脆转变温度越低，其使用温度可以（　　）。

A. 越低　　B. 越高　　C. 不变

12. 晶粒越细小，钢的韧脆转变温度（　　）。

A. 越低　　B. 越高　　C. 不变

三、简答题

1. 说明下列力学性能指标的意义。

①K、KV_2、KU_8；②T_{t27}；③$T_{t50\%US}$。

2. 现需检验下列材料的冲击韧性，哪些材料要开缺口？哪些材料不需要开缺口？

Q345、60Si2Mn、Cr12MoV、40Cr、HT200、20CrMnTi、HPb59-1。

3. 金属冲击试验有哪些方面的应用？

4. 金属冲击吸收能量 K 为什么不能直接用于设计计算？

5. 金属一次摆锤冲击试验时应注意哪些问题？

6. 为什么焊接船舶比铆接船舶易发生脆性断裂破坏？

7. 影响金属材料低温韧性的因素有哪些？

8. 碳的质量分数为 0.11%的钢，用缺口冲击试样在不同温度下做冲击试验得到表 3-3 中的数据，试用这些数据绘出冲击吸收能量与温度关系图，并分析所得结果。

表 3-3 试验数据

温度/℃	冲击吸收能量/J	温度/℃	冲击吸收能量/J
150	203	-25	180
100	203	-50	50
50	202	-75	8
0	195	-90	8

第四单元　金属的断裂与断裂韧度

【学习目标】

知识目标	1. 掌握金属材料断裂的类型、断裂机制 2. 掌握金属材料断裂韧度的定义和应用 3. 了解金属材料断裂韧度的测定方法
能力目标	1. 能够根据金属材料断口特征，判断断裂的类型和机制 2. 能够根据断裂韧度的相关数据进行计算

磨损、腐蚀和断裂是零构件的三种主要失效形式。机器零件断裂后，不仅完全丧失了服役能力，而且还会造成经济损失，甚至会引发人身伤亡事故，因此，断裂是最危险的失效形式。对于金属的断裂，长期以来人们进行了大量的研究工作，已使断裂科学发展成一个独立的边缘学科，在实际工作中发挥着重要作用。

模块一　金属的断裂

模块导入

1886 年 10 月，在美国纽约州长岛的格拉凡森，一个大的铆接立柱式钢水塔在一次静承压力验收试验中，水塔下边 25.4mm 的厚板突然沿 6.1m 长的竖向裂缝裂开，裂开部位钢板脆性很大。这是世界上第一次有记录的钢结构脆性断裂破坏事故。

学习内容

断裂是工程构件最危险的一种失效方式，尤其是脆性断裂，它是突然发生的破坏，断裂前没有明显的征兆，常常引起灾难性的破坏事故。所以，研究金属材料断裂的类型、特征、机理及其影响因素，对于机械结构设计、材料选择和失效分析是十分重要的。

金属的断裂有两种情况：一是金属分成两个或几个部分的现象，称为完全断裂；二是金属内部存在裂纹，称为不完全断裂。

一、金属断裂的类型

实践证明，大多数金属材料的断裂过程都包括裂纹形成与扩展两个阶段。对于不同的断裂类型，这两个阶段的机理与特征并不相同。为了便于讨论，本模块先介绍断裂的类型。根据不同的特征将断裂分为以下几类。

1. 韧性断裂与脆性断裂

按照材料断裂前所产生的宏观塑性变形量大小，断裂类型通常分为韧性断裂和脆性断裂。

（1）韧性断裂　韧性断裂又称为延性断裂或塑性断裂，断裂的特征是断裂前发生明显的宏观塑性变形。在工程结构中，韧性断裂一般表现为过载断裂，即零件危险截面处所承受的实际应力超过了材料的屈服强度或抗拉强度而发生的断裂。韧性断裂有一个缓慢的撕裂过程，在裂纹扩展过程中不断消耗能量，断裂面一般平行于最大切应力并与主应力成45°角，用肉眼或低倍显微镜观察时断口呈暗灰色，纤维状，如低碳钢拉伸试样的杯锥状断口。纤维状是塑性变形过程中微裂纹不断扩展和相互连接造成的，而暗灰色泽是纤维断口表面对光反射能力很弱所致。

中、低强度钢的光滑圆柱试样在室温下的静拉伸断口是典型的韧性断裂断口，其宏观断口呈杯锥形，由纤维区、放射区和剪切唇三个区域组成，这三个区域实际上是裂纹形成区、裂纹扩展区和剪切断裂区，通常称它们为断口三要素，如图4-1所示。

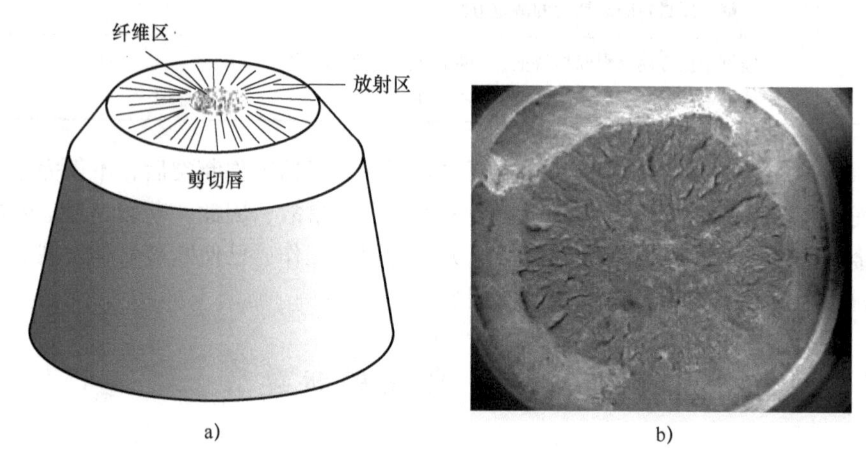

图4-1 单向拉伸断口的三个区域

a）示意图 b）实物照片

对于同一种材料，韧性断口三区域的形态、大小和相对位置，因试样形状、尺寸和金属材料的性能以及试验温度、加载速率和受力状态不同而变化。一般来说，材料强度提高，塑性降低，则放射区比例增大；试样尺寸加大，放射区增大明显，而纤维区变化不大。因此，试样塑性的好坏，根据这三区域的比例就可以确定。如放射区较大，则材料的塑性低，因为这个区域是裂纹快速扩展部分，伴随的塑性变形也小。反之，塑性好的材料，必然表现为纤维区和剪切唇占很大比例，甚至中间的放射区可能消失。

金属材料的韧性断裂虽不及脆性断裂危险，在生产实践中也较少出现（因为许多零构件，在材料产生较大塑性变形前就已经失效了），但是研究韧性断裂对于正确制订金属压力加工工艺（如挤压、拉伸等）规范还是重要的，因为在这些加工工艺中材料要产生较大的变形，并且不允许发生断裂。

（2）脆性断裂　脆性断裂的特征是断裂前基本上不发生明显的塑性变形，没有明显征兆，因而危害性很大。脆性断裂时承受的工作应力很低，一般低于材料的屈服强度，因此，人们把脆性断裂又称为“低应力脆性断裂”。脆性断裂通常在体心立方和密排六方金属材料中出现，而面心立方金属材料只有在特定的条件下才会出现脆性断裂。

脆性断裂的裂纹源总是在内部或表面的宏观缺陷处，温度降低时脆断倾向增加。脆性断裂的断口平齐而光亮，常呈结晶状或放射状，且与正应力方向垂直。这些放射状条纹汇聚于一个中心，这个中心区域就是裂纹源。断口表面越光滑，放射条纹越细，越是典型的脆断形貌。光滑圆形试样的放射区一般都是从某边缘处起始而遍布整个断面，如图 4-2 所示。如果是无缺口的板状矩形拉伸试样，则其放射区呈“人”字形花样，“人”字的尖端指向裂纹源，如图 4-3 所示。

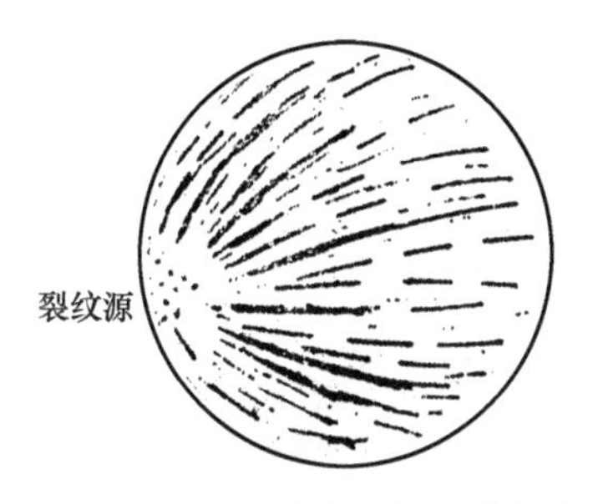

图 4-2　圆形截面试样脆性断口形貌示意图

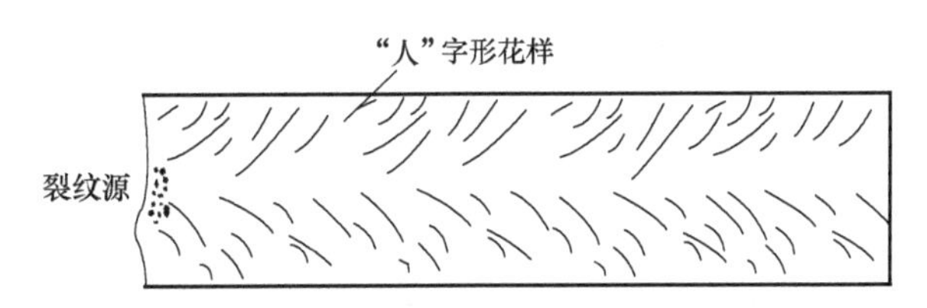

图 4-3　板状矩形拉伸试样脆性断口形貌示意图

实际多晶体金属断裂时，主裂纹向前扩展，其前沿可能形成一些次生裂纹，这些裂纹向后扩展借低能量撕裂与主裂纹连接便形成人字纹。

通常，脆性断裂前也产生微量塑性变形。一般规定光滑拉伸试样的断面收缩率小于 5%（反映微量的均匀塑性变形，因为脆性断裂没有缩颈形成）者为脆性断裂；反之，大于 5% 者为韧性断裂。

由此可见，金属材料的韧性与脆性是根据一定条件下的塑性变形量来规定的。以后我们会看到，条件改变时，材料的韧性与脆性行为也随之变化。

2. 穿晶断裂与沿晶断裂

多晶体金属断裂时，裂纹扩展路径是不同的。根据裂纹扩展路径，金属的断裂可分为穿晶断裂和沿晶断裂。穿晶断裂的裂纹穿过晶内（图 4-4a）；沿晶断裂的裂纹沿晶界扩展（图 4-4b）。穿晶断裂和沿晶断裂有时可以同时发生。

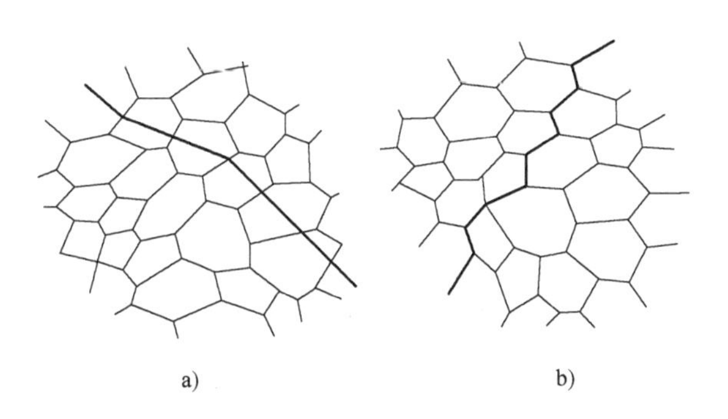

图 4-4　穿晶断裂和沿晶断裂

a）穿晶断裂　b）沿晶断裂

（1）穿晶断裂　穿晶断裂的特点是裂纹扩展时穿过晶粒内部。穿晶断裂可以是韧性断裂，也可以是脆性断裂。

穿晶断裂是大多数金属材料在常温下断裂时的形态，根据断裂方式可分为解理断裂和剪切断裂。解理断裂是严格沿一定的晶面（即解理面）而分离的，通常是脆性断裂，但脆性断裂却不一定是解理断裂。剪切断裂是在切应力作用下，沿滑移面滑移而造成的分离断裂，它又有纯剪切断裂和微孔聚集型断裂之分。

（2）沿晶断裂 沿晶断裂的特点是裂纹沿晶界扩展。沿晶断裂则大多数是脆性断裂。

沿晶断裂是由晶界上的一薄层连续或不连续脆性第二相、夹杂物破坏了晶界的连续性所造成，也可能是杂质元素向晶界偏聚引起的。应力腐蚀、氢脆、回火脆性、淬火裂纹、磨削裂纹等大都是沿晶断裂。

沿晶断裂的断口形貌呈冰糖状，如图4-5所示。但是晶粒很细小，肉眼无法辨认冰糖状形貌，此时断口一般呈结晶状，颜色较纤维状断口明亮，但比纯脆性断口要灰暗些，因为它们没有反光能力很强的小平面。

图4-5 冰糖状断口（SEM）

3. 正断与切断

根据断裂面取向，可将金属断裂分为正断和切断两种。

正断与切断如图4-6所示。若断裂面取向垂直于最大正应力，即为正断；若断裂面取向与最大切应力方向相一致，而与最大正应力方向约成45°角，即为切断，拉伸时断口上的剪切唇就是这种断裂。正断大多属于脆性断裂，但不是绝对的，正断也可以有明显的塑性变形。切断是韧性断裂，但反过来韧性断裂却不一定是切断。

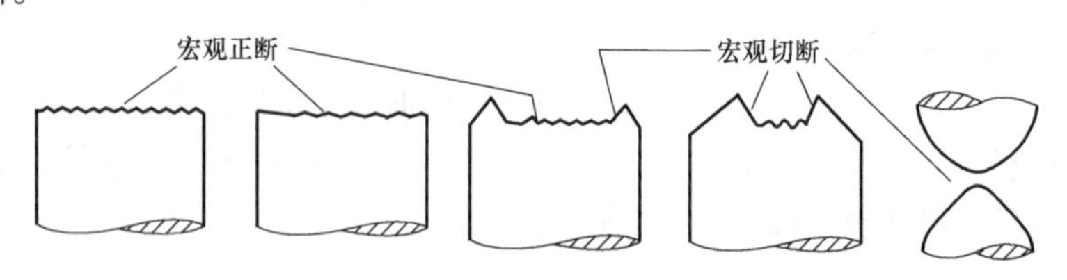

图4-6 正断与切断

此外，还可按受力状态（拉、扭、剪、冲击、疲劳等）和环境介质不同（低温、高温、应力腐蚀等）对金属断裂类型进行分类。常用的断裂分类方法及其特征见表4-1。

表4-1 常用的断裂分类方法及其特征

分类方法	名称	断裂示意图	特征
根据断裂前塑性变形量大小分类	脆性断裂		断裂前没有明显的塑性变形，断口形貌是光亮的结晶状，主要指解理断口、准解理断口和冰糖状沿晶断口
	韧性断裂		断裂前产生明显的塑性变形，断口形貌是暗灰色纤维状
根据断裂面的取向分类	正断		断裂的宏观表面垂直于最大正应力方向
	切断		断裂的宏观表面平行于最大切应力方向，与最大正应力成45°角

（续）

分类方法	名称	断裂示意图	特征
根据裂纹扩展的途径分类	穿晶断裂		裂纹穿过晶粒内部，主要有韧窝断口、解理断口、准解理断口、撕裂断口及大多数疲劳断口等
	沿晶断裂		裂纹沿晶界扩展，冰糖状断口

二、金属的断裂机制

为了阐明金属的断裂过程（包括裂纹的形成和扩展，以及环境因素对断裂过程的影响等），提出种种微观断裂模型并探讨其物理实质，称为断裂机制。

各种金属断裂机制的提出主要是以断口的微观形态为基础，目前金属的主要断裂微观机制见表4-2。

表4-2 金属的主要断裂微观机制

名称	断裂示意图	特征	断口形貌
解理断裂		无明显塑性变形 沿解理面分离，穿晶断裂	小刻面，放射状条纹或人字条纹（管道、容器），河流花样、舌状花样等
微孔聚集型断裂		沿晶界微孔聚合，沿晶断裂 在晶内微孔聚合，穿晶断裂	大小不等的圆形或椭圆形韧窝
纯剪切断裂		沿滑移面分离剪切断裂（单晶体） 通过缩颈导致最终断裂（多晶体、高纯金属）	断口呈锋利的楔形（单晶体金属）或刀尖形（多晶体金属的完全韧性断裂） 纯粹由滑移塑变所造成的断裂

由于解理断裂是典型的脆性断裂，而韧性断裂多数是微孔聚集型断裂。下面主要介绍这两类断裂的机理和断裂的力学条件，以及两类断裂的相互转化。

1. 微孔聚集型断裂

金属多晶体材料的断裂通过微孔（显微空洞）的形核、长大和相互连接的过程进行，这种断裂称为微孔聚集型断裂，如图4-7所示。微观上的微孔聚集型断裂机制，在多数情况下与宏观上的韧性断裂相对应，属于一种高能吸收过程的韧性断裂。但也有在微观断口上表现为微孔聚集，实际在宏观上为脆性断裂。

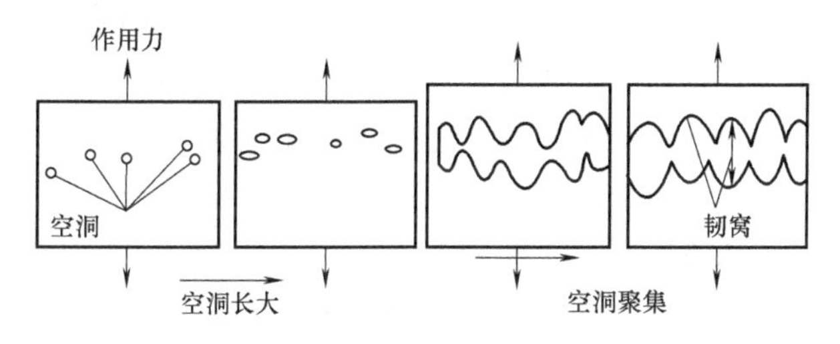

图4-7 微孔聚集型断裂过程示意图

在扫描电镜下，微孔聚集型断裂的形貌特征是一个个大小不等的圆形或椭圆形韧窝（即凹坑）。韧窝是微孔长大的结果，是微孔形核长大和聚集在断口上留下的痕迹。韧窝是微孔聚集型断裂的最基本形貌特征和识别微孔聚集型断裂机制的最基本依据，如图 4-8 所示。

韧窝的形状则与破坏时的应力状态有关，理论分析表明，韧窝的形状最低限度有 14 种，其中 8 种已从试验观察到。常见的为等轴韧窝、剪切韧窝和撕裂韧窝三类，如图 4-9 所示，在扫描电镜下的韧窝形貌如图 4-10 所示。

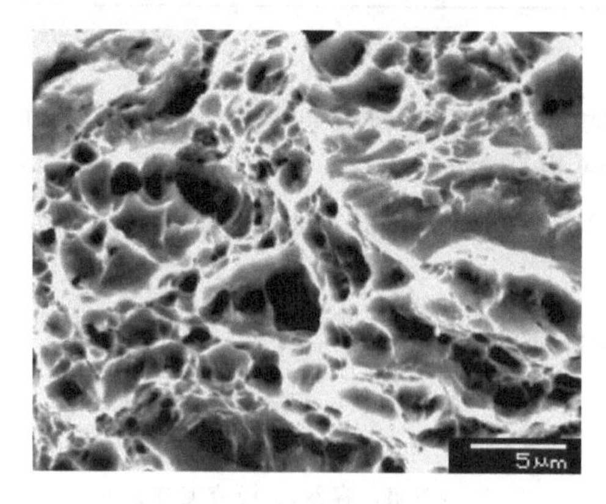

图 4-8 扫描电镜下的韧窝形貌（SEM）

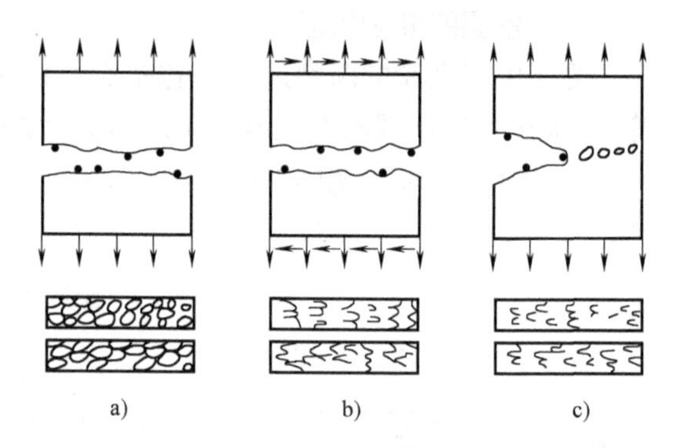

图 4-9 三种基本韧窝形态示意图

a）等轴韧窝 b）剪切韧窝 c）撕裂韧窝

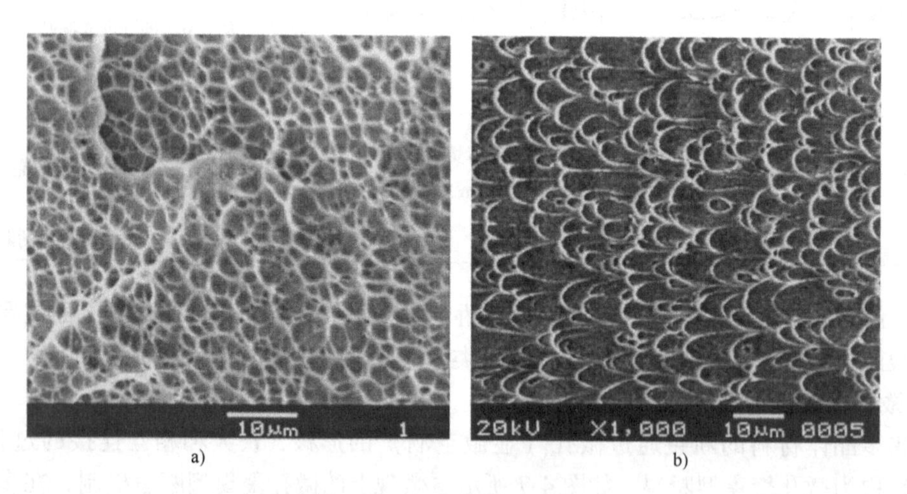

图 4-10 韧窝形貌（SEM）

a）等轴韧窝 b）拉长的韧窝

等轴韧窝中的微孔在垂直于正应力的平面上各方向长大倾向相同，如拉伸时缩颈试样的中心部。剪切韧窝是由于在扭转载荷或双向不等拉伸条件下，因切应力作用而形成的，断口上韧窝方向相反，为异向伸长型韧窝，伸长方向平行于断裂方向，如拉伸试样剪切唇部分。撕裂韧窝是由于最大正应力沿截面分布不均，在边缘部分很大时形成的，断口上韧窝方向相同，为同向伸长韧窝，伸长方向平行于断裂方向，如表面有缺口或裂纹的试样断口。

韧窝的形状取决于应力状态，而韧窝的大小和深浅取决于第二相的数量分布及基体的塑性变形能力。如第二相较少、均匀分布及基体的塑性变形能力强，则韧窝大而深；如基体的形变强化能力很强，则得到大而浅的韧窝。

必须指出，微孔聚集型断裂一定有韧窝存在，但在微观形态上出现韧窝，其宏观上不一定就是韧性断裂。因为宏观上的脆性断裂，在局部区域内也可以有韧性断裂，在局部区域内也可能有塑性变形，从而显示出韧窝形态。

2. 解理断裂

（1）解理断裂　解理断裂是金属材料在一定条件下，当外加正应力达到一定数值后，以极快速率沿一定晶面产生的穿晶断裂，因与大理石断裂类似，故称这种晶面为解理面。解理断裂常见于体心立方金属和密排六方金属中，而面心立方金属通常不发生解理断裂。

根据金属原子键结合力的强度分析，对于一定晶格类型的金属，均有一组原子键结合力是最弱的，在正应力作用下容易开裂的晶面，这种晶面就是解理面。解理面一般是表面能最小的晶面，且往往是低指数的晶面。例如，属于立方晶系的体心立方金属，其解理面为{100}晶面；六方晶系的解理面为{0001}。

通常，解理断裂是宏观脆性断裂，它的裂纹发展十分迅速，常常造成零件或构件灾难性的崩溃。但有时在解理断裂前也显示一定的塑性变形，所以解理断裂与脆性断裂不是同义词，前者指断裂机制，后者则指断裂的宏观状态。

解理断裂断口的轮廓垂直于最大拉应力方向，宏观断口十分平坦，新鲜的断口都是晶粒状的，对着阳光转动会闪闪发光。

解理断裂是沿特定晶面发生的脆性穿晶断裂，其微观特征应该是极平坦的镜面。但是，实际的解理断裂断口是由许多大致相当于晶粒大小的解理面集合而成的，这种大致以晶粒大小为单位的解理面称为解理刻面（Facet），这些刻面与晶粒一一对应。在解理刻面内部只从一个解理面发生解理破坏实际上是很少的。在多数情况下，裂纹要跨越若干相互平行的、位于不同高度的解理面，从而在同一解理面上可以看到一些十分接近于裂纹扩展方向的阶梯，通常称为解理台阶，众多台阶的汇合便形成河流花样。解理台阶、河流花样是解理断裂断口的基本微观形貌，如图4-11所示。

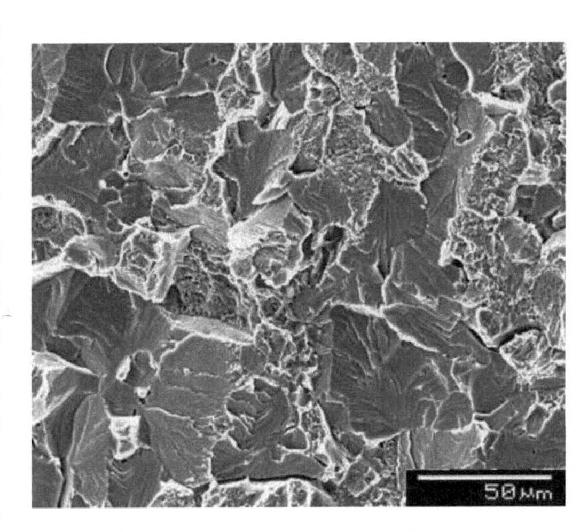

图4-11　解理断裂的微观形貌（SEM）

河流花样中的每条支流都对应着一个不同高度的相互平行的解理面之间的台阶。在河流的“上游”，许多较小的台阶汇合成较大的台阶；到“下游”，较大的台阶又汇合成更大的台阶；如图4-12所示。河流的流向恰好与裂纹扩展方向一致。所以人们可以根据河流花样流向，判断解理裂纹在微观区域内的扩展方向。

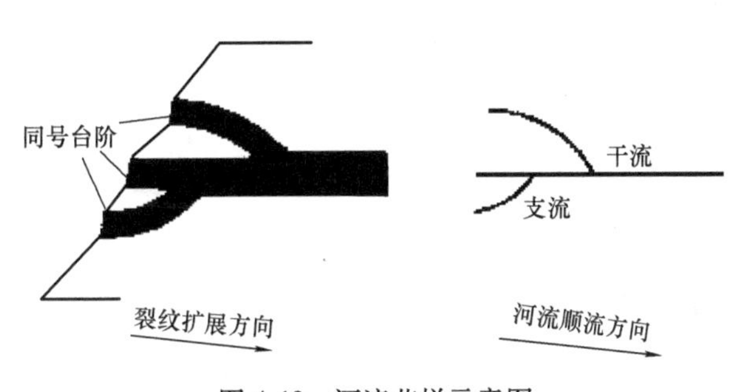

图4-12　河流花样示意图

解理断裂的另一微观特征是存在舌状花样。它是由于解理裂纹沿孪晶界扩展留下的舌头状凹坑或凸台，在扫描电镜下的形貌类似人舌而得名，如图4-13所示。

（2）准解理断裂 准解理断裂也是一种穿晶断裂，常出现在淬火及回火的高强度钢中，有时也出现在贝氏体组织的钢中。在这些钢中，回火产物中有弥散细小的碳化物质点，它们影响裂纹形成与扩展。当裂纹在晶粒内扩展时，由于断裂面上存在较大程度的塑性变形，难于严格地沿一定晶体学平面扩展，断裂路径不再与晶粒位向有关，而主要与细小碳化物质点有关，其微观形态特征似解理河流但又非真正解理，故称为准解理。

在准解理断裂的微观形貌中，每个小断裂面的微观形态颇类似于晶体的解理断裂，也存在一些类似的河流花样，有时也有舌状花样，如图4-14所示。但在小断裂面间的连接方式上又具有某些不同于解理断裂的特征，如存在一些由隐蔽裂纹扩展产生接近塑性变形的撕裂棱，撕裂棱是准解理断裂的一种最基本的断口形貌特征。因此，准解理裂纹既具有解理断口的形貌特征，又具有韧性断口的形貌特征（韧窝、撕裂棱），是"实实在在的解理加上撕裂或韧窝"。

图4-13 解理断裂中的舌状花样（SEM 4000×）

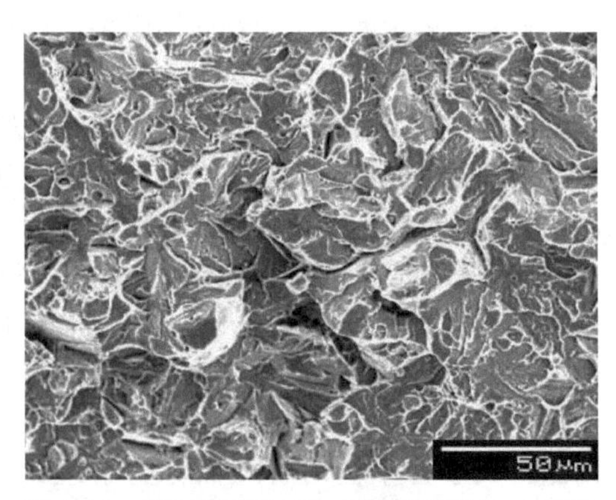

图4-14 05Cr17Ni4Cu4Nb钢准解理断口（SEM）

准解理断裂与解理断裂的共同点为都是穿晶断裂；有小解理刻面；有台阶或撕裂棱及河流花样。不同点是准解理断裂小刻面不是晶体学解理面。真正的解理裂纹常源于晶界，而准解理裂纹常源于晶内硬质点，形成从晶内某点发源的放射状河流花样。

准解理断裂不是一种独立的断裂机理，而是解理断裂的变种。解理断裂与准解理断裂之间的主要区别见表4-3。

表4-3 解理断裂与准解理断裂之间的主要区别

名称	解理断裂	准解理断裂
形核位置	晶界或其他界面	夹杂、空洞、硬质点、晶内
扩展面	标准解理面	不连续、局部扩展、碳化物及质点影响路径、非标准解理面
断口形态尺寸	以晶粒为大小，解理平面	原奥氏体晶粒大小，呈凹盆状
断口微观形貌	河流花样、舌状花样	近似解理断口，但河流花样短，有撕裂棱

模块二 金属的断裂韧度

模块导入

"自由轮"（图4-15）的建造被称为第二次世界大战奇迹之一。1941年著名工程师亨利·凯泽提出了一种全新的全焊接船体建造方法，以代替传统的铆接设计建造方法，大大提高了造船效率。船舶在流水线上建造，一些预先制造好的零件被运到船坞进行装配。到1943年，每天有3艘“自由轮”下水，大量的“自由轮”被建造出来，大大缓解了由于德国“狼群”战术所带来的货轮损失。第二次世界大战期间一共制造了2751艘“自由轮”，其中有400艘发生了断裂事故，有90艘断裂十分严重，有20艘几乎完全断裂。事故调查发现，“自由轮”失效破坏的主要原因是由于焊接工人缺乏经验，导致一些焊缝质量不好，存在裂纹类缺陷。正是第二次世界大战时期“自由轮”的一系列破坏事故，直接导致了断裂问题从实验室科学家的兴趣爱好转变为一个重大的工程问题。

图4-15　“自由轮”

学习内容

随着高强度和超高强度金属材料、大量焊接构件及大型锻件的生产和使用，诸多材料及结构件的脆性断裂事故明显地增加，压力容器、油气管道、桥梁、舰船、飞机等脆断事故时有发生。通过对这些事故的分析，发现它们具有下列共同的特点。

1）破坏应力远低于材料的屈服强度。

2）构件处在弹性变形状态，未发生明显的整体塑性变形。

3）可在材料或焊缝区断裂面上找到宏观裂纹源。

上述现象按常规的强度理论和设计方法是不可理解也是不能接受的。为了防止断裂失效，传统力学和强度设计理论是用强度储备方法确定零构件的工作应力，要求工作应力 σ 小于许用应力 $[\sigma]$。对于塑性材料，$[\sigma]=R_{eL}/n$，对于脆性材料，$[\sigma]=R_m/n$，式中 n 为安全系数。然后再考虑到零构件一些结构特点（如存在缺口等）及环境温度的影响，根据材料使用经验，对塑性（A、Z）、韧性（KU、KV）及缺口敏感度（NSR）等安全性能指标提出附加要求。据此设计的零构件，按理不会发生塑性变形和断裂，是安全可靠的。但是，实际情况并非总是这样。

传统力学和强度设计理论认为材料是均匀、没有缺陷、没有裂纹的理想固体，但是实际的工程材料，在制备、加工及使用过程中都会产生各种宏观缺陷乃至宏观裂纹。大量断裂分析表明，低应力脆断总是和材料内部含有一定尺寸的裂纹相联系的，当裂纹在给定应力下扩展到一临界尺寸时，就会突然破裂。因为传统力学或经典的强度设计理论解决不了带裂纹构件的断裂问题，断裂力学就应运而生。

断裂力学是在承认零构件存在宏观裂纹的前提下，研究裂纹体的断裂问题，建立了裂纹扩展的各种新的力学参量，给出了含裂纹体的断裂判据，并提出一个材料固有的性能指标——断裂韧度，用它来比较各种材料的抗断能力。可以说，断裂力学就是研究裂纹体的断裂力学，具有重大科学意义和工程价值。

断裂力学的历史发展可以用三句话来概括，即20世纪40年代提出问题（大量低应力脆性破坏事故的发生），20世纪50年代打下基础（即由 A. A. Griffith 和 G. R. Irwin 奠基的线弹性断裂力学分析方法)，20世纪60年代进入工程应用。

【案例4-1】 1950年，美国北极星导弹固体燃料发动机壳体在试发射时就发生了爆炸，其材料是超高强度钢D6AC，屈服强度为1400MPa，按传统力学安全设计，常规性能都符合设计要求。事后检查发现，美国北极星导弹固体燃料发动机壳体破坏是由一个深度为0.1~1mm的裂纹扩展引起的。由于裂纹破坏了材料的均匀连续性，改变了材料内部应力状态和应力分布，所以零构件的结构性能就不再相似于无裂纹试样的性能，传统力学强度理论已不再适用。

一、裂纹尖端的应力场

大量断口分析表明，金属零构件的低应力脆断断口没有宏观塑性变形痕迹，由此可以认为，裂纹在断裂扩展时，其尖端附近总是处于弹性状态，应力和应变应该呈线性。因此，在研究低应力脆断的裂纹扩展问题时，可以应用弹性力学理论，从而构成了线弹性断裂力学。

线弹性断裂力学分析裂纹体断裂问题有两种方法：一种是应力应变分析法，考虑裂纹尖端附近的应力场强度，得到相应的断裂K判据；另一种是能量分析方法，考虑到裂纹扩展是系统能量的变化，建立能量转化平衡的方程，得到相应的断裂G判据。从这两种分析方法中，分别得到断裂韧度K_{IC}和G_{IC}，其中K_{IC}是最常用的断裂韧度指标。

1. 裂纹扩展的基本形式

当外力作用于含裂纹的金属材料时，根据外加应力与裂纹扩展面的取向关系，裂纹扩展有三种基本形式，如图4-16所示。

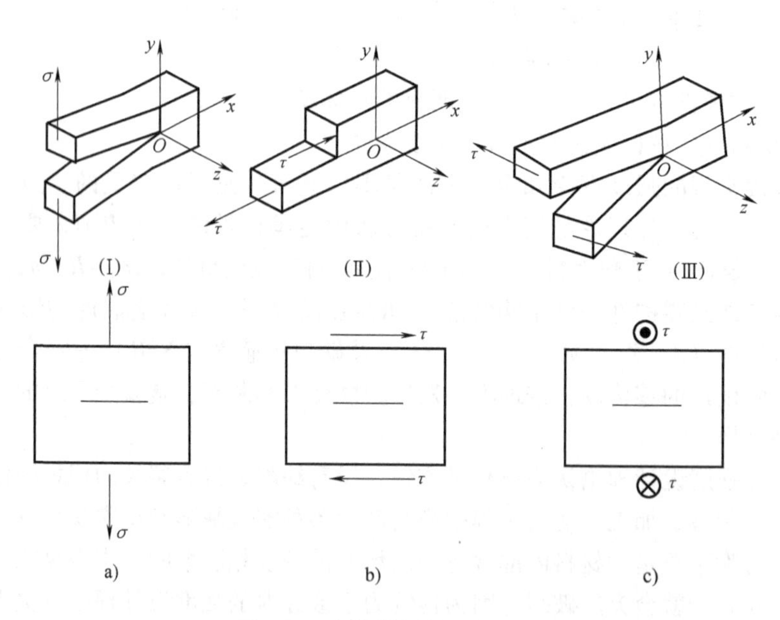

图4-16 裂纹扩展的基本形式

a）张开型（Ⅰ型） b）滑开型（Ⅱ型） c）撕开型（Ⅲ型）

（1）张开型（Ⅰ型）裂纹扩展 如图4-16a所示，外加正应力垂直于裂纹面，在应力σ作用下裂纹尖端张开，扩展方向和正应力垂直，通常称为Ⅰ型裂纹。例如，轴的横向裂纹在轴向拉力或弯曲力作用下的扩展，容器纵向裂纹在内压力下的扩展。

（2）滑开型（Ⅱ型）裂纹扩展 如图4-16b所示，切应力平行于裂纹面，而且与裂纹线垂直，裂纹沿裂纹面平行滑开扩展，通常称为Ⅱ型裂纹。例如，轮齿或花键根部沿切线方向的裂纹引起的断裂，或者一个受扭转的薄壁圆筒上的环形裂纹都属于这种情形。

（3）撕开型（Ⅲ型）裂纹扩展　如图 4-16c 所示，切应力平行作用于裂纹面，而且与裂纹线平行，裂纹沿裂纹面撕开扩展，裂纹前缘平行于滑动方向，如同撕布一样，称为撕开型裂纹，简称为Ⅲ型裂纹。例如，轴的纵、横裂纹在扭矩作用下的扩展。

实际工程构件中裂纹的形式大多属于Ⅰ型裂纹，也是最危险的一种裂纹形式，最容易引起低应力脆断。所以我们重点讨论Ⅰ型裂纹。

2. 裂纹尖端附近的应力场和应力场强度因子 K_{I}

（1）裂纹尖端附近的应力场　当材料中存在裂纹时，在裂纹尖端处必然存在应力集中，从而形成了应力场。因为裂纹扩展总是从其尖端开始向前进行的，故裂纹能否扩展与裂纹尖端的应力场大小有直接关系。1957 年欧文（G. R. Irwin）等人对Ⅰ型裂纹尖端附近的应力应变进行了分析，建立了应力场的数学解析式。

设一无限大平板中心含有一长为 $2a$ 的Ⅰ型裂纹，在无限远处，垂直裂纹面方向平板受均匀的拉应力 σ 作用，如图 4-17 所示。如用极坐标表示，则裂纹尖端附近某点（r，θ）的应力分量为

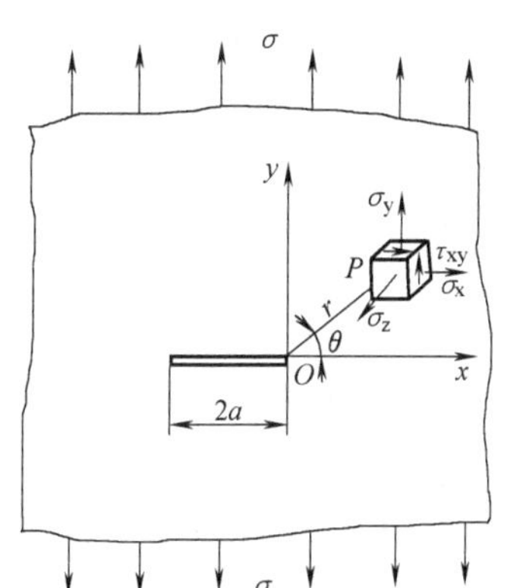

图 4-17　具有Ⅰ型穿透裂纹无限大平板的应力分析

$$\sigma_{x}=\frac{K_{\mathrm{I}}}{\sqrt{2\pi r}}\cos\frac{\theta}{2}\left(1-\sin\frac{\theta}{2}\sin\frac{3\theta}{2}\right)$$

$$\sigma_{y}=\frac{K_{\mathrm{I}}}{\sqrt{2\pi r}}\cos\frac{\theta}{2}\left(1+\sin\frac{\theta}{2}\sin\frac{3\theta}{2}\right)$$

$$\tau_{xy}=\frac{K_{\mathrm{I}}}{\sqrt{2\pi r}}\sin\frac{\theta}{2}\cos\frac{\theta}{2}\cos\frac{3\theta}{2}$$

σ_z 在不同情况下有不同的取值。对于薄板平面应力状态，$\sigma_z=0$；对于厚板平面应变状态，$\sigma_z=v(\sigma_x+\sigma_y)$。

由上式可知，在裂纹延长线（即 x 轴）上，$\theta=0$，则

$$\sigma_{y}=\sigma_{x}=\frac{K_{\mathrm{I}}}{\sqrt{2\pi r}}$$

$$\tau_{xy}=0$$

可见，在 x 轴上裂纹尖端区的切应力分量为零，拉应力分量最大，裂纹最易沿 x 轴方向扩展。

（2）应力场强度因子 K_{I}　由上述裂纹尖端应力场可知，裂纹尖端区域各点的应力分量除了取决于其位置（r，θ）外，还与参数 K_{I} 有关。对于某一确定的点，其应力分量就由 K_{I} 决定，K_{I} 的大小直接影响应力场的大小，K_{I} 越大，则应力场各应力分量也越大。因此，K_{I} 就是衡量裂纹尖端附近应力场强弱程度的力学参量，故称为应力场强度因子。下脚标注“Ⅰ”表示Ⅰ型裂纹。同理，K_{II}、K_{III} 分别表示Ⅱ型和Ⅲ型裂纹的应力场强度因子。

应力场强度因子 K_{I} 取决于裂纹的形状和尺寸，也取决于应力的大小。此外，K_{I} 还与加载方式有关，但它和材料本身的固有性能无关。Ⅰ型裂纹应力场强度因子 K_{I} 的一般表达式为

$$K_{\mathrm{I}}=Y\sigma\sqrt{a}$$

式中 Y——裂纹形状系数，是一个无量纲系数，其值与裂纹几何形状、试样的几何尺寸及加载方式有关，一般，$Y=1\sim2$ 或 $Y=\sqrt{\pi}$。

σ——应力（MPa）。

a——裂纹长度的一半（mm）。

对于Ⅱ型、Ⅲ型裂纹，其应力场强度因子的表达式为

$$Y_{\mathrm{II}}=Y\tau\sqrt{a}$$

$$Y_{\mathrm{III}}=Y\tau\sqrt{a}$$

K_{I} 的单位为 $\mathrm{MPa\cdot m^{1/2}}$，是一个取决于 σ 和 a 的复合力学参量。不同的 σ 和 a 组合，可以获得不同的 K_{I}。由此可知，线弹性断裂力学并不像传统力学那样，单纯用应力大小来描述裂纹尖端的应力场，而是同时考虑应力与裂纹形状及尺寸的综合影响。

想一想

人们往往在产生裂纹的汽车风窗玻璃裂纹的前端钻个圆孔，这是为什么呀？

二、断裂韧度 K_{IC} 和断裂 K 判据

1. 平面应变断裂韧度 K_{IC}

既然 K_{I} 是决定裂纹尖端附近应力场强弱程度的力学参量，就可将它看作是推动裂纹扩展的动力，以建立裂纹失稳扩展的力学判据和断裂韧度。

当 σ 和 a 单独或共同增加时，K_{I} 和裂纹尖端各应力分量也随之增大。当 K_{I} 增大到临界值时，也就是在裂纹尖端足够大的范围内应力达到了材料的断裂强度，裂纹便失稳扩展而导致材料断裂，这个临界或失稳状态的 K_{I} 值记为 K_{IC} 或 K_{C}，称为断裂韧度。

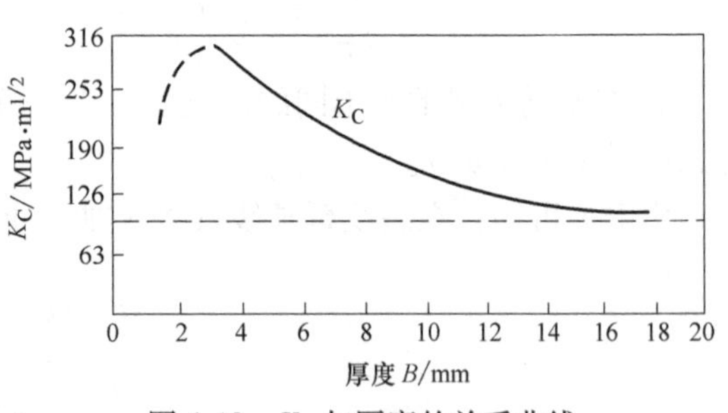

图 4-18 K_{C} 与厚度的关系曲线

K_{IC} 和 K_{C} 都是Ⅰ型裂纹的材料断裂韧度指标。K_{IC} 为平面应变断裂韧度，表示在平面应变条件下材料抵抗裂纹失稳扩展的能力；K_{C} 为平面应力断裂韧度，表示在平面应力条件下材料抵抗裂纹失稳扩展的能力。K_{C} 和板材或试样厚度有关，当板材厚度增加时，K_{C} 值将会减小，当试样完全符合平面应变条件时，断裂韧度 K_{C} 就趋于一稳定的最低值，即为 K_{IC}，如图 4-18 所示。K_{IC} 与板材或试样的厚度无关，是真正的材料常数，反映了材料阻止裂纹扩展的能力。以后如没有特殊说明，通常所称的材料断裂韧度是指 K_{IC}，其数学表达式为

$$K_{\mathrm{IC}}=Y\sigma_{\mathrm{c}}\sqrt{a_{\mathrm{c}}}$$

式中 σ_{c}——临界状态下所对应的平均应力，称为断裂应力或裂纹体断裂强度；

a_{c}——裂纹失稳时临界裂纹尺寸。

K_{IC} 的单位与 K_{I} 相同，常用的单位为 $\mathrm{MPa\cdot m^{1/2}}$。可见，材料的 K_{IC} 越高，则裂纹体的断裂应力或临界裂纹尺寸就越大，表明难以断裂。因此，K_{IC} 表示材料抵抗脆性断裂的能力，是评定材料抵抗脆性断裂的力学性能指标。

应该指出，K_{I} 和 K_{IC} 是两个不同的概念。K_{I} 是受外界条件影响的反映裂纹尖端应力场

强弱程度的力学度量，它不仅随外加应力和裂纹长度的变化而变化，也与裂纹的形状类型及加载方式有关，但它与材料本身的固有性能无关。而断裂韧度 K_{IC}则是反映材料阻止裂纹扩展的能力，只和材料成分、组织结构有关，而与载荷及试样尺寸无关，是材料本身的固有特性。

2. 断裂 K 判据

根据应力场强度因子和断裂韧度的相对大小，可以判断含有裂纹的材料受力时，裂纹是否失稳扩展而导致断裂。当应力场强度因子 K_{I} 增大到一临界值，这一临界值在数值上等于材料的平面应变断裂韧度 K_{IC}时，裂纹就立即失稳扩展，构件就发生脆断，即

$$K_{\mathrm{I}} = Y\sigma\sqrt{a} \geqslant K_{\mathrm{IC}}$$

裂纹体在受力时，只要满足上述条件就会发生低应力脆性断裂；反之，即使存在裂纹，若 $K_{\mathrm{I}} < K_{\mathrm{IC}}$，也不会断裂，零构件安全可靠，这种情况称为破损安全。

同理，Ⅱ型、Ⅲ型裂纹的断裂判据为

$$K_{\mathrm{II}} \geqslant K_{\mathrm{IIC}},\quad K_{\mathrm{III}} \geqslant K_{\mathrm{IIIC}}$$

上述断裂 K 判据是工程设计中防止低应力脆断的重要依据，它将材料断裂韧度与零构件的工作应力及裂纹尺寸的关系定量地联系起来了，因此可以直接用于设计计算。

三、影响断裂韧度 K_{IC}的因素

如能提高断裂韧度，就能提高材料的抗脆断能力，因此必须了解断裂韧度是受哪些因素控制的。金属的断裂韧度 K_{IC}作为材料本身固有的力学性能，主要取决于材料的化学成分、组织结构等内在因素，同时也受温度、应变速率等外界条件的影响。

1. 化学成分、组织结构的影响

（1）化学成分的影响　含碳量对钢的断裂韧度有显著影响，一般含碳量增加将引起材料的强度增加，脆性增大，而断裂韧度是由强度和塑性决定的综合性能，所以随含碳量的增加，断裂韧度将降低。细化晶粒的合金元素因提高材料的强度和塑性，可提高 K_{IC}；强烈固溶强化的合金元素因降低塑性而使 K_{IC}降低，并且随合金元素浓度的提高，K_{IC}降低越严重；形成金属化合物并呈第二相析出的合金元素因降低塑性，也使 K_{IC}降低。

此外，钢中硫、磷等杂质偏聚于晶界，降低晶粒间的结合力，从而明显降低钢的断裂韧度 K_{IC}，所以须严格控制硫、磷等杂质元素的含量。

（2）夹杂物及第二相的影响　金属材料中的非金属夹杂物（如硫化物、氧化物等）和第二相（如碳化物、金属化合物等）如果为脆性，则会在应力的作用下造成相界面的开裂而形成裂纹，使 K_{IC}值下降，且其含量越多，下降越明显。

夹杂物及第二相的大小、形状、数量和分布对断裂韧度的影响也很显著。夹杂物及第二相的形状呈球状时的 K_{IC}比呈片状时高；第二相的尺寸越小、质点间距越大、分布越均匀，断裂韧度 K_{IC}越高。

（3）晶粒大小的影响　金属材料的晶粒大小对其力学性能影响显著，细化晶粒可以同时提高钢的强度、塑性和韧性，显然，这对提高 K_{IC}是有利的。细化晶粒是提高低、中强度钢低温断裂韧度的有效措施之一。

但有时粗晶粒钢的 K_{IC}反而较细晶粒的高，如对高强度钢 AISI4340 进行 1200℃ 的超高温淬火，晶粒较粗大，其断裂韧度至少较正常淬火时的值高出 50% 以上，但其冲击韧度却大为降低。这是因为提高淬火温度可使 AISI4340 钢中的杂质等元素溶入晶粒内部，而使晶界净化，从而在一定范围内提高断裂韧度。因此，晶粒大小对 K_{IC}的影响与对常规力学性能

的影响不一定相同。

（4）基体相结构及显微组织的影响 钢的基体相一般为面心立方和体心立方两种铁的固溶体。从滑移塑性变形和解理断裂的角度来看，面心立方固溶体易产生滑移变形而不产生解理断裂，且抵抗继续变形能力较强，故 K_{IC} 较高，所以奥氏体钢的 K_{IC} 比铁素体钢、马氏体钢的 K_{IC} 高。如果奥氏体在裂纹尖端应力场作用下发生马氏体相变，则因消耗附加能量会使 K_{IC} 进一步提高。

马氏体的形态不同，其 K_{IC} 也不同。高碳马氏体呈针状，亚结构为孪晶，硬度高而塑性差，且有微裂纹，故 K_{IC} 较低；低碳马氏体呈板条状，亚结构为位错，有较高的强度和塑性，故 K_{IC} 较高。回火马氏体塑性差，且第二相质点细小而弥散分布，裂纹扩展阻力小，故其 K_{IC} 较低；回火索氏体的基体是已再结晶的铁素体，塑性较好，且第二相粒子间距大，其 K_{IC} 较高；回火托氏体的 K_{IC} 介于回火索氏体和回火马氏体之间。上贝氏体因在铁素体片层间分布着断续碳化物的组织，裂纹极易在铁素体片层间扩展，所以上贝氏体的 K_{IC} 较低；下贝氏体是过饱和的铁素体内分布着细小碳化物的组织，形貌类似于回火板条马氏体，因此其 K_{IC} 高于上贝氏体和针状马氏体而与板条马氏体相近。由于奥氏体的韧性比马氏体高，所以马氏体内有少量的残留奥氏体将会提高 K_{IC}。

2. 外界因素的影响

（1）温度的影响 断裂韧度随温度的变化关系和冲击韧度相类似，钢的断裂韧度随温度的降低而下降，如图 4-19 所示。中、低强度钢有明显的韧脆转变现象，在韧脆转变范围内随温度的降低，断裂方式将由原来微孔聚合型韧性断裂转变为解理脆性断裂，故其断裂韧度 K_{IC} 也明显下降。低于此温度范围，断裂韧度趋于一数值很低的下平台，温度再降低也不大改变了。

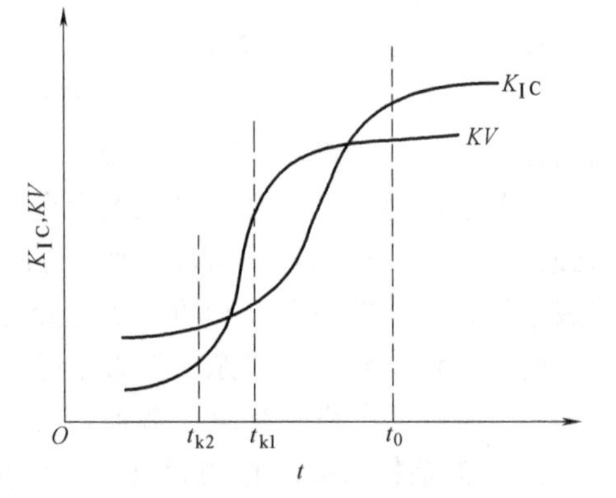

图 4-19 K_{IC} 和 KV 与温度的关系

（2）应变速率的影响 提高应变速率与降低温度的效果相同，都使 K_{IC} 下降。应变速率增加一个数量级，K_{IC} 下降约 10%。但当应变速率很大时，塑性变形产生的热量将来不及散失而使局部温度提高，导致 K_{IC} 又回升。

四、断裂韧度 K_{IC} 的测试

断裂韧度 K_{IC} 的测试过程，就是把试验材料制成一定形状的试样，并预制出相当于缺陷的裂纹，然后对试样进行加载直至断裂。加载过程中，连续记录载荷 F 与相应的裂纹尖端张开位移 V。裂纹尖端张开位移 V 的变化表示了裂纹尚未起裂、已经起裂、稳定扩展或失稳扩展的情况。当裂纹失稳扩展时，记录下载荷 F_Q，再将试样压断。测得预制裂纹长度 a，由裂纹尖端应力场强度因子的表达式 K_I 得到临界值，记为 K_Q，然后按规定判断 K_Q 是否为真正的 K_{IC}。

断裂韧度 K_{IC} 的测试方法可参照 GB/T 4161—2007《金属材料 平面应变断裂韧度 K_{IC} 试验方法》进行。

1. 试样形状、尺寸及制备

GB/T 4161—2007 规定，用于测试 K_{IC} 的试样有三点弯曲试样、紧凑拉伸试样、C 形拉伸试样和圆形紧凑拉伸试样四种。三点弯曲试样和紧凑拉伸试样的形状和尺寸，如图 4-20 所示，试样宽度（W）一般为厚度（B）的两倍。平面应变断裂韧度 K_{IC} 试验前后的三点弯

曲试样和紧凑拉伸试样实物图，如图 4-21 所示。在这两种试样中，三点弯曲试样因结构简单而使用较多。

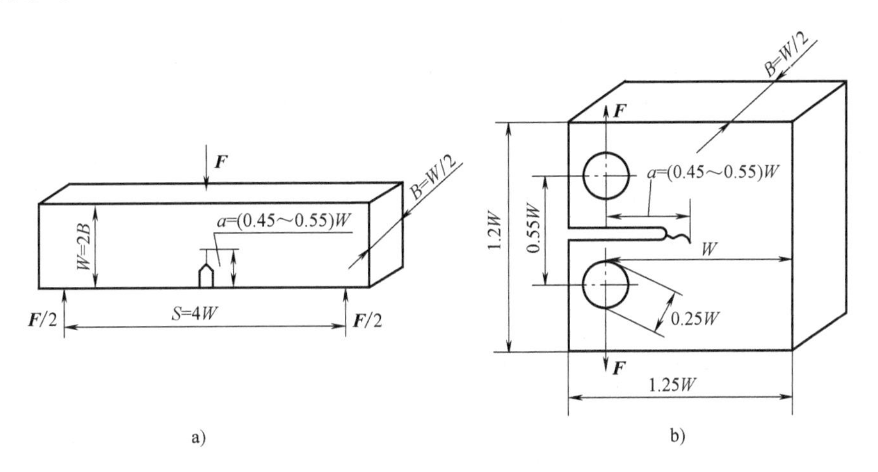

图 4-20　两种常用的断裂韧度试样

a）三点弯曲试样　b）紧凑拉伸试样

图 4-21　两种常用的断裂韧度试样实物图

a）三点弯曲试样　b）紧凑拉伸试样

由图 4-20 可知，测定 K_{IC}所用试样的尺寸与拉伸等常规力学性能试验方法所用试样不同，它无具体尺寸要求，只给出了试样的尺寸比例。确定试样的具体尺寸时，应先测试所测材料的 $R_{p0.2}$，并估计其 K_{IC}值，按照 $B\geqslant2.5(K_{\mathrm{IC}}/R_{p0.2})^2$ 定出试样的最小厚度 B。然后，按图 4-20 中试样各尺寸的比例关系，确定试样宽度 W、长度及裂纹长度 a。若材料的 K_{IC}无法估计，可根据所测材料的 $R_{p0.2}/E$ 值，按表 4-4 确定试样最小厚度 B 的大小。

表 4-4　根据 $R_{p0.2}/E$ 值推荐试样最小厚度 B

$R_{p0.2}/E$	B/mm	$R_{p0.2}/E$	B/mm
0.0050～0.0057	75	0.0071～0.0075	32
0.0057～0.0062	63	0.0075～0.0080	25
0.0062～0.0065	50	0.0080～0.0085	20
0.0065～0.0068	44	0.0085～0.0100	12.5
0.0068～0.0071	38	≥0.0100	6.5

试样可以从零构件实物上切取，也可以从铸、锻件毛坯或轧材上切取。由于材料的断裂韧度 K_{IC} 与裂纹取向和裂纹扩展方向有关，所以在切取试样时应予以注明，如 TL、CL 试样，第一个字母代表裂纹面的法线方向，第二个字母表示预期的裂纹扩展方向。对于板材来说，用 L 表示长度或主变形方向，一般就是钢板的轧制方向；用 T 表示宽度方向或最小变形方向；用 S 表示板厚方向或第三正交方向；R 和 C 则分别表示棒材或饼材的径向和切向。

试样毛坯粗加工后，应进行热处理和磨削加工（不需热处理的试样粗加工后直接进行磨削加工），随后开缺口和预制疲劳裂纹。试样上的缺口一般用线切割加工，为了后面预制的裂纹平直，缺口应尽可能尖锐，一般要求尖端半径为 0.08~0.1mm。可在高频疲劳试验机上预制疲劳裂纹，a/W 应控制在 0.45~0.55 范围内，$K_{max} \leqslant 0.7K_{IC}$。

2. 测试方法

（1）试验装置及过程　断裂韧度试验可在万能材料试验机或电子拉伸试验机上进行，但应专门制作试样的夹持装置。图 4-22 所示为三点弯曲试样断裂韧度试验装置示意图。弯曲试样支座 2 上用辊子支承试样 3，两者保持滚动接触。两只辊的端头用软弹簧或橡皮筋拉紧，以便使之在试验过程中紧靠在支座凹槽的边缘上，以保证支承辊的中心距为 $S=4W\pm0.2W$。在试验机的压头安装压力传感器 4，输出压力信号 F。在试样缺口两侧安装刀口（用胶水粘牢），以便卡住夹式引伸计 1。试样受力后，裂纹嘴不断张开，夹式引伸计输出裂纹嘴张开位移信号 V。将压力传感器及夹式引伸计的输出端接到动态应变仪 5 上，将信号放大后输入到 X-Y 函数记录仪 6 中，这样记录仪便可连续描绘出试样加载过程中的 F-V 曲线，然后根据 F-V 曲线确定裂纹失稳扩展临界载荷 F_Q，根据 F_Q 和试样压断后实测的裂纹长度 a 代入 K 的表达式求出 K_Q。

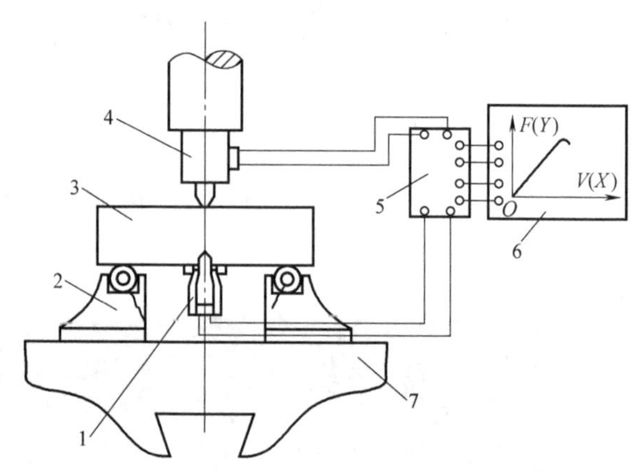

图 4-22　三点弯曲试样断裂韧度试验装置示意图
1—夹式引伸计　2—弯曲试样支座　3—试样　4—压力传感器
5—动态应变仪　6—X-Y 函数记录仪　7——试验机工作台

试验结束后，取下夹式引伸计，压断试样。将压断后的试样在读数显微镜下测量裂纹长度 a。由于裂纹前沿不平整，规定在 $B/4$、$B/2$、$3B/4$ 的位置上，用读数显微镜测量裂纹长度 a_2、a_3、a_4，如图 4-23 所示，取其算术平均值作为裂纹长度 a。要求 a_2、a_3、a_4 中任意两个测量值之差以及 a_1 与 a_5 之差都不得大于 a 的 10%，否则试验结果无效。

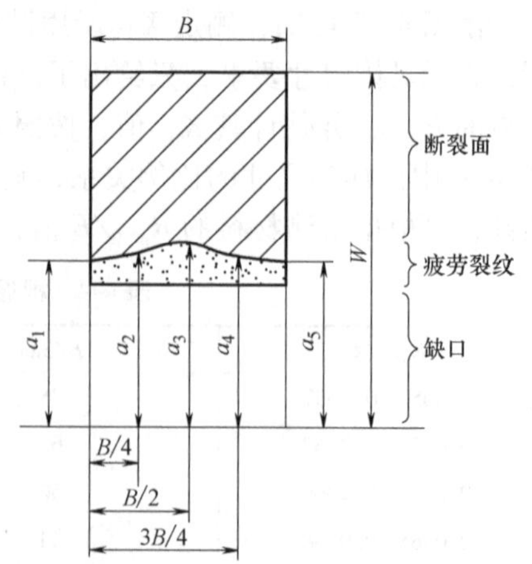

图 4-23　裂纹长度的测量位置

（2）试验结果的分析与处理　因试样尺寸和材料韧性不同，测定材料的 F-V 曲线有三种基本形式，如图 4-24 所示。对于强度高、塑性低的材料，加载初始阶段，呈直线关系，当载荷达到一定程度，试样突然断裂，曲线突然下降，得到曲线Ⅲ，这时曲线最大

载荷就是计算 K_{IC}的 F_Q；对于韧性较好的材料，曲线首先依直线关系上升到一定值后，突然下降，出现“突进”点，进而上升，直到某一更大载荷，试样才完全断裂，如曲线Ⅱ；对于韧性更好的材料，得到 F-V 曲线Ⅰ。

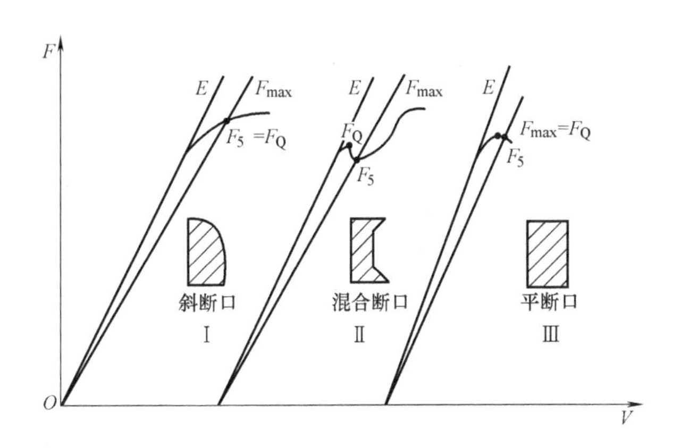

图 4-24　F-V 曲线的基本形式

Ⅰ型—稳定扩展型　Ⅱ型—局部扩展型　Ⅲ型—失稳扩展型

国家标准规定，先从原点 O 绘制一相对直线 OE 部分斜率减少 5%的直线来确定裂纹失稳扩展载荷 F_Q，直线与 F-V 曲线的交点为 F_5，如果在 F_5 之前没有比 F_5 大的高峰载荷，则 $F_Q=F_5$（曲线Ⅰ）；如果在 F_5 之前有一个高峰载荷，则取这个高峰载荷为 F_Q（曲线Ⅱ和曲线Ⅲ）。

（3）条件断裂韧度 K_Q 的计算　对于三点弯曲试样，应力场强度因子 K_I 的表达式为

$$K_I = \frac{FS}{BW^{3/2}}Y_1(a/W)$$

式中　S、B、W 及 a——试样的跨度、厚度、宽度及试样的裂纹尺寸，如图 4-20 所示；

F——作用于试样中点的集中力；

$Y_1(a/W)$——形状修正系数，其值可查表 4-5。

表 4-5　$Y_1(a/W)$ 数值表

a/W	$Y_1(a/W)$	a/W	$Y_1(a/W)$
0.450	2.29	0.505	2.70
0.455	2.32	0.510	2.75
0.460	2.35	0.515	2.79
0.465	2.39	0.520	2.84
0.470	2.43	0.525	2.89
0.475	2.46	0.530	2.94
0.480	2.50	0.535	2.99
0.485	2.54	0.540	3.04
0.490	2.58	0.545	3.09
0.495	2.62	0.550	3.14
0.500	2.66	—	—

根据 $F\text{-}V$ 曲线上裂纹失稳扩展时（临界状态）的载荷 F_Q 及试样断裂后测出的预制裂纹长度 a，代入应力场强度因子 K_I 的表达式，可得

$$K_Q = \frac{F_Q S}{BW^{3/2}} Y_1(a/W)$$

国家标准规定，测得的 K_Q 是否有效，要看是否满足以下两个条件：

1）$B \geqslant 2.5(K_{IC}/R_{p0.2})^2$。

2）$F_{max}/F_Q \leqslant 1.1$。

符合上述两项条件，K_Q 即 K_{IC}；如果两个条件中的一个或两个条件不满足，K_Q 不是 K_{IC}，则试验结果无效，须加大试样尺寸，重新试验，试样尺寸至少应为原试样的 1.5 倍。

一些常用金属材料的断裂韧度值 K_{IC} 见表 4-6。

表 4-6 一些常用金属材料的断裂韧度值 K_{IC}

材料	K_{IC}/MPa · m$^{1/2}$
纯塑性材料（如 Cu、Al、Ni）	96～340
转子钢	192～211
压力容器钢	≈155
40CrNiMo（调质）	42～110
低碳钢	≈140
钛合金（Ti6Al4V）	50～118
45 钢（正火）	≈100
球墨铸铁（正火）	34～36
高速工具钢（W18Cr4V）	15～18
硬质合金	12～16

五、断裂韧度 K_{IC} 的应用

金属零构件在生产过程中经常在其表面或内部形成裂纹，尤其是大型零构件或高强度零构件，即它们属于裂纹体。不使用裂纹体制造零构件是不现实的，只要我们能有效地预测零构件的破坏，保证其不产生低应力脆性断裂并安全使用，裂纹体是可以用来制造零构件的。这就是除了刚度设计、强度设计之外的另一种设计方法，即应用断裂韧度 K 判据的工程断裂设计。断裂韧度 K 判据可以应用在以下三个方面，其中提到的问题都可以从裂纹尖端应力场强度因子 K_I 的表达式 $K_I = Y\sigma\sqrt{a}$ 中得到解决的方法。

工程上一般可认为 $Y=\sqrt{\pi}$，所以 $K_I = \sigma\sqrt{\pi a}$，这样处理可使设计计算比较简单。

1. 确定构件的安全性

根据探伤测定构件中的裂纹尺寸 a，并确定构件工作应力后，即可确定裂纹尖端应力场强度因子 K_I，如果 $K_I < K_{IC}$，则构件是安全的，否则有脆断的危险，为正确选择材料提供依据。

【例 4-1】 有一高强度钢焊接而成的大型圆筒式容器，钢板厚度 $t=5$mm，圆筒内径 $D=1500$mm，如图 4-25 所示。工作压力为 6MPa，所用材料的 $R_{p0.2}=1800$MPa，$K_{IC}=62$MPa · m$^{1/2}$。焊接后发现焊缝中有纵向半椭圆裂纹，尺寸为 $2c=6$mm，$a=0.9$mm，根据工作压力计算，垂直于裂纹方向的应力为 900MPa。那么这个压力容器能否正常工作呢？

将有关数据代入裂纹尖端应力场强度因子的公式 $K_{\mathrm{I}}=\sigma\sqrt{\pi a}$ 可得

$$K_{\mathrm{I}}=\sigma\sqrt{\pi a}=900\mathrm{MPa}\times\sqrt{3.14\times0.9\mathrm{mm}\times10^{-3}}$$
$$=47.8\mathrm{MPa}\cdot\mathrm{m}^{1/2}<62\mathrm{MPa}\cdot\mathrm{m}^{1/2}$$

$K_{\mathrm{I}}<K_{\mathrm{IC}}$，所以裂纹不会失稳扩展导致低应力脆断，可见该压力容器在 6MPa 的工作压力下能够正常工作。

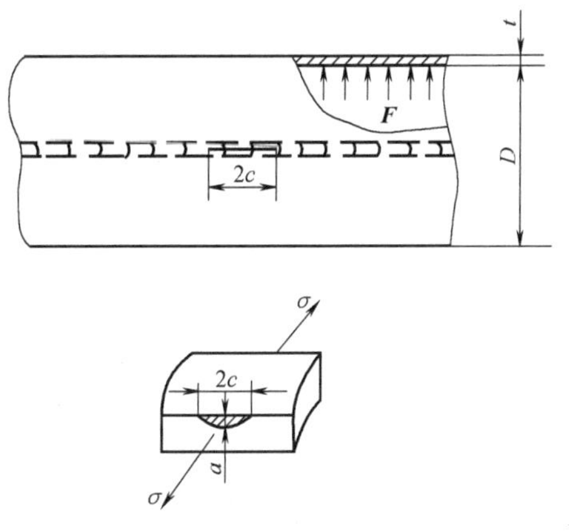

图 4-25　圆筒式容器表面裂纹和危险

按照传统设计计算方法，为了提高构件的安全总是加大安全系数，这势必提高材料的强度等级，对于高强度钢来说，往往导致低应力断裂。如某一构件，本来设计工作应力为 1400MPa，由于提出 1.5 的安全系数，必须采用 2100MPa 的高屈服强度的材料，这种高强度材料的 K_{IC} 一般为 47.5MPa · m$^{1/2}$。对 1mm 长度的裂纹而言，则断裂应力 σ_{c} 为 1200MPa，就是说，远在设计应力 1400MPa 以下就要发生断裂。反之，如将安全系数降为 1.2，则此时所需钢材的屈服强度为 1700MPa，其 K_{IC} 可达 79.3MPa · m$^{1/2}$，计算出断裂应力为 2000MPa。由此可见，工作应力 1400MPa 是安全的，为了构件的安全，目前有降低安全系数的趋势。

2. 确定构件承载能力

若已测定了材料的断裂韧度 K_{IC}，并探伤测出裂纹尺寸 a 后，则可根据 $\sigma_{\mathrm{c}}=\dfrac{K_{\mathrm{IC}}}{\sqrt{\pi a}}$ 计算出零构件的断裂应力 σ_{c}，确定构件承载能力，为载荷设计提供依据。

3. 确定临界裂纹尺寸

若已知材料的断裂韧度 K_{IC} 及零构件的工作应力，则可计算出材料中允许的最大裂纹尺寸 a_{c}，即 $a_{\mathrm{c}}=\dfrac{K_{\mathrm{IC}}^2}{\pi\sigma_{\mathrm{c}}^2}$。如果探伤测出的实际裂纹尺寸 $a<a_{\mathrm{c}}$，则构件是安全的，并可由此为制定裂纹探伤标准提供依据。

例如，用球墨铸铁制造曲轴、连杆和机床主轴等零件时，其工作应力设计得很低，一般为 10～50MPa。球墨铸铁的 K_{IC} 一般为 20～40MPa · m$^{1/2}$。若取 $K_{\mathrm{IC}}=25\mathrm{MPa}\cdot\mathrm{m}^{1/2}$，$\sigma=50\mathrm{MPa}$，则可计算出发生脆断的临界裂纹尺寸 a_{c} 将近 80mm，对中小零件中来讲，这么大尺寸的裂纹是不能包容到零件中去的，所以，用球墨铸铁制成的中小零件在工作应力较低时不存在低应力脆性断裂问题。

【例 4-2】　某冶金厂大型氧气顶吹转炉的转动机构主轴，在工作时经 61 次摇炉炼钢后发生低应力脆断，其断口示意图如图 4-26 所示。该轴材料为 40Cr 钢，经调质处理后常规力学性能指标完全合格，即 $R_{\mathrm{p0.2}}=600\mathrm{MPa}$，$R_{\mathrm{m}}=860\mathrm{MPa}$，$KU_2=38\mathrm{J}$，$A=8\%$。该材料的断裂韧度 $K_{\mathrm{IC}}=120\mathrm{MPa}\cdot\mathrm{m}^{1/2}$，现用断裂力学分析其断裂原因。

由断口宏观分析表明，该轴为疲劳断裂，裂纹源在圆角处。在一定循环应力作用下，裂纹发生亚稳扩展，形成深度达 185mm 的疲劳扩展区，相当于一个 $a_{\mathrm{c}}=185\mathrm{mm}$ 的表面环状裂纹。断口中心区域为放射状脆性断口，说明裂纹在此区是失稳扩展。

金相分析表明，疲劳裂纹源处的硫化物夹杂级别较高，达 3～3.5 级。在应力集中影响

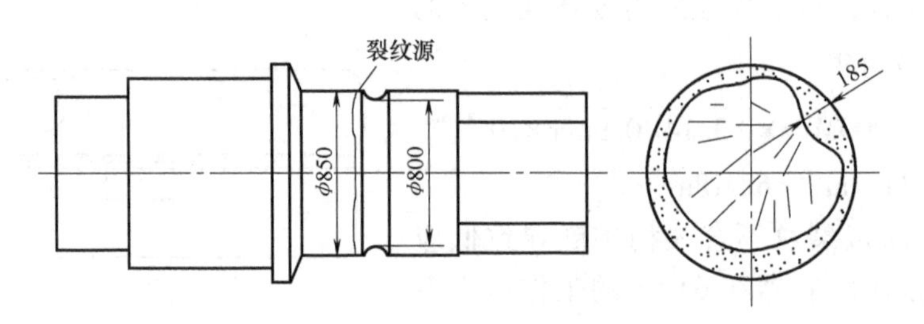

图 4-26 大型转炉转轴断口示意图

下，该处最先形成疲劳裂纹源。这个裂纹源在 61 次摇炉炼钢过程中，实际经受 5×10^1 应力循环作用，使疲劳裂纹向内扩展 185mm，达到脆断的临界裂纹尺寸，从而发生低应力脆断。现用断裂力学对上述情况进行定量分析。

临界裂纹尺寸的计算公式为 $a_c=\dfrac{K_{\mathrm{IC}}^2}{Y^2\sigma_c^2}$。

根据轴的受力分析和计算，垂直于裂纹面的最大轴向外加应力 $\sigma_{外}=25\mathrm{MPa}$，裂纹前缘残余拉应力 $\sigma_{内}=120\mathrm{MPa}$。所以，作用到裂纹面上的垂直拉应力为

$$\sigma_c=\sigma_{外}+\sigma_{内}=25\mathrm{MPa}+120\mathrm{MPa}=145\mathrm{MPa}$$

查表得 $Y=1.95$。将上述已知数值代入到临界裂纹尺寸的计算式中得

$$a_c=\frac{K_{\mathrm{IC}}^2}{Y^2\sigma_c^2}=\frac{120^2}{1.95^2\times145^2}\mathrm{mm}=180\mathrm{mm}$$

这就是按断裂力学算得的转轴低应力脆断的临界裂纹尺寸。与实际断口分析的 185mm 相比，较吻合。

由此例可见，对于中、低强度钢来说，尽管其临界裂纹尺寸很大，但对于大型工件来说，这样大的裂纹仍然可以容纳得下，因而会产生低应力脆断，而且断裂应力远低于材料的屈服强度。

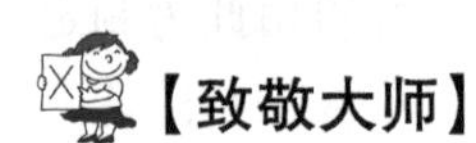

【致敬大师】

断裂力学之父：格里菲斯

格里菲斯（1893—1963），出生于伦敦，1911 年进入利物浦大学机械工程专业学习，1914 年以一等成绩获得学士学位，并获得最高奖章。1915 年，格里菲斯到皇家航空研究中心工作，并与 G. I. Taylor 一起发表了用肥皂膜研究应力分布的开创性论文，该文获得机械工程协会的金奖。同年，格里菲斯获得利物浦大学工程硕士学位。

1920 年，格里菲斯发表了著名的论文 *The phenomenon of rupture and flow in solids*。该文次年刊登在皇家学会的 *Philosophical Transactions* 杂志上，并以此断裂力学的成名作获得利物浦大学工程博士学位。

格里菲斯在断裂力学上的主要贡献是，他从能量角度解释了经典强度理论无法解释的低应力脆断问题。他认为，一些高强度钢制造的零件或低强度钢制造的大零件内部有很多显微裂

纹，往往在工作应力远低于屈服强度时发生脆性断裂，并从能量平衡出发得出了裂纹扩展的判据，一举奠定了断裂力学的基石。

单元小结

1）断裂是最危险的失效形式。对于金属的断裂，长期以来人们进行了大量的研究工作，已使断裂科学发展成一个独立的边缘学科，在实际工程中发挥着重要作用。

2）本单元一共有三个知识点需要理解和掌握：金属断裂类型——金属断裂机制——金属断裂韧度。

3）金属断裂类型和金属断裂机制的总结可参考表 4-1 和表 4-2。其中要重点掌握解理断口和微孔聚集型断口的显微形貌特征。

4）断裂力学是固体力学的一个分支，又称为裂纹力学。断裂力学的任务之一就是提出裂纹体的合理力学参量以及裂纹体断裂时力学参量达到的临界值——断裂判据。断裂判据一方面是力学条件，一方面是材料抵抗断裂的性能，而表明材料抵抗断裂能力的指标即断裂韧度。

5）断裂韧度有关知识总结见表 4-7。

表 4-7　断裂韧度有关知识总结

现象	对象	力学参量	断裂判据	试验测定
低应力脆性断裂	裂纹体	应力场强度因子 K	K 判据	三点弯曲试样断裂韧度试验
破坏应力低于屈服强度，断裂前无明显的整体塑性变形；常见于大型高强度钢零构件	实际工程材料是裂纹体。在给定应力下裂纹扩展到一临界尺寸时，就会突然失稳，导致材料断裂	$K_{\text{I}}=Y\sigma\sqrt{a}$	$K_{\text{I}} \geqslant K_{\text{IC}}$ $K_{\text{IC}}=Y\sigma_c\sqrt{a_c}$	$B \geqslant 2.5\ (K_{\text{IC}}/R_{p0.2})^2$ $F_{max}/F_Q \leqslant 1.1$

6）K 判据可以应用在以下三个方面。

① 确定裂纹失稳扩展时的临界尺寸，为探伤质量验收提供理论依据。

② 确定零构件的最大承载能力。

③ 确定零构件的安全性或为选择材料提供理论依据。

综合训练

一、名词解释

①穿晶断裂；②沿晶断裂；③解理断裂；④断裂韧度；⑤K_{IC}。

二、选择题

1. 低应力脆性断裂是工程上最危险的失效形式，不是其特点的是（　　）。

A. 突然性或不可预见性　　B. 有一定的塑性

C. 低于屈服强度发生断裂　　D. 由裂纹扩展引起

2. 脆性断裂的断裂面一般与正应力垂直，断口（　　），呈放射状或结晶状。

A. 平齐而光亮　　B. 平齐而灰暗　　C. 粗糙而光亮　　D. 粗糙而灰暗

3. 无缺口的板状矩形拉伸试样，其断口放射区呈“人”字形花样，其（　　）指向裂纹源。

A. 尖端　　B. 末端　　C. 左侧　　D. 右侧

4. 金属沿晶断裂的断口形貌呈（　　），一般为（　　）。

A. 冰糖状，韧性断裂　　B. 冰糖状，脆性断裂

C. 河流状，韧性断裂　　D. 河流状，脆性断裂

5. 微孔聚集型断裂机制，在多数情况下与宏观上的韧性断裂相对应，其典型微观形貌特征是（　　）。

A. 舌状　　B. 贝壳状　　C. 韧窝　　D. 河流

6. 解理断裂机制的典型微观形貌特征是（　　）花样。

A. 舌状　　B. 贝壳状　　C. 韧窝　　D. 河流

7. 断裂力学是在承认零构件是（　　）的前提下，研究金属材料的断裂问题，并给出断裂判据。

A. 均匀、没有裂纹的理想固体　　B. 存在宏观裂纹

C. 高塑性

8. 应力场强度因子 K_{I} 的脚标表示Ⅰ型裂纹，Ⅰ型裂纹是（　　）裂纹。

A. 张开型　　B. 滑开型　　C. 撕开型　　D. 组合型

9. 当（　　）时，裂纹立即失稳扩展，构件就发生脆断。

A. $K_{\mathrm{I}}<K_{\mathrm{IC}}$　　B. $K_{\mathrm{I}}>K_{\mathrm{IC}}$　　C. $K_{\mathrm{I}}=K_{\mathrm{IC}}$

10. 断裂韧度 K_{IC} 与零构件的应力大小及（　　）的关系定量地联系起来了，因此可以直接用于设计计算。

A. 裂纹类型　　B. 裂纹尺寸　　C. 工作温度　　D. 环境介质

11. 下图所示为金属断口的显微照片，属于韧性断裂的是（　　），属于沿晶断裂的是（　　），属于解理断裂的是（　　）。

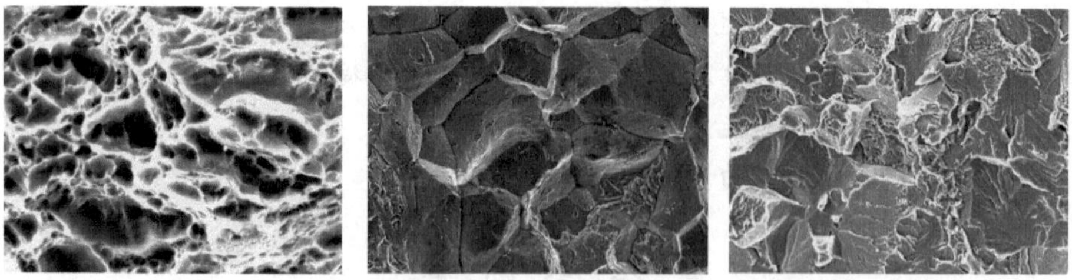

A.　　B.　　C.

三、简答题

1. 金属零构件断裂破坏有哪几种类型？
2. 试述韧性断裂与脆性断裂的区别。为什么脆性断裂最危险？
3. 脆性断裂有什么共同特点？如何通过断口寻找断裂源？
4. 解理断裂的特点有哪些？
5. 如何通过金属断口形貌中的韧窝形状判断材料的塑性和第二相粒子的密度？

6. 应力场强度因子 K 是怎么定义的？试述 K 判据的意义及用途。

7. 影响平面应变断裂韧度 K_{IC}的因素有哪些？

8. 平面应变断裂韧度 K_{IC}测试的基本过程是什么？试样如何确定？有什么要求？测试结果如何处理？试验有效性如何判定？

9. 随着金属结构的大型化、设计应力水平的提高、高强度材料的应用、焊接工艺的普遍采用，以及服役条件的严酷化，试说明在传统强度设计的基础上，还应进行断裂力学设计的原因。

10. 有一大型板件，材料的 $R_{\mathrm{eL}}=1200\mathrm{MPa}$，$K_{\mathrm{IC}}=115\mathrm{MPa}\cdot\mathrm{m}^{1/2}$，探伤发现有 20mm 长的横向穿透裂纹，若在平均轴向拉应力 900MPa 下工作，试计算 K_{I}，并判断该件是否安全?

11. 有一构件制造时，出现表面半椭圆裂纹，若 $a=2\mathrm{mm}$，在工作应力 $\sigma=900\mathrm{MPa}$ 下工作。若按屈服强度计算的安全系数 $n=1.4$，应该选什么材料的 R_{eL}与 K_{IC}配合比较合适？构件材料经不同热处理后，其 R_{eL}和 K_{IC}的变化列于表 4-8 中。

表 4-8　R_{eL}和 K_{IC}的变化表

R_{eL}/MPa	1100	1200	1300	1400	1500
K_{IC}/MPa · m$^{1/2}$	110	95	75	60	55

第五单元　金属的疲劳

【学习目标】

知识目标	1. 掌握金属材料疲劳断裂现象、*S-N* 曲线和疲劳极限的定义及特点 2. 了解金属材料疲劳试验的原理和特点 3. 掌握提高金属材料疲劳极限的途径
能力目标	1. 能够根据金属材料的断口特征，判断是否是疲劳断裂 2. 能够根据给出的相关数据绘制 *S-N* 曲线，确定疲劳极限

金属“疲劳”一词，最早是由法国学者彭赛（Panelet）于 1839 年提出来的。1850 年德国工程师 A. 沃勒（A. Wöhler）设计了第一台用于机车车轴的疲劳试验机，用来进行全尺寸机车车轴的疲劳试验。1871 年沃勒系统论述了疲劳寿命和循环应力的关系，提出了 *S-N* 曲线和疲劳极限的概念，确立了应力幅是疲劳破坏的决定因素，奠定了金属疲劳的基础。百余年来，人类在揭开金属疲劳秘密的道路上不断研究和探索，从力学、设计、材料及工艺方面开展疲劳研究，寻求有效对策，取得了许多成果，成为材料科学领域中的一个重要组成部分。

模块一　金属疲劳现象

模块导入

人在长时间或高强度工作后会感到疲劳，但人经过休息或调养后疲劳可以缓解。可是你知道吗？表面冷冰冰的金属工作久了也会疲劳，而且金属的疲劳是不能通过休息得到缓解，当累积到一定程度时就会导致金属断裂。那么，金属在什么条件下会产生疲劳？

学习内容

一、变动载荷和循环应力

1. 变动载荷

变动载荷是引起疲劳破坏的外力，它是指载荷大小，甚至方向均随时间变化的载荷，其在单位面积上的平均值为变动应力。变动应力可分为规则周期变动应力（也称为循环应力）和无规则随机变动应力两种。这些应力可用应力-时间曲线表示，如图 5-1 所示。

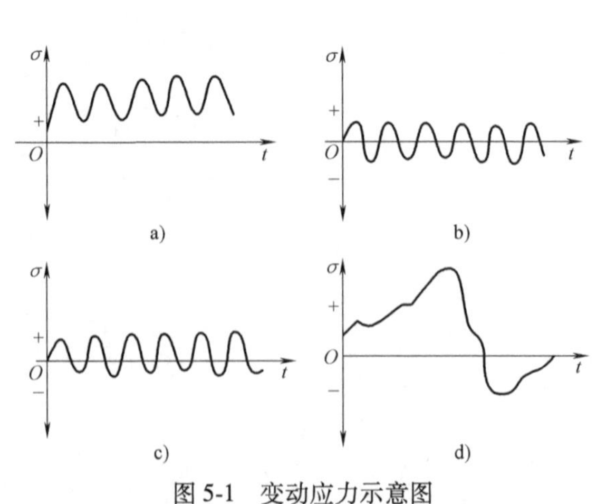

图 5-1　变动应力示意图

a）应力大小变化　b）、c）应力大小和方向规则变化

d）应力大小和方向无规则变化

2. 循环应力

生产中工件正常工作时的变动应力

多为循环应力，实验室容易模拟，所以研究较多。循环应力的波形有正弦波、矩形波和三角形波等，其中常见的为正弦波。循环应力中大小和方向都随时间发生周期性变化的应力称为交变应力，只有大小变化而方向不变的循环应力称为重复循环应力，如图 5-2 所示。

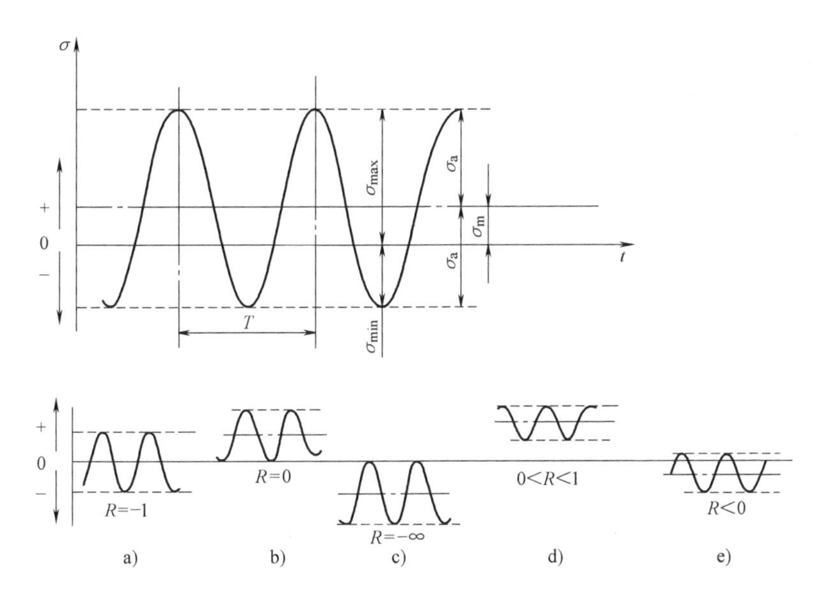

图 5-2　循环应力示意图

a)、e）交变应力　b)、c)、d）重复循环应力

循环应力可用下列几个参数来表示：最大应力 σ_{max}、最小应力 σ_{min}、平均应力 σ_m、应力幅 σ_a、应力比 R、循环周期 T，见表 5-1。

表 5-1　循环应力的几何参数

参数名称	符号	定义	表述公式
平均应力	σ_m	最大应力与最小应力的代数平均值	$\frac{1}{2}(\sigma_{max}+\sigma_{min})$
应力幅	σ_a	最大应力与最小应力的代数差的一半	$\frac{1}{2}(\sigma_{max}-\sigma_{min})$
应力比	R	最小应力与最大应力的比值	$\frac{\sigma_{min}}{\sigma_{max}}$
循环周期	T	完成一个应力循环所需的时间	

常见的循环应力有以下几种：

（1）对称交变应力　σ_{max} 与 σ_{min} 的绝对值相等而符号相反，$\sigma_m=0$，$R=-1$，如图 5-2a 所示。大多数轴类零件，如火车轴的弯曲交变应力、曲轴的扭转交变应力均属于对称交变应力。

（2）脉动应力　有两种情况：一种为 $\sigma_m=\sigma_a>0$，$R=0$，为脉动拉应力，如齿轮齿根的循环弯曲应力，如图 5-2b 所示；另一种为 $\sigma_m=\sigma_a<0$，$R=-\infty$，为脉动压应力，如滚动轴承应力则为循环脉动压应力，如图 5-2c 所示。

（3）波动应力　$\sigma_m>\sigma_a$，$0<R<1$，如发动机缸盖螺栓的循环应力为“大拉小压”，如

图 5-2d 所示。

（4）不对称交变应力 $R<0$，如发动机连杆的循环应力为“小拉大压”，如图 5-2e 所示。

在实际生产中的变动应力往往是无规则随机变动的，如汽车、船舶和飞机的零件在运行工作时因道路、航线或云层的变化，其变动应力即呈随机变化。

二、金属疲劳的概念与分类

1. 金属疲劳的概念

金属材料在受到交变应力或重复循环应力时，经过一定循环次数后，往往在工作应力小于屈服强度的情况下突然断裂，这种现象称为疲劳。疲劳断裂是金属零件或构件在交变应力或重复循环应力长期作用下，由于累积损伤而引起的断裂现象。

2. 金属疲劳的分类

（1）按应力状态分 金属疲劳可分为弯曲疲劳、扭转疲劳、拉压疲劳及复合疲劳。

（2）按环境和接触情况分 金属疲劳可分为大气疲劳、腐蚀疲劳、热疲劳及接触疲劳。

（3）按断裂寿命和应力高低分 金属疲劳可分为高周疲劳（低应力疲劳，10^5 次以上循环）、低周疲劳（高应力疲劳，10^2～10^5 次循环之间）。

3. 金属疲劳断裂的特点

尽管疲劳载荷有各种类型，但它们都有一些共同的特点。与静载荷和冲击加载断裂相比，疲劳断裂具有以下特点。

1）疲劳是低应力循环延时断裂，是具有寿命的断裂，其断裂应力水平往往低于材料的抗拉强度，甚至屈服强度。断裂寿命随应力不同而变化，应力高则寿命短，应力低则寿命长。当应力低于某一临界值时，寿命可达无限长。

2）疲劳是脆性断裂。由于一般疲劳的应力水平比屈服强度低，所以不论是韧性材料还是脆性材料，在疲劳断裂前均不会发生塑性变形及有形变预兆，它是在长期累积损伤过程中，经裂纹萌生和缓慢亚稳扩展到临界尺寸时才突然发生的。因此，疲劳是一种潜在的突发性断裂，危险性极大。

3）疲劳对缺陷（缺口、裂纹及组织缺陷）十分敏感。由于疲劳破坏是从局部开始的，所以它对缺陷具有高度的选择性。缺口和裂纹因应力集中而增大对材料的损伤作用；组织缺陷（夹杂、疏松、白点、脱碳等）降低材料的局部强度，三者都加快了疲劳破坏的开始和发展。

4）疲劳断口的特征非常明显，能清楚地显示出裂纹的发生、发展和最后断裂 3 个组成部分。

【案例 5-1】 “彗星”号（图 5-3）是世界上第一种正式投入航线运营的民用喷气客机。然而从 1953 年 5 月至 1954 年 4 月的 11 个月中，竟有 3 架“彗星”号客机在空中解体，造成机毁人亡。事故分析表明，其中两次空难的原因是飞机密封座舱结构发生疲劳，飞机在多次起降过程中，其座舱壳体经反复增压与减压，在矩形舷窗窗框角上出现了裂纹而引起疲劳断裂。针对这个问题，英国德·哈维兰公司对“彗星”号客机进行了改进设计，加固了机身，采用了椭圆形舷窗，使疲劳问题得到了很好的解决。

图 5-3 “彗星”号

“彗星”号客机的悲剧是世界航空史上首次发生的因金属疲劳而导致客机失事的事件，从此，在客机设计中将结构疲劳极限正式列入强度规范，且专门有一架原型机用于疲劳试验。

三、金属疲劳断口

尽管疲劳失效的最终结果是部件的突然断裂，但实际上它是一个逐渐失效的过程，从开始出现裂纹到最后断裂需要经过很长的时间。因此，疲劳断裂的宏观断口一般由三个区域组成，即疲劳裂纹产生区（裂纹源）、裂纹扩展区和最后断裂区，如图 5-4 和图 5-5 所示。

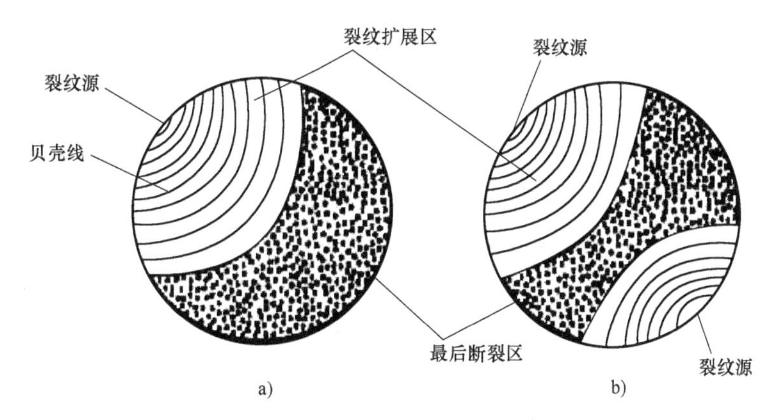

图 5-4　金属疲劳宏观断口示意图
a）单源疲劳断口　b）双源疲劳断口

图 5-5　45 钢辊轴疲劳断口（箭头所指为疲劳源）

金属疲劳裂纹大多产生于零件或构件表面的薄弱区。由于材料质量、加工缺陷或结构设计不当等原因，在零件或构件的局部区域造成应力集中，这些区域便是疲劳裂纹核心产生的策源地。在金属零件或构件中可能有一个疲劳裂纹源，也可能出现两个或多个。疲劳裂纹产生后，在交变应力作用下继续扩展长大，每一次应力循环都会使微裂纹扩大，在疲劳裂纹扩展区留下一条条的向心弧线，称为前沿线或疲劳线，这些弧线形成了像“贝壳”一样的花样，所以又称为贝壳线或海滩线，如果在电子显微镜下观察，可看到具有略呈弯曲并相互平行的沟槽花样，称为疲劳条带（辉带），如图 5-6 所示。断口因反复挤压摩擦，有时光亮得像细瓷断口一样。在最后断裂区，由于疲劳裂纹不断扩展，零件或构件的有效承载面积逐渐减小，因此应力不断增加，当应力超过材料的断裂强度时，则发生断裂，形成了最后断裂区。这部分断口和静载荷下带有尖锐缺口试样的断口相似，对于塑性材料，断口为纤维状，呈暗灰色；而对于脆性材料，断口则是结晶状。

【案例 5-2】 2002 年 5 月 25 日，中国台湾华航的一架波音 747 客机在执行台北到香港的 CI611 航班途中，坠毁于澎湖外海，机上 225 名乘客与机组人员全部遇难。经调查证实，失事原因是金属疲劳断裂，金属疲劳裂纹竟源自 1980 年 2 月 7 日飞机起飞时擦地产生的刮痕。后来飞机进行维修时，刮痕并未刨光即补上补丁，金属疲劳裂纹就沿着刮痕产生。

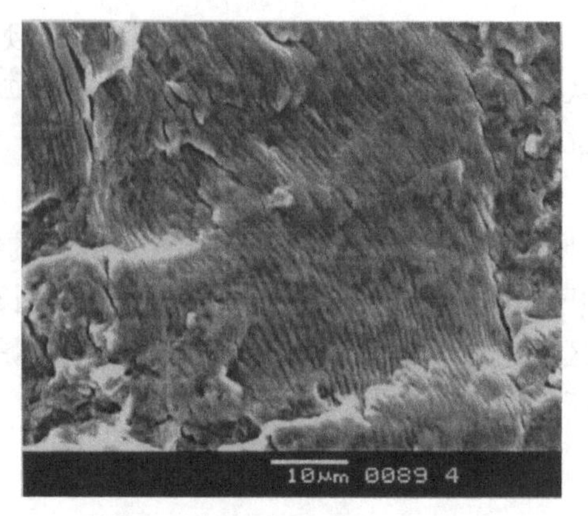

图 5-6 疲劳裂纹辉带（SEM）

试样承受的载荷类型、应力水平、应力集中程度及环境介质等均会影响疲劳断口的宏观形貌，包括疲劳源产生的位置和数量、疲劳前沿线的推进方式、疲劳裂纹扩展区与最后断裂区所占断口的相对比例及其相对位置和对称情况等。不同条件下的疲劳断口宏观特征见表 5-2。

表 5-2 不同条件下的疲劳断口宏观特征

应力状态	高应力水平		低应力水平	
	无应力集中	有应力集中	无应力集中	有应力集中
拉-压				
单向弯曲				
反复弯曲				
旋转弯曲				
扭转				

由于疲劳源区的特征与形成疲劳裂纹的主要原因有关，所以当疲劳裂纹起源于原始的宏观缺陷时，准确地判断原始宏观缺陷的性质，将为分析断裂事故的原因提供重要依据。

模块二　S-N 曲线和疲劳极限

模块导入

车轴是高速列车中的关键部件，是关系到列车行车安全与使用寿命的重要因素，如图 5-7 所示。高速列车车轴主要承受弯曲载荷和扭转载荷，其主要失效方式为疲劳失效，因此疲劳性能是车轴研制和生产中至关重要的考核指标。目前，普遍采用小试样旋转弯曲疲劳试验测定车轴材料的疲劳性能，试样个数不少于 15 个，循环周次基数为 10^7 次，采用升降法确定疲劳极限。

图 5-7　车轴

学习内容

对金属疲劳寿命的估算可以有三种方法：应力-寿命法，即 *S-N* 法；应变-寿命法，即 ε-*N* 法；断裂力学方法。*S-N* 法主要要求零件有无限寿命或者寿命很长，因而应用在零件受较低应力幅的情况下，零件的破断周次很高，一般大于 10^5 周次，也即所谓高周疲劳。一般的机械零件如传动轴、汽车弹簧和齿轮都属于此种类型。对于这类零件，以 *S-N* 曲线获得的疲劳极限为基准，再考虑零件的尺寸、表面质量的影响等，加一安全系数，便可确定许用应力了。

一、*S-N* 曲线

金属承受的循环应力和断裂循环周次之间的关系通常用疲劳曲线（*S-N* 曲线）来描述，疲劳曲线是疲劳应力与疲劳寿命的关系曲线，它是确定疲劳极限[㊀]，建立疲劳应力判据的基础。1871 年，德国人沃勒在解决火车轴断裂问题时，首先提出疲劳曲线和疲劳极限的概念，所以后人也称该曲线为沃勒曲线。

试验表明，金属材料所受循环应力的最大值 σ_{max} 或应力幅 σ_a 越大，则疲劳断裂前所经历的应力循环周次越低，反之越高。根据循环应力 σ 和应力循环周次 N 建立 *S-N* 曲线，如图 5-8 所示。由于疲劳断裂时周次很多，所以 *S-N* 曲线的横坐标取对数坐标。

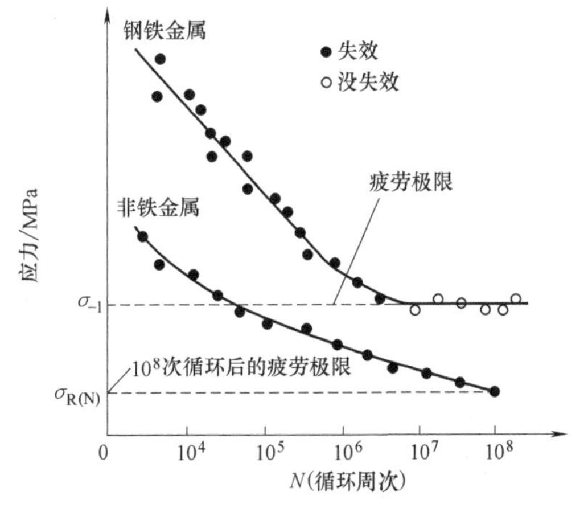

图 5-8　疲劳曲线示意图

二、疲劳极限

由图 5-8 可以看出，当应力低于某值时，材料经受无限次循环应力也不发生疲劳断裂，此应力称为材料的疲劳极限，记为 σ_R（R 为应力比），就是 *S-N* 曲线中的平台位置对应的应力。通常，材料的疲劳极限是在对

㊀ 在 GB/T 4337—2015 中疲劳极限称为耐久极限应力，但是考虑到实际工程应用习惯，本书还沿用疲劳极限的说法。——编者注

称弯曲疲劳条件下（$R=-1$）测定的，对称弯曲疲劳极限记为 σ_{-1}。

不同材料的疲劳曲线形状不同，大致可以分为两种类型，如图5-8所示。对于钢铁金属中的一般低、中强度钢，*S-N* 曲线上有明显的水平部分，疲劳极限有明确的物理意义。当 $R_m<1400\text{MPa}$，能经受住 10^7 周次旋转弯曲而不发生疲劳断裂，就可凭经验认为永不断裂，相应的不发生断裂的最高应力称为疲劳极限。而对于非铁金属、高强度钢和腐蚀介质作用下的钢铁材料，它们的 *S-N* 曲线上没有水平部分。这类材料的疲劳极限定义为在规定循环周次 N 下不发生疲劳断裂的最大循环应力值，称为条件疲劳极限，又称为疲劳强度，记为 $\sigma_{R(N)}$。一般规定高强度钢、部分非铁金属 N 取 10^8 次，腐蚀介质作用下的钢铁材料 N 取 10^6 次，钛合金 N 取 10^7 次。

【案例5-3】 1998年6月3日，德国由慕尼黑开往汉堡的ICE884次高速列车在运行至汉诺威东北方向附近的小镇埃舍德时发生脱轨，并撞到一座桥梁而解体，造成101人死亡，88人重伤。事后经过调查，造成事故的原因是因为一节车厢的车轮内部发生疲劳断裂，从而导致了这场近50年来德国最惨重铁路事故的发生。

三、疲劳极限与抗拉强度的关系

试验表明，金属材料的抗拉强度越大，其疲劳极限也越大。对于中、低强度钢（$R_m<1400\text{MPa}$），疲劳极限与抗拉强度之间大体呈线性关系，一般情况下疲劳极限大约为抗拉强度的1/3～1/2，如图5-9所示。但当抗拉强度较高时，这种关系就要发生偏离，其原因是强度较高时，因材料塑性和断裂韧度下降，裂纹易于形成和扩展。屈强比 R_{eL}/R_m 对光滑试样的疲劳极限也有一定影响。

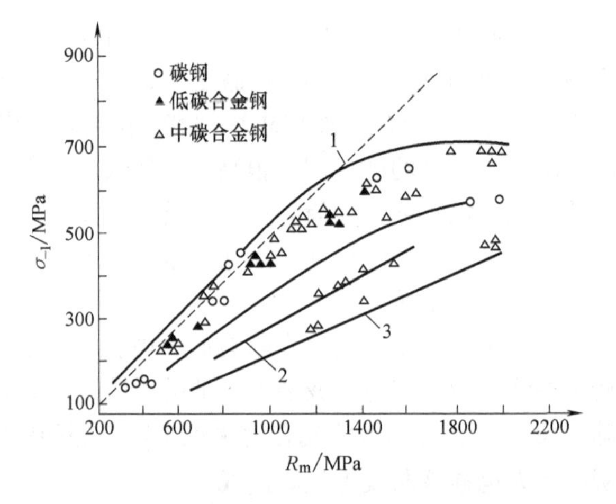

图5-9 金属疲劳极限与抗拉强度关系示意图

1—$\sigma_{-1}/R_m=0.5$ 2—$\sigma_{-1}/R_m=0.3$ 3—$\sigma_{-1}/R_m=0.24$

疲劳极限和抗拉强度之间的关系，根据大量试验归纳出的经验公式为

结构钢：$\sigma_{-1}=0.27(R_{eL}+R_m)$；$\sigma_{-1p}=0.23(R_{eL}+R_m)$

铸铁：$\sigma_{-1}=0.45R_m$；$\sigma_{-1p}=0.4R_m$

铝合金：$\sigma_{-1}=R_m/6-0.75\text{MPa}$；$\sigma_{-1p}=R_m/6+7.5\text{MPa}$

青铜：$\sigma_{-1}=0.21R_m$

同时，弯曲疲劳极限（σ_{-1}）、扭转疲劳极限（τ_{-1}）及拉-压疲劳极限（σ_{-1p}）之间的关系也可以归纳为以下经验公式

钢：$\sigma_{-1p}=0.85\sigma_{-1}$；$\tau_{-1}=0.55\sigma_{-1}$

铸铁：$\sigma_{-1p}=0.6\sigma_{-1}$；$\tau_{-1}=0.8\sigma_{-1}$

从上述公式可知，同一材料的疲劳极限为 $\sigma_{-1}>\sigma_{-1p}>\tau_{-1}$。这是因为弯曲疲劳时试样表面应力最大，而拉-压疲劳试样断面所受应力一致，疲劳损伤概率大，因而在最大应力相等条件下，有 $\sigma_{-1}>\sigma_{-1p}$。扭转疲劳则因交变切应力比拉应力更易于使材料发生滑移，即易于疲劳损伤，因此 τ_{-1} 最低。

通常，手册中给出的疲劳极限是 σ_{-1}，若需要拉-压疲劳极限或扭转疲劳极限时，最好做该应力状态的疲劳试验，但在许多情况下可以根据上述经验公式估算。

四、金属疲劳试验

1. 旋转弯曲疲劳试验机

通常 S-N 曲线是用旋转弯曲疲劳试验测定的，试验按 GB/T 4337—2015《金属材料　疲劳试验　旋转弯曲方法》进行，其四点弯曲试验机原理如图 5-10 所示。试样两端装入两个心轴后，旋紧左右两根螺杆。使试样与两个心轴组成一个承受弯曲的“整体梁”。“梁”由高速电动机带动，在支承筒中高速旋转，于是试样横截面上任一点的弯曲正应力，皆为对称循环交变应力，试样每旋转一周，应力就完成一个循环。试样断裂后，支承筒压迫停止开关使试验机自动停机，这时的循环周次数可由计数器中读出。

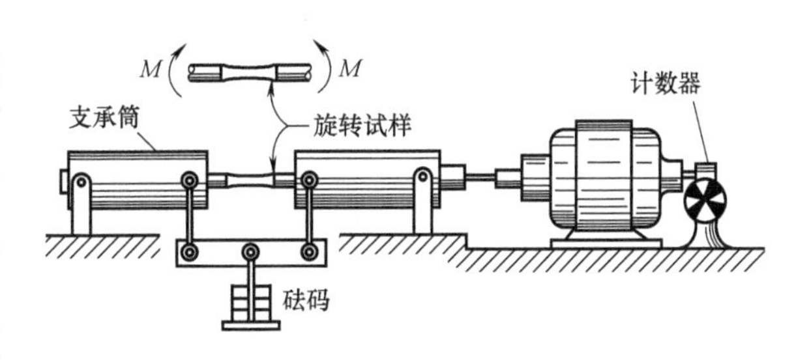

图 5-10　旋转弯曲疲劳试验示意图

试验时，用升降法测定条件疲劳极限（或疲劳极限 σ_{-1}）；用成组试验法测定高应力部分，然后将上述两试验数据整理，并拟合成 S-N 曲线。

旋转弯曲疲劳试验机结构简单，操作方便，能够满足对称循环和恒定应力幅的要求，因此应用比较广泛。

板状试样可进行纯弯曲疲劳试验，如图 5-11 所示。

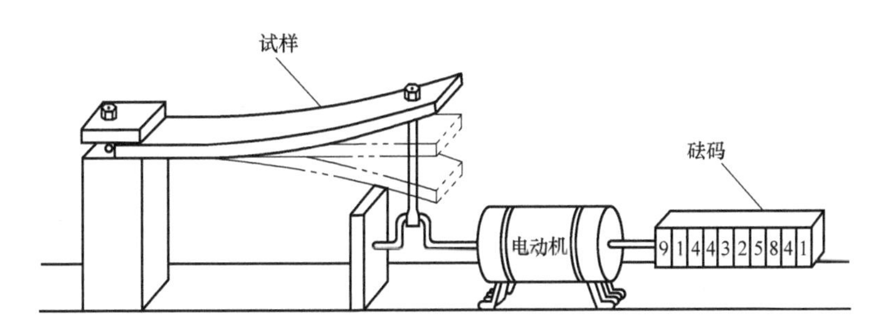

图 5-11　纯弯曲疲劳试验示意图

2. 疲劳试样

适用于旋转弯曲疲劳试验机上的光滑试样，其尺寸形状如图 5-12 所示，有圆柱形和漏斗形两种，直径 d 可为 6mm、7.5mm 和 9.5mm。

试样加工应严格遵照疲劳试样加工工艺，所采用的机械加工在试样表面产生的残余应力和形变强化应尽可能小，表面质量应均匀一致，试样精加工前进行热处理时，应防止变形或表面层变质，不允许对试样进行矫直。对于屈强比较低的中、低碳钢，应采用漏斗形试样，以防试验时试样发热。漏斗形试样精加工时要求纵向磨削。缺口试样的缺口处必须进行研磨。在各种试验条件下试样的平均表面粗糙度 Ra 值推荐小于 0.2μm。

3. 试验程序

（1）安装试样　安装每根试样时要避免试验部分承受施加力以外的应力。为了避免试验过程中的振动，试样的同轴度和试验机的驱动轴应保持在接近的极限值之内。主轴的径向

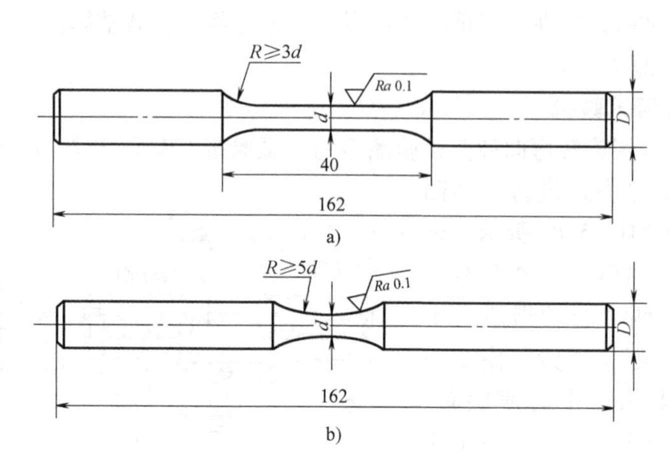

图 5-12 疲劳试样尺寸
a）圆柱形试样 b）漏斗形试样

最大跳动量为±0.025mm，对于单点或两点加载悬臂试验机，自由端的径向最大跳动量为±0.013mm。对于其他类型的旋转弯曲疲劳试验机，实际工作部分两端的径向跳动量不应大于+0.013mm。施加力之前应满足所需要的同轴度。

（2）试验速度 试验速度范围 900～12000r/min。同一批试验的试验速度应相同，不得采用引起试样共振的试验速度。

（3）终止试验 试验一直进行到试样失效或达到规定循环次数时终止，试验原则上不得中断。

试样失效标准为肉眼所见疲劳裂纹或完全断裂。如失效位置发生在试样标距之外或断口有明显缺陷或中途停试产生异常数据，则试验结果无效。

4. 测定条件疲劳极限

（1）常规试验法 在疲劳试验中，当试样个数有限，工程急需，或者为了节省费用，不宜进行大量试验时，常常采用常规试验法。这种试验方法除了直接为工程设计部门提供疲劳性能数据外，还可作为一些特殊疲劳试验的预备性试验。由于常规试验方法耗费少，周期短，因此得到广泛采用，其中最简单的是单点法。

单点法是在每一应力水平下试验 1 个试样。试验时，一般从最高应力水平开始，逐级降低应力水平，记录在各级应力水平下试样的疲劳寿命（破坏时的循环数），直到完成全部试验为止。

单点试验法至少需要 10 个材料和尺寸均相同的试样。其中 1 个试样用于静载试验，1～2 个试样备用，其余 7～8 个试样用于疲劳试验。

应力比 R 的大小应根据设计要求和试验机条件来确定，对于旋转弯曲疲劳试验，其应力比 $R=-1$。

试验时，应力水平至少取 7 级。高应力水平的间隔可取得大一些，随着应力水平的降低，间隔越来越小。最高应力水平可通过预试确定，光滑试样的预试最大应力 σ_{max} 约为材料抗拉强度 R_m 的 0.6～0.7 倍。试验从最大应力水平开始，逐级下降直至完成全部试验。

测定疲劳极限或条件疲劳极限可按下述方法进行：试样超过预定循环周次 10^7 而未发生破坏，称为“通过”。在应力水平由高到低的试验中，假定第 6 根试样在应力 σ_6 作用下，

未及 10^7 循环周次就发生了破坏，而依次取的第 7 根试样在应力 σ_7 作用下通过，并且两个应力的差（$\sigma_6-\sigma_7$）不超过 σ_7 的 5%，则 σ_6 和 σ_7 的平均值就是疲劳极限或条件疲劳极限，即

$$\sigma_{-1}=(\sigma_6+\sigma_7)/2$$

如果（$\sigma_6-\sigma_7$）$>5\%\sigma_7$，那么需取第 8 根试样进行试验，使 σ_8 等于 σ_6 和 σ_7 的平均值。试验后可能有两种情况：

1）若第 8 根试样在 σ_8 作用下仍然通过，并且（$\sigma_6-\sigma_8$）$<5\%\sigma_8$，则 σ_6 和 σ_8 的平均值就是疲劳极限或条件疲劳极限。

2）若第 8 根试样在 σ_8 作用下未达到 10^7 周次循环就发生破坏，并且（$\sigma_8-\sigma_7$）$<5\%\sigma_7$，则 σ_7 和 σ_8 的平均值就是疲劳极限或条件疲劳极限。

测定材料疲劳极限时，要求至少有两根试样达到试验循环基数而不破坏，以保证试验结果的可靠度。

根据在各应力水平下测得的疲劳寿命 N 和疲劳极限，即可画出材料的 S-N 曲线。

（2）升降法　由于长寿命区疲劳寿命的分散性，用常规试验法得到的疲劳极限是很不精确的。为了比较准确地测定材料的疲劳极限，必须使用升降法。

采用升降法测定条件疲劳极限，循环周次基数为 10^7，有效的试样数量一般在 13 根以上。测定疲劳极限的关键在于应力增量的选择，应力增量最好可使得试验在 3~5 级应力水平上进行。

首先估计材料的疲劳极限，如无数据可查，一般利用 2~4 根试样进行预备性试验，以取得疲劳极限的估计值，而且预备性试验的各级应力还可以用于绘制升降图的数据点。

然后进行应力增量的选择。应力增量一般为预计条件疲劳极限 σ_{-1} 的 3%~5%。试验应在 3~5 级的应力水平下进行，第一根试样的应力水平应略高于预计的条件疲劳极限。根据上根试样的试验结果是破坏还是通过，即试样在未达到指定寿命 10^7 周次之前破坏或通过，决定下一根试样的应力降低或升高，直到完成全部试验。图 5-13 所示为 14 根试样的试验结果。

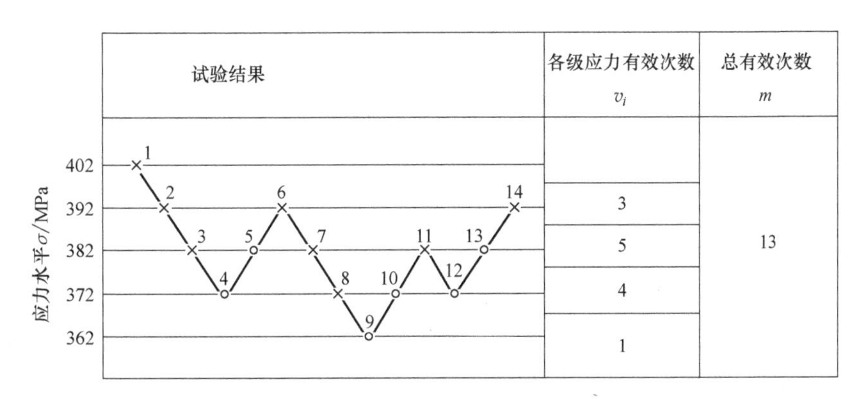

图 5-13　14 根试样的试验结果

循环基数 $N=10^7$　×—破坏　○—通过

处理试验结果时，在出现第一对相反结果以前的数据应舍弃，如在以后试验应力波动范围之内，则可作为有效数据加以利用。图 5-13 所示数据 3、4 是出现的第一对相反结果，3、4 以前的数据 1 在以后试验应力波动范围之外，为无效，应舍弃；而数据 2 为有效数据，应

保留。

而第一次出现相反结果的点3和点4的应力平均值（$\sigma_3+\sigma_4$）/2就是常规单点试验法给出的疲劳极限值。同样，第二次出现相反结果的点5和点6的应力平均值，和以后出现相邻相反结果的应力平均值也都相当于常规试验法给出的疲劳极限。将这些用“配对法”得出的结果作为疲劳极限的数据点进行统计处理，可得到疲劳极限的平均值，即条件疲劳极限，可按下式计算，即

$$\sigma_{R(N)} = \frac{1}{m}\sum_{i=1}^{n} v_i \sigma_i$$

式中 m——有效试验的总次数（破坏或通过数据均计算在内）。

n——试验应力水平级数。

σ_i——第 i 级应力水平。

v_i——第 i 级应力水平下的试验次数。

在图5-13中共14根试样，预计疲劳极限为390MPa，取其2.5%（约10MPa）为应力增量。第一根试样的应力水平为402MPa，全部试验数据波动如图5-13所示。可见，第四根试样为第一次出现相反结果，在其之前，只有第一根在以后试验应力波动范围之外，为无效，则按上式求得条件疲劳极限为

$$\sigma_{R(N)} = \frac{1}{13}(3\times392+5\times382+4\times372+1\times362)\ \text{MPa} = 380\text{MPa}$$

5. 测定 *S-N* 曲线

测定 *S-N* 曲线时，通常至少取4~5级应力水平。用升降法测得的条件疲劳极限作为 *S-N* 曲线的低应力水平点。其他3~4级较高应力水平下的试验，则采用成组试验法。每组试样数量的分配，取决于试验数据的分散度和所要求的置信度，并随应力水平的降低而逐渐增加。通常一组需5根试样。

S-N 曲线的绘制，目前一般采用以下两种方法。

（1）逐点描迹法　以最大应力 σ_{max} 或加载系数 K 为纵坐标，对数疲劳寿命 $\lg N$ 为横坐标，将各数据点画在坐标纸上。然后用曲线尺光滑地把各个点连接起来，且力求做到使曲线匀称地通过各数据点。这种作图法能真实地反映试验结果，是绘制 *S-N* 曲线较常用的方法。

采用逐点描迹法测得的40Cr钢旋转弯曲疲劳试验的 *S-N* 曲线，如图5-14所示。其试验条件为：圆柱形试样 d=7.5mm，试样表面粗糙度 Ra=0.2μm，试验速度为3000r/min，室温空气中试验，试样的抗拉强度 R_m=1176MPa。

（2）直线拟合法　绘制时采用“直线段假设”，即在某一区间内用直线拟合各数据点，这种作图法带有一定的近似性。但当数据不够充分，数据点过少或过于分散时，参照同种类型的 *S-N* 曲线形式，用直线拟合某些数据点还是比较方便可靠的。

6. 疲劳试验报告

疲劳试验报告应包括如下内容：①执行本标准号；②试验材料的牌号、炉号、规格、热处理工艺及常规力学性能；③试样的制备工艺及其形状、尺寸和表面状态（表面粗糙度等），试验机名称、型号；④试验速度，环境温度，如有可能，则记录与环境温度不同的试样温度；⑤环境湿度，如其相对湿度范围超出50%~70%时，则试验期间需每天测定；⑥试验过程中不符合规定条件的任何偏差；⑦试验结果；⑧试验者和试验完成日期。

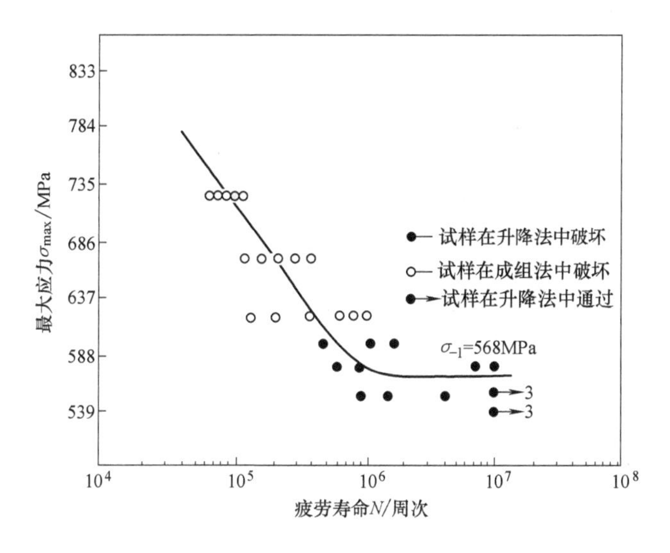

图 5-14 40Cr 钢的 *S-N* 曲线

【致敬大师】

疲劳试验之父：A. 沃勒

A. 沃勒（August Wöhler，1819—1914）是德国工程师，他以对金属疲劳问题的系统研究而著名。

A. 沃勒最早的研究主要是为了防止机车轮轴的断裂。1850 年 A. 沃勒设计了第一台用于机车轮轴的疲劳试验机，用来进行全尺寸机车轮轴的疲劳试验。为了节约时间和材料，A. 沃勒又采用小试样进行了大量的试验。经过 21 年的研究，1871 年 A. 沃勒系统论述了疲劳寿命和循环应力的关系，提出了 *S-N* 曲线和疲劳极限的概念，确立了应力幅是疲劳破坏的决定因素，奠定了金属疲劳的基础。因此公认 A. 沃勒是金属疲劳的奠基人，有“疲劳试验之父”之称。

模块三 其他类型的疲劳㊀

模块导入

请同学们找一个金属回形针（图 5-15），反复弯折，经过有限几次回形针就从弯折处断了，断裂的原因也是金属疲劳。这种情况下，加载频率较低，反复弯折的力已经超过了金属屈服载荷，循环应变进入塑性应变范围，这就是低周疲劳。

㊀ 除低周疲劳和热疲劳外，其他类型的疲劳还有冲击疲劳、腐蚀疲劳和接触疲劳等，请读者分别参阅本书第三、六、七单元。——编者注

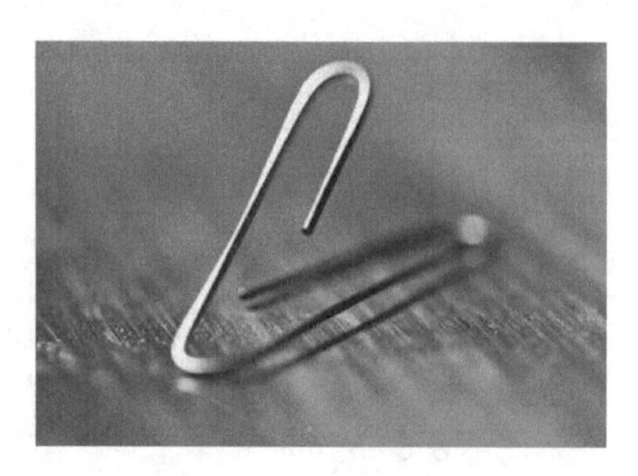

图 5-15 金属回形针

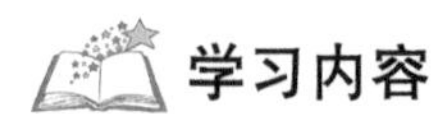

学习内容

一、低周疲劳

1. 低周疲劳现象

金属零件或构件有时受到很大的循环应力，如风暴席卷的海船壳体、飞机起飞和降落时的起落架、经常充气的压力容器等，在较少循环周次情况下也会发生疲劳断裂，有的零件的寿命只有几千次，如飞机的起落架。这种在大应力低周次下的破坏，称为低周疲劳。低周疲劳和高周疲劳的区分，大约以 10^5 周次为界，这是个很粗略的界限。

低周疲劳时，金属零件或构件因承受的载荷较大，即使名义应力低于材料的屈服强度，但在实际零件缺口根部会因局部的应力集中，使实际应力超过材料的屈服强度，却能产生塑性变形，并且这个变形总是受到周围弹性体的约束，即缺口根部的变形是受控制的。所以，零件或构件受循环应力作用，而缺口根部则受循环塑性应变作用，疲劳裂纹总是在缺口根部形成，并最终导致疲劳破坏。

低周疲劳破坏一般有多个裂纹源，这是由于应力比较大，裂纹容易形核，其形核期较短，只占总寿命的10%。金属材料的低周疲劳寿命决定于塑性应变幅，而高周疲劳寿命则决定于应力幅，但两者都是循环塑性变形累积损伤的结果。

2. 低周疲劳特点

（1）循环应力-应变滞后回线　低周疲劳时，零件或构件局部区域会产生宏观塑性变形，致使应力、应变之间不呈直线关系而形成滞后回线，如图 5-16 所示。开始加载时，曲线沿 *OAB* 进行，卸载时沿 *BC* 进行；反向加载时沿 *CD* 进行，从 *D* 点卸载时沿 *DE* 进行，再次拉伸时沿 *EB* 进行，如此循环经过一定周次（通常不超过100 周次）就达到图 5-16 所示的稳定状态的滞后回线。图中滞后环的宽度为总应变幅 $\Delta\varepsilon_t$，其中包括弹性应变幅 $\Delta\varepsilon_e$ 和塑性应变幅 $\Delta\varepsilon_p$，并且 $\Delta\varepsilon_t=\Delta\varepsilon_e+\Delta\varepsilon_p$。

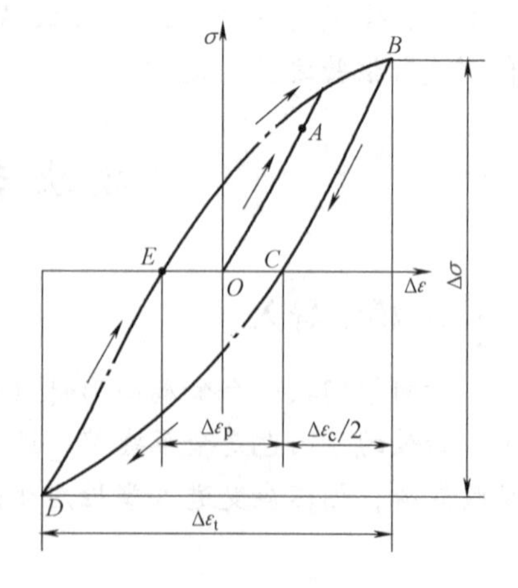

图 5-16 低周疲劳的应力-应变滞后回线

（2）ε-*N* 曲线　因塑性变形量较大，故低周疲劳不能用 *S*-*N* 曲线描述材料的疲劳抗力，而应改用应变-寿命曲线，即 ε-*N* 曲线。这和高周疲劳不同，高周疲劳应用的是 *S*-*N* 曲线，因为在高周疲劳范围内，由于试样主要产生的是弹性变形，塑性变形很小，用应变片也很难测量。

为什么用 ε-N 曲线研究低周疲劳呢？主要是因为零件缺口处的实际应力不容易计算，而缺口处的真实应变是可以测量的。同时，缺口处的塑性变形总是受周围广大弹性区约束，就是说，缺口处的变形总受应变控制。用应变控制法得出的 ε-N 曲线有许多好处，因而凡属低周疲劳问题都用应变控制，低周疲劳也就称为应变疲劳了。

ε-N 曲线一般画在双对数坐标图中，如图 5-17 所示。图中直线 1、直线 2 分别代表塑性应变幅-疲劳寿命曲线和弹性应变幅-疲劳寿命曲线。曲线 3 是两条直线叠加后即得总应变幅-疲劳寿命曲线。两条直线斜率不同，故存在一个交点，交点对应的寿命称为过渡寿命。在交点左侧，即低周疲劳范围内，塑性应变幅起主导作用，材料的疲劳寿命由塑性控制；在交点右侧，即高周疲劳范围内，弹性应变幅起主导作用，材料的疲劳寿命由强度决定。为此，在选择工件材料和决定工艺时，要区分材料服役条件是哪一类疲劳，如属于高周疲劳，应主要考虑材料的强度；如属于低周疲劳，则应在保持一定强度的基础上尽量选用塑性好的材料。

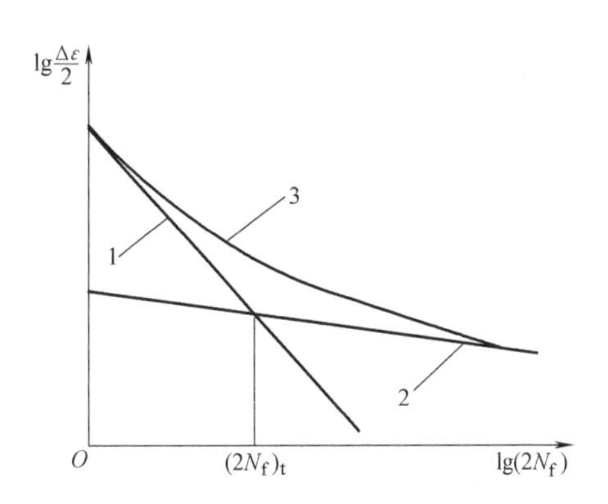

图 5-17　应变幅-疲劳寿命曲线

过渡寿命也是材料的技术性能指标，在设计与选材方面具有重要意义，其值与材料性能有关。一般，提高材料强度，过渡寿命减小；提高材料塑性和韧性，过渡寿命增大。对于高强度材料，过渡寿命可能少至 10 次；对于低强度材料，则可能超过 10^5 次。

（3）疲劳硬化与软化　一般说来，对于原始状态较软的材料，在控制应变幅恒定的情况下，在循环加载时会产生塑性变形抗力随着加载周次的增加而增大的现象，即硬化现象。反之，原始状态为强度或硬度较高的材料，在控制应变幅恒定的情况下，会产生变形抗力随加载周次的增加而降低的现象，即软化现象。

材料在循环加载时发生硬化或软化现象，是在研究低周疲劳时才被发现的。十分明显，材料在循环加载时出现软化现象是很不利的。

二、热疲劳

有些零件在服役过程中温度要发生反复变化，如热锻模、热轧辊及涡轮机叶片等。零件在由温度循环变化时产生的循环热应力及热应变作用下发生的疲劳，称为热疲劳。

热疲劳不同于由高温下循环机械应力造成的温度升高疲劳，在相同的塑性变形范围内，热疲劳寿命一般比机械疲劳低。但通常这两种疲劳形式同时发生，因为很多零件同时遭遇温度骤升骤降和交变载荷作用，这时发生的疲劳称为热机械疲劳。

产生热应力必须有两个条件，即温度变化和机械约束。温度变化使材料膨胀，固有约束阻止膨胀而产生热应力。约束可以来自外部，如管道温度升高时，刚性支承约束管道膨胀；也可以来自材料的内部，即所谓内部约束，是指零件截面内存在温度差，一部分材料约束另一部分材料，使之不能自由膨胀，于是也产生热应力。

由于材料的膨胀系数不同，当温度变化时，也会产生热应力，如铁素体钢与奥氏体钢的焊接等。

热疲劳裂纹是沿表面热应变最大的区域形成的，也常从应力集中处萌生。裂纹源一般有几个，在热循环过程中，有些裂纹发展形成主裂纹。裂纹扩展方向垂直于表面，并向纵深扩展而导致断裂。

金属材料的抗热疲劳性能不仅与材料的热导率、比热容等热学性质有关，而且还与弹性模量、屈服强度等力学性能及密度、尺寸几何因素等有关。导热性差的脆性材料，如灰铸铁，容易发生热疲劳破坏。

提高热疲劳抗力的主要途径有降低材料的线膨胀系数，提高材料的高温强度和导热性，进行表面强化处理，尽可能减少应力集中和使热应力产生的条件。

【案例5-4】 在某发电厂用的8个高压给水加热器上发现很大的热疲劳裂纹。这些高压给水加热器在高温和疲劳环境下工作，开启和关闭时造成热疲劳，在储水室和管板间受焊接热影响的区域形成环形裂纹。经过对裂纹开裂部位进行喷丸强化，8个高压给水加热器在继续工作5年后，没有新裂纹产生，同时有效地阻止了原有裂纹的扩展。

模块四 提高金属抗疲劳破坏的途径

模块导入

弹簧（图5-18）是在生产上应用喷丸处理最早的零件之一，特别是那些承受循环载荷、容易发生疲劳损坏的各种压缩螺旋弹簧、板簧和扭杆弹簧，都要进行喷丸处理。喷丸处理安排在弹簧成形及热处理之后进行。采用小金属球或金属粒，以每秒数十米的速度喷射到弹簧的表面上使之产生许多小压坑，呈匀细鼓包状覆盖在弹簧的表面层，在表层上产生加工硬化，同时还可减轻或消除弹簧表面缺陷（如小裂纹、凹凸缺口及脱碳等）的有害作用，从而有效地提高弹簧的疲劳寿命。

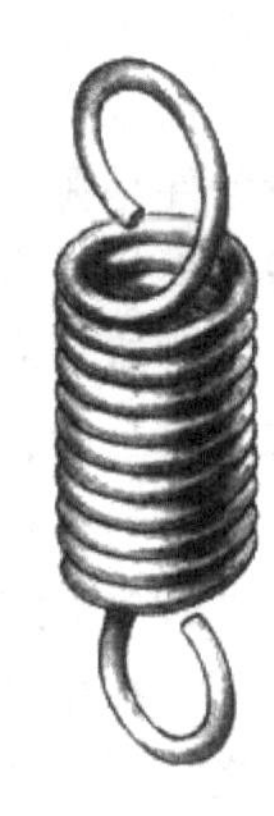

图5-18 弹簧

学习内容

疲劳断裂一般是从工件表面应力集中处或材料缺陷处发生的，或者是从二者结合处发生的。因此，工件的疲劳极限不仅与材料成分、组织结构及夹杂物有关，而且还受载荷条件、工作环境及表面处理条件的影响，见表5-3。

表5-3 影响金属疲劳极限的因素

工作条件	载荷条件（应力状态、应力比、过载情况、平均应力）、载荷频率、环境温度、环境介质
表面状态及尺寸因素	尺寸效应、缺口效应、表面粗糙度等
表面处理及残余应力	表面喷丸或滚压、表面热处理、化学热处理、表面涂层等
材料成分和结构	化学成分、组织结构、纤维方向、内部缺陷

首先要注意对零件的要求是属于高周疲劳寿命还是低周疲劳寿命？如果零件承受的应力幅或应变幅很小，主要发生的是弹性变形，也就是要求零件有长的高周疲劳寿命，在工程上常采用以下几种办法来提高零件的疲劳寿命。

一、合理进行结构设计

合理进行零件结构设计是提高零件疲劳极限的首要措施，可称为“金属免疫疗法”。零件结构形状和尺寸的突变是应力集中的结构根源，因此，为了降低应力集中，应尽量避免尖角、缺口和截面突变，使其变化尽可能平滑和均匀。为此，要尽可能地增大过渡处的圆角半径；同一零件上相邻截面处的刚性变化应尽可能小等。在不可避免地要产生较大应力集中的结构处，可采用减荷槽来降低应力集中的作用。图 5-19 给出了为减少应力集中的拉应力作用下的金属棒由于形状突变而引起的应力集中而采取的一些措施。

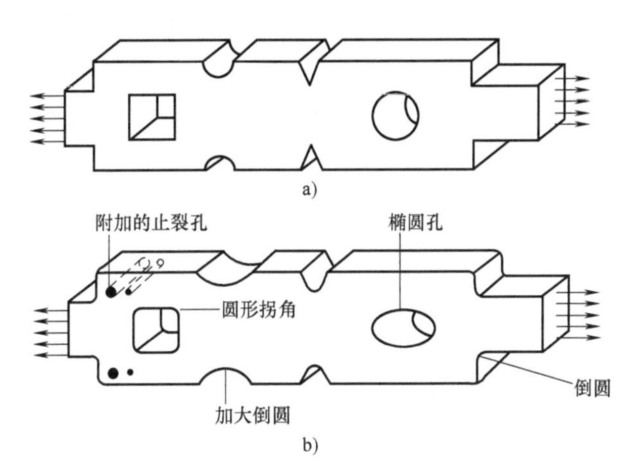

图 5-19　为减少应力集中采取的一些措施
a）不合理　b）合理

另外，伴随着尺寸的增加，材料的疲劳极限降低。零件尺寸的大小对疲劳强度的影响可以用尺寸系数（可以查有关手册）来表示。当其他条件相同时，尺寸越大，对零件疲劳强度的影响越显著。原因是尺寸较大，出现缺陷的概率大，同时机械加工后表面冷作硬化层（对疲劳强度有利）相对较薄。

二、改善工件表面状态

在变动载荷下，构件上的最大应力常发生于表层，疲劳裂纹也常产生在表面上，所以工件的表面粗糙度对疲劳强度影响很大。表面的微观几何形状，如刀痕、擦伤和磨裂等，都能像微小而锋利的缺口一样引起应力集中，使疲劳极限降低。

零件表面粗糙度值越低，疲劳极限越高；表面粗糙度值越高，疲劳极限越低。所以，为提高材料的疲劳极限，必须降低零件表面粗糙度值，提高表面加工质量，并应尽量减少表面缺陷（氧化、脱碳、裂纹、夹杂等）和表面加工损伤（刀痕、磨痕、擦伤等）。

材料强度越高，表面粗糙度对疲劳极限的影响越显著。因此，用高强度材料制造承受循环应力作用的工件时，其表面必须经过更加仔细的加工，不允许有刀痕、擦伤或者大的缺陷，否则，会使疲劳极限显著降低。

【案例 5-5】 1987 年 10 月 8 日，进口的一架黑鹰直升机发生机毁人亡事故，中美双方专家联合对其进行失效分析，但对事故原因僵持不下。后来，我方专家组在直升机尾桨轴上发现一道难以察觉的金属刀痕，经电子显微镜及光谱分析后，证实是这道出厂时未检测出来的刀痕致使金属疲劳及断裂，导致机毁人亡，美方向中方赔偿 300 万美元，这也是中国进口军用飞机以来，首次成功向外商索偿，而且维护了我们国家的威望。

三、表面强化

残余应力与外加工作应力叠加，构成总应力。因为工件的工作应力大多为拉应力，所以，叠加残余压应力，总应力减小；叠加残余拉应力，总应力增大。因此，工件表面残余应力状态对疲劳极限（主要是低应力高周疲劳极限）有显著影响，残余压应力可提高疲劳极限，残余拉应力则降低疲劳极限。

采用各种表面强化处理，如渗碳、渗氮、表面淬火、喷丸和滚压等都可以有效地提高疲劳极限。这是因为表面强化处理不仅提高了表面疲劳极限，而且还在材料表面形成一定深度的残余压应力；在工作时，这部分压应力可以抵消部分拉应力，使零件实际承受的拉应力降低，提高了疲劳极限。图 5-20 所示为表面强化提高疲劳极限示意图。

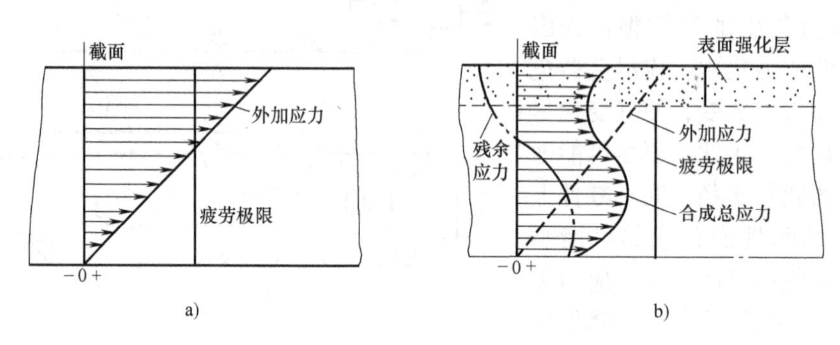

图 5-20 表面强化提高疲劳极限示意图

a）未进行表面强化 b）表面强化后

图 5-20a 中用带箭头的实线示意地绘出试样弯曲疲劳试验时，外加载荷在试样截面上的应力分布，同时绘出了材料的疲劳极限。可见，在表面层一定深度内，应力高于材料的疲劳极限，因而该区域将会过早地产生疲劳裂纹。

图 5-20b 中用虚线示意地绘出外加载荷引起的应力，又用双点画线绘出表面强化产生的残余压应力，两类应力的合成总应力用实线表示。实线折线为材料和强化层的疲劳极限。不难看出，由于表面层疲劳极限提高，以及表面残余压应力使表面层总应力降低，使表面层的总应力低于强化层的疲劳极限，因而不会发生疲劳断裂。

将以上各种表面强化重复结合的一种表面强化工艺，称为复合强化。如渗氮+表面淬火、渗碳+喷丸、表面淬火+喷丸、表面淬火+滚压等，以更进一步提高表面强度和表层残余压应力，从而更有效地提高疲劳抗力。

四、改善材料材质

1. 化学成分

化学成分是决定材料疲劳极限的首要因素。在各类结构工程材料中，结构钢的疲劳强度最高，所以应用十分广泛。这类钢中的碳是影响疲劳强度的重要元素，因为它既能间隙固溶强化基体，又可形成弥散碳化物进行弥散强化，提高材料的形变抗力，阻止疲劳裂纹的萌生和提高疲劳极限。其他合金元素在钢中的作用，主要是通过提高钢的淬透性和细化晶粒改善钢的强韧性来影响疲劳极限的。

在金属材料中添加各种“维生素”是增强金属疲劳极限的有效办法。例如，在钢铁材料和非铁金属里，加进万分之几或千万分之几的稀土元素，就可以大大提高金属的疲劳极限，延长工件使用寿命。

2. 细化晶粒

细化晶粒能显著提高高周疲劳极限和低周疲劳寿命。细化晶粒既能阻止疲劳裂纹在晶界处萌生，又因晶界阻止疲劳裂纹的扩展，故能提高疲劳极限。但在较高的温度下，如在 $0.5T_0$（T_0 为材料熔点）以上时，则适当粗的晶粒更为有利。

钢的疲劳极限和晶粒尺寸之间也存在 Hall-Petch 关系，即

$$\sigma_{-1}=\sigma_{i}+kd^{-\frac{1}{2}}$$

式中　σ_i——位错在晶格中运动的摩擦阻力；

k——材料常数；

d——晶粒平均直径。

另外，在受到循环载荷作用的结构中，钢板中的晶粒方向（钢的轧制方向）应与循环载荷的方向平行，从而可以得到最大的疲劳寿命，石油运输车上的油罐是一个常见的例子。因为压力容器的周向应力约为轴向应力的2倍，所以在卷制容器筒节时，一般使钢板的轧制方向呈现为筒节的周向，如图5-21a所示。如采用压辊与轧制方向平行卷制，尽管可以节省一点材料，但是不适宜的，如图5-21b所示。

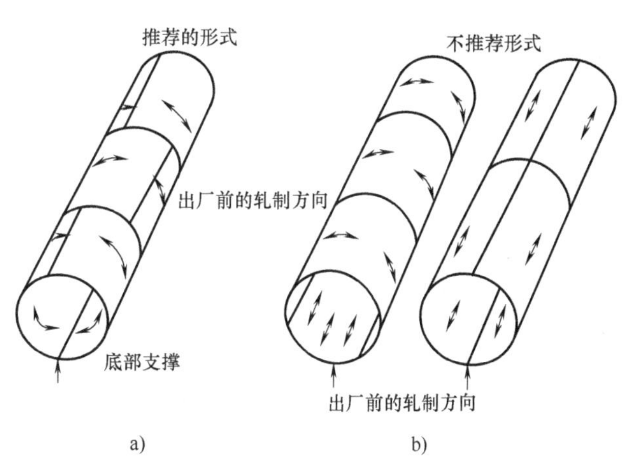

图5-21　晶粒方向（轧制方向）与循环载荷的方向平行

3. 提高钢的纯度

非金属夹杂物是钢在冶炼时形成的，它对疲劳极限有明显的影响。非金属夹杂物是萌生疲劳裂纹的发源地之一，也是降低疲劳极限的一个因素。试验表明，减少夹杂物的数量，减小夹杂物的尺寸，都能有效地提高疲劳极限。所以，在近代冶金生产中采用真空冶炼、真空浇注、电渣重熔等，都能最大限度地减少和控制夹杂物，对保证材料的疲劳强度很有利。此外，还可以通过改变夹杂物与基体之间的界面结合性质来改变疲劳极限。

钢材在冶炼和轧制生产中还有气孔、缩孔、偏析、白点、折叠等冶金缺陷，工件在铸造、锻造、焊接及热处理中也会有缩孔、裂纹、过烧及过热等缺陷。这些缺陷往往都是疲劳裂纹的发源地，严重地降低工件的疲劳极限。钢材在轧制和锻造时，因夹杂物沿压延方向分布形成流线，沿流线纵向的疲劳极限高，横向的疲劳极限低。

在高周疲劳中裂纹的萌生占整个疲劳寿命的很大部分，而对于低周疲劳，疲劳寿命主要是由裂纹扩展阶段所构成，所以夹杂物对低周疲劳寿命的影响，相比之下就弱得多了。

4. 组织结构

结构钢的热处理组织也会影响疲劳极限，正火组织因碳化物为片状，其疲劳极限最低；淬火回火组织因碳化物为粒状，其疲劳极限比正火的高。图5-22所示为45钢淬火后不同温度回火的疲劳极限曲线。可以看出，低温回火后获得回火马氏体组织时，疲劳极限最高；中温回火后获得回火托氏体组织时次之；高温回火后获得回火索氏体组织时最低。可见若仅从疲劳极限出发，结构钢的热处理应以淬火和低温回火为好，而不必去追求高韧性的调质处理。等温淬火和淬火回

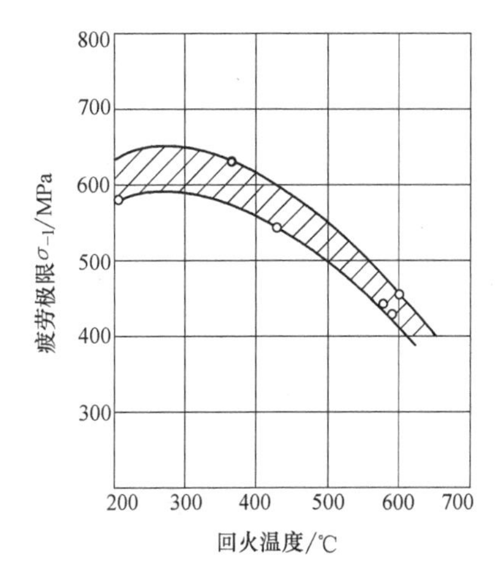

图5-22　45钢淬火后不同温度回火的疲劳极限曲线

火相比，在相同硬度条件下，前者具有较高的疲劳极限。这是因为等温贝氏体是最好的强韧性复相组织。

淬火组织中若存在有未溶铁素体和未转变的残留奥氏体，或其他非马氏体组织，因它们都是比马氏体软的组织，容易形成疲劳裂纹，因而会降低疲劳极限。试验表明：当钢中存在有10%的残留奥氏体时，可使σ_{-1}降低10%~15%；当钢中含有5%非马氏体组织时，可使σ_{-1}降低10%。

5. 其他因素

在设计方面应正确分析工作应力，合理选取安全系数，避免共振等；在制造方面应合理安排铸、锻、焊、热处理、切削、抛光等工序并保证质量要求；还可进行次载锻炼，避免超载使用，提高表面质量等。

【小资料】 次载锻炼是指材料在低于疲劳极限但高于某一规定值的应力水平下运行一定周次后，造成材料疲劳极限升高的现象。次载锻炼的效果和材料本身的性能有关，塑性好的材料，一般来说锻炼周期要长些，锻炼应力要高些方能见效。

单元小结

1）金属疲劳是十分普遍的现象，是金属在变动载荷（一般为循环应力）作用下发生的破坏现象。金属发生疲劳断裂时受到的循环应力远小于其抗拉强度，甚至屈服强度，而且疲劳破坏具有在时间上的突发性、在位置上的局部性及对环境和缺陷的敏感性等特点，因此是十分危险的。

2）变动应力分为循环应力和随机应力两种。表征循环应力特征的主要参数有平均应力、应力幅、应力比和循环周期等，应力比决定了循环应力的类型。应力幅值、平均应力和循环周次是影响金属疲劳的三个主要因素。

3）疲劳裂纹首先在金属局部应力集中区形成，再由微小裂纹逐渐扩展以致断裂，金属疲劳断口具有明显的特征。

4）通常用旋转弯曲疲劳试验的方法来确定金属材料的抗疲劳能力。在高速旋转的试样上加载，使之达到预期的应力值S，记录下试样断裂时的循环周次N。如是通过改变应力值S，得到对应的N值，通过多次试验，就得到金属材料的疲劳（S-N）曲线。

当循环应力中的σ_{max}小于某一极限值时，试样可经受无限次应力循环而不产生疲劳破坏，该极限应力值就称为疲劳极限，即S-N曲线水平线段对应的纵坐标就是疲劳极限。一般钢铁材料的循环基数为10^7。而规定循环周次N不发生疲劳断裂的最大循环应力值，称为条件疲劳极限，记为$\sigma_{R(N)}$。

5）金属的疲劳极限与抗拉强度之间存在一定关系，一般情况下疲劳极限大约为抗拉强度的1/3~1/2，但这只对中、低强度钢有效。

6）低周疲劳、冲击疲劳及热疲劳是金属材料的其他疲劳形式。

7）影响金属疲劳的因素可归纳为两个方面：内因，如材料的化学成分、组织、内部缺陷、材料强韧性、材料的选择及热处理状况等；外因，如零件几何形状及表面状态、装配与连接、使用环境因素、结构设计、载荷特性等。

8）提高金属抗疲劳能力的措施主要有：改进工件结构设计，提高工件表面加工质量，减小应力集中；进行表面强化处理，如喷丸、表面淬火和化学热处理等；提高材料冶金质量，细化晶粒，进行合理的热处理等。

综 合 训 练

一、名词解释

①应力幅；②平均应力；③应力比；④贝壳线；⑤疲劳极限；⑥疲劳寿命；⑦条件疲劳极限；⑧低周疲劳；⑨热疲劳；⑩冲击疲劳。

二、选择题

1. 金属材料发生疲劳破坏时，其承受的载荷一般为（　　）。

A. 静载荷　　B. 交变载荷　　C. 冲击载荷

2. 交变应力的（　　）随时间发生周期性变化。

A. 大小　　B. 方向　　C. 大小和方向

3. 对称交变应力的应力比 R 等于（　　）。

A. 0　　B. 1　　C. −1　　D. 2

4. 关于疲劳现象及特点，错误的（　　）。

A. 疲劳是低应力循环延时断裂，即具有寿命的断裂

B. 疲劳是潜在的突发性脆性断裂

C. 疲劳对缺陷（缺口、裂纹及组织缺陷）不敏感

D. 疲劳断口能清楚显示裂纹的萌生、扩展和断裂

5.（　　）不是金属疲劳宏观断口区域。

A. 疲劳源　　B. 扩展区　　C. 滑开区　　D. 断裂区

6. 金属经受无限次应力循环而不发生疲劳断裂的（　　）应力称为疲劳极限。

A. 最小　　B. 最大

7. 金属疲劳裂纹大多产生于零件或构件（　　）的薄弱区。

A. 表面　　B. 心部　　C. 1/2 半径处

8. 金属疲劳裂纹扩展区的形貌与（　　）相似。

A. 冰糖　　B. 河流　　C. 贝壳　　D. 树枝

9. 对于一般低、中强度钢，能经受住（　　）周次旋转弯曲而不发生疲劳断裂，就可认为永不断裂，相应的不发生断裂的最大应力称为疲劳极限。

A. 10^5　　B. 10^6　　C. 10^7　　D. 10^8

10. 对于中、低强度钢（R_m<1400MPa），疲劳极限与抗拉强度之间大体呈线性关系，一般情况下疲劳极限大约为抗拉强度的（　　）。

A. 1/3~1/2　　B. 1/3　　C. 1/4　　D. 1/5

11. 采用升降法测定条件疲劳极限，循环周次基数为 10^7，有效的试样数量一般在（　　）根以上。

A. 10　　B. 12　　C. 13　　D. 15

12. 低周疲劳和高周疲劳的区分，大约以（　　）周次为界，但只是很粗略的界限。

A. 10^5　　B. 10^6　　C. 10^7　　D. 10^8

13. 为了保证安全，当飞机达到设计允许的使用时间后，必须强制退役，这主要是考虑结构的（　　）问题。

A. 强度　　B. 硬度　　C. 韧性　　D. 疲劳

14. 为提高材料的疲劳寿命，可采取的措施为（　　）。

A. 引入表面拉应力　　B. 引入表面压应力

C. 引入内部压应力　　D. 引入内部拉应力

15. 下列（　　）不能提高金属材料的疲劳寿命。

A. 结构设计应尽量避免尖角、缺口和截面突变

B. 降低表面粗糙度值

C. 喷丸和滚压

D. 引入表面拉应力

E. 减少夹杂物的数量和尺寸

三、简答题

1. 解释下列疲劳性能指标的意义。

①σ_{-1}；②σ_{-1p}；③τ_{-1}；④$\sigma_{R(N)}$。

2. 简述疲劳断裂的特点。

3. 试述疲劳宏观断口的特征及其形成过程。

4. 试述疲劳曲线（S-N 曲线）及疲劳极限的测试方法。

5. 为什么高周疲劳多用应力控制，而低周疲劳多用应变控制？

6. 提高金属疲劳寿命的方法有哪些？试就其中两种方法举例说明。

7. 试验时得到的黄铜疲劳数据见表 5-4。

表 5-4　黄铜疲劳数据

应力值/MPa	断裂时循环数 N	应力值/MPa	断裂时循环数 N
310	2×10^5	153	3×10^7
223	1×10^6	143	1×10^8
191	3×10^6	134	3×10^8
168	1×10^7	127	1×10^9

要求：

1）绘出 S-N 曲线（注意：N 的坐标是对数坐标）。

2）求出 $N=5\times10^7$ 时的疲劳强度。

3）求出应力值为 250MPa 时的疲劳寿命。

第六单元　金属在环境介质作用下的力学性能

【学习目标】

知识目标	1. 掌握金属材料应力腐蚀和氢脆的定义及特点 2. 了解金属材料腐蚀疲劳的定义和特点
能力目标	1. 能够根据金属材料断口特征，判断是否是应力腐蚀或氢脆断裂 2. 能够根据具体情况，提出应力腐蚀或氢脆防护措施

随着航空航天、海洋、原子能、石油、化工等工业的迅速发展，对金属材料强度的要求越来越高，金属零件接触化学介质的条件越加苛刻，致使各种断裂事故逐年增多。因此，金属材料的应力腐蚀、氢脆和腐蚀疲劳现象日益受到工程设计人员及材料科学工作者的重视。

模块一　应力腐蚀

模块导入

第一次世界大战期间，用H70经过深冲成形的黄铜弹壳（图6-1），在战场上出现了大量破裂现象。经研究表明，经冲压加工后，黄铜弹壳内存在残余应力，在战场含氨气或二氧化硫等环境介质中产生应力腐蚀破裂或季节裂纹（季裂）。这个问题可通过在240～260℃退火，消除残余应力来解决。

图6-1　黄铜弹壳

学习内容

一、应力腐蚀现象

1. 应力腐蚀

金属在应力和特定化学介质共同作用下，经过一段时间后所产生的低应力脆断现象，称为应力腐蚀断裂（Stress Corrosion Crack，SCC）。应力腐蚀按宏观机理可分为阳极溶解型和氢致开裂型两类。本模块所介绍的应力腐蚀是指阳极溶解型应力腐蚀，氢致开裂型是指下一个模块讲的氢脆。

应力腐蚀与单纯的应力破坏不一样，在极低的应力（远低于材料的屈服强度）作用下也会发生破坏；与单纯由于腐蚀引起破坏也不同，腐蚀性很弱的介质，也能引起应力腐蚀破坏。应力与腐蚀二者相互促进，金属往往在没有变形预兆的情况下迅速断裂，很容易造成严重的事故，在石油、化工、航空、原子能等行业中都受到广泛的重视，如发电厂中的汽轮机叶片、钢结构桥梁、输气输油管道、飞机零部件等，均有发生应力腐蚀的可能性。1967年

12月，美国西弗吉尼亚州和俄亥俄州之间的俄亥俄大桥突然倒塌，事故调查的结果就是因为应力腐蚀和腐蚀疲劳产生的裂缝所致。

2. 应力腐蚀产生的条件

应力腐蚀断裂发生有“三要素”，或称三个条件，这三个条件可归纳如下。

1）只有在拉应力作用下才能引起应力腐蚀断裂（近年来，也发现在不锈钢中有压应力引起的断裂）。这种拉应力可以是外加载荷造成的应力，但主要是各种残余应力，如焊接残余应力、热处理残余应力和装配应力等。据统计，在应力腐蚀断裂事故中，由残余应力所引起的占80%以上，而由工作应力引起的则不足20%。

一般情况下，产生应力腐蚀时的拉应力都很低，如果没有腐蚀介质的联合作用，零件可以在该应力下长期工作而不发生断裂。

2）产生应力腐蚀的环境总是存在特定腐蚀介质，这种腐蚀介质一般都很弱，如果没有拉应力的同时作用，材料在这种介质中的腐蚀速度很慢。产生应力腐蚀的介质一般都是特定的，也就是说，每种材料只对某些介质敏感，而这种介质对其他材料可能没有明显作用。例如，黄铜在氨气氛中、不锈钢在具有氯离子的腐蚀介质中容易发生应力腐蚀，但反过来不锈钢对氨气、黄铜对氯离子就不敏感。合金产生应力腐蚀的特定腐蚀介质见表6-1。

表6-1 合金产生应力腐蚀的特定腐蚀介质

金属材料	化学介质	金属材料	化学介质
低碳钢、低合金钢	NaOH溶液、沸腾硝酸盐溶液、海水、H_2S水溶液、海洋性和工业性气氛	铝合金	氯化物溶液、海水及海洋性大气、潮湿性工业气氛
奥氏体不锈钢	酸性和中性氯化物溶液，海水及海洋大气，热NaCl、H_2S水溶液，严重污染的工业大气等	铜合金	氨蒸气、含氨气氛、含氨离子的水溶液、水蒸气、湿H_2S
镍基合金	热浓NaOH溶液、HF溶液和蒸汽	钛合金	发烟硝酸、300℃以上的氯化物、潮湿性空气及海水

3）一般认为，纯金属不会产生应力腐蚀，所有合金对应力腐蚀都有不同程度的敏感性，合金也只有在拉应力与特定腐蚀介质联合作用下才会产生应力腐蚀断裂。但在每一种合金系列中，都有对应力腐蚀敏感的合金成分。例如，铝镁合金中当镁的质量分数大于4%时，对应力腐蚀很敏感；而镁的质量分数小于4%时，则无论热处理条件如何，它几乎都具有抗应力腐蚀的能力。

【案例6-1】 北方一条公路下蒸汽冷凝回流管原用碳钢制造，由于冷凝液的腐蚀发生破坏，使用304型奥氏体不锈钢（06Cr19Ni10）管更换。使用不到两年出现泄漏，检查管道外表面发生穿晶型应力腐蚀破裂。经分析原因是，在北方冬季公路上撒盐作为防冻剂，盐渗入土壤使公路两侧的土壤中氯化钠的含量大大提高，而选材者没有对土壤腐蚀做过分析就决定更换不锈钢管。将奥氏体不锈钢用在这种含有很多氯化钠的潮湿土壤中肯定表现不佳，或许还不如碳钢。

二、应力腐蚀的断裂特征

1. 应力腐蚀断裂机理

应力腐蚀最基本的机理是钝化膜破坏理论和氢脆理论（氢脆在下一个模块中讨论），

如图 6-2 所示。对应力腐蚀敏感的合金在特定的化学介质中，首先在表面形成一层钝化膜，使金属不致进一步受到腐蚀，即处于钝化状态。因此，在没有应力作用的情况下，金属不会发生腐蚀破坏。若有拉应力作用，由于拉应力和保护膜增厚带来的附加应力使局部地区的保护膜破裂，破裂处基体金属直接暴露在腐蚀介质中，显露出新鲜表面。这个新鲜表面在电解质溶液中成为阳极，而其余具有钝化膜的金属表面便成为阴极，从而形成腐蚀微电池，阳极金属变成正离子（$M-ne\rightarrow M^{n+}$）进入电解质中而产生阳极溶解，在金属表面形成蚀坑。拉应力除促使裂纹尖端地区钝化膜破坏外，更主要的是在蚀坑或原有裂纹的尖端形成应力集中，使阳极电位降低，加速阳极金属的溶解。如果裂纹尖端的应力集中始终存在，那么微电池反应便不断进行，钝化膜不能恢复，裂纹将逐步向纵深扩展。

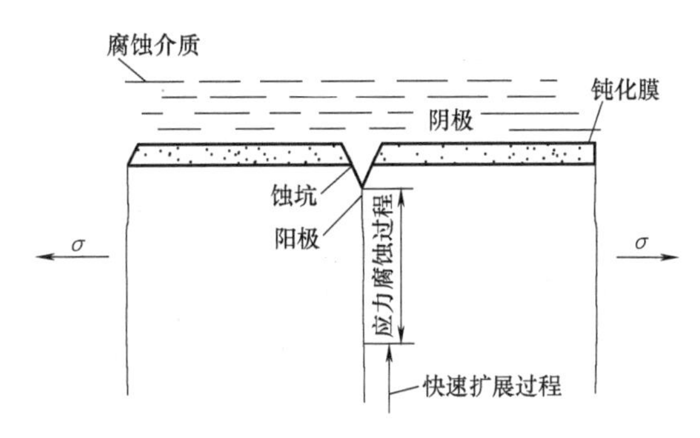

图 6-2 应力腐蚀断裂机理

应力腐蚀断裂速度为 0.01~3mm/h，远远大于无应力存在下的局部腐蚀速度（如孔蚀等），但又比单纯力学断裂速度小得多。例如，钢在海水中的应力腐蚀断裂速度为孔蚀的 10^6 倍，而比纯力学断裂速度几乎低 10 个数量级，这主要由于纯力学断裂通常对应的应力水平要高得多。

2. 应力腐蚀断口特征

应力腐蚀断口的宏观形貌与疲劳断口相似，由裂纹源、亚稳扩展区和最后断裂区组成，宏观上属于脆性断裂，即使塑性很高的材料也是如此，无缩颈、杯锥状现象，有时带有少量塑性撕裂痕迹。由于腐蚀介质的作用，断口表面颜色呈黑色或灰黑色。

应力腐蚀的裂纹多起源于表面蚀坑处，而裂纹的传播途径常垂直于拉力轴。裂纹源可能有几个，但往往是位于垂直主应力面上的那个裂纹扩展最快，提前为主裂纹，而其他分支裂纹扩展较慢，应力腐蚀的主裂纹扩展时常有分支，呈枯树枝状，如图 6-3 所示。根据这一特征可以将应力腐蚀与腐蚀疲劳、晶间腐蚀及其他形式的断裂区分开来，但不要形成绝对化的概念，应力腐蚀裂纹并不总是有分支的。

应力腐蚀断口的微观形貌可以是穿晶断裂，也可以是沿晶断裂，究竟以哪条路径扩展取决于合金成分及腐蚀介质。在一般情况下，低碳钢和普通低合金钢、铝合金和单相黄铜等都是沿晶断裂；而双相黄铜和奥氏体不锈钢在大多数情况下是穿晶断裂。一般为沿晶断裂形态，晶面上有撕裂脊，当腐蚀时间较长时，常呈现干裂的泥塘状花样，这是腐蚀产物开裂的结果，如图 6-4 所示。如果是穿晶断裂，其断口是解理或准解理的，其裂纹有似扇形状或羽毛状的痕迹。图 6-5 所示为 1Cr18Ni9Ti 钢应力腐蚀的解理断口，图 6-5a 所示为固溶处理后氯离子应力腐蚀断口，图中可见三角形或长方形腐蚀坑；图 6-5b 所示为冷变形后的应力腐蚀断口，图中可见扇形状或河流状花样。

上述的应力腐蚀破坏特征，可以帮助我们识别破坏事故是否属于应力腐蚀，但一定要综合考虑，不能只根据某一点特征，便简单地下结论。

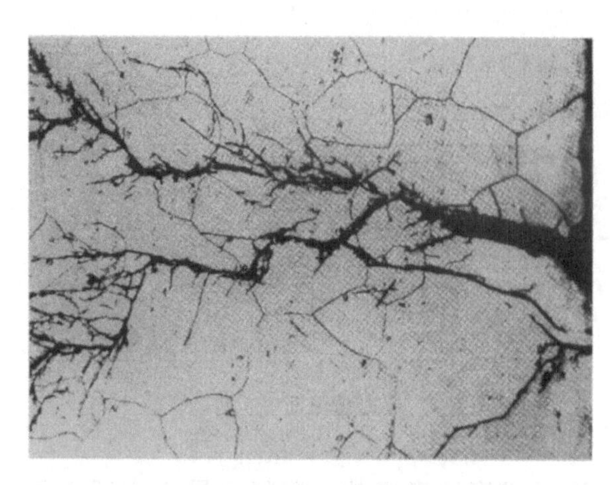

图 6-3 应力腐蚀裂纹的分叉现象（100×）

图 6-4 应力腐蚀断口的微观形貌特征（SEM）

a）

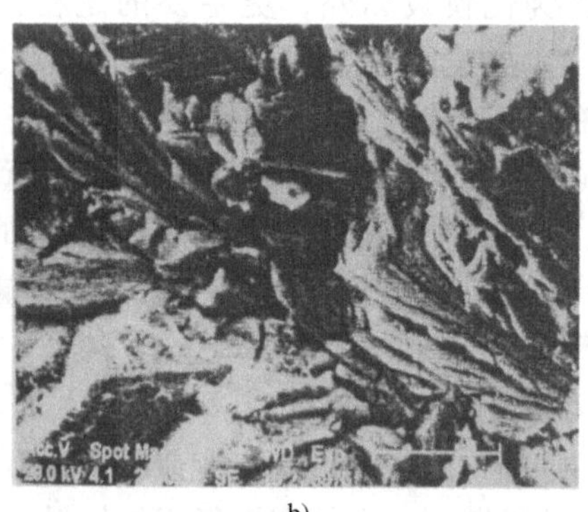

b）

图 6-5 1Cr18Ni9Ti 钢应力腐蚀的解理断口（SEM）

a）解理断口 b）扇形状或河流状的痕迹

三、应力腐蚀抗力指标及测试方法

早期研究是采用光滑试样在拉应力和化学介质共同作用下来评定金属材料的抗应力腐蚀性能。用这种方法必须先采用一组相同试样，在不同应力水平作用下测定其断裂时间，而求出该种材料不发生应力腐蚀的临界应力 σ_{SCC}，如图 6-6 所示。用这种方法已积累了大量的数据，对于了解应力腐蚀破坏问题起了一定作用。但这种方法所用的试样是光滑的，所测定的断裂总时间包括裂纹形成与裂纹扩展的时间，前者约占断裂总时间的 90%。而实际零件一般都不可避免地存在着裂纹或类似裂纹的缺陷。因此，用这种方法测定的金属材料抗应力腐蚀性能指标，不能客观地反映带裂纹的零件对应力腐蚀的抗力。

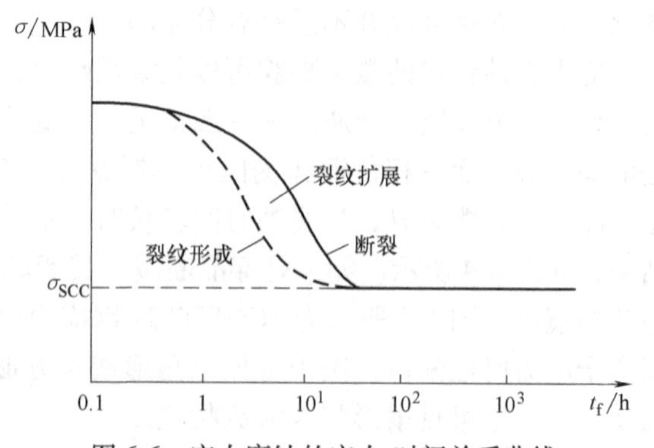

图 6-6 应力腐蚀的应力-时间关系曲线

现在对应力腐蚀的研究，都是采用预制裂纹的试样。将这种试样放在一定介质中，在恒定载荷下，测定由于裂纹扩展引起的应力场强度因子 K_{I} 随时间的变化关系，据此得出材料的抗应力腐蚀特性。得到了两个重要的应力腐蚀抗力指标，即应力腐蚀临界应力场强度因子 $K_{\mathrm{I\,SCC}}$ 和应力腐蚀裂纹扩展速率 $\mathrm{d}a/\mathrm{d}t$，用于零件的选材和设计。

1. 应力腐蚀临界应力场强度因子 $K_{\mathrm{I\,SCC}}$

试验表明，在恒定载荷和特定化学介质作用下，带有预制裂纹的金属试样产生应力腐蚀断裂的时间与初始应力场强度因子 K_{I} 有关。钛合金（Ti-8Al-1Mo-1V）的预制裂纹试样在恒载荷作用下，于 3.5%NaCl 水溶液中进行应力腐蚀试验的结果，如图 6-7 所示。

由图 6-7 可见，该合金的 $K_{\mathrm{I\,C}}=100\mathrm{MPa}\cdot\mathrm{m}^{1/2}$，在 3.5%盐水中，当初始 K_{I} 值仅为 $40\mathrm{MPa}\cdot\mathrm{m}^{1/2}$ 时，仅几分钟试样就破坏了。如果将 K_{I} 值稍微降低，则破坏时间可大大推迟。当 K_{I} 值降低到某一临界值（图 6-7 中为 $38\mathrm{MPa}\cdot\mathrm{m}^{1/2}$）时，应力腐蚀开裂实际上就不发生了。这一 K_{I} 值称为应力腐蚀临界应力场强度因子，也称为应力腐蚀门槛值，以 $K_{\mathrm{I\,SCC}}$ 表示。

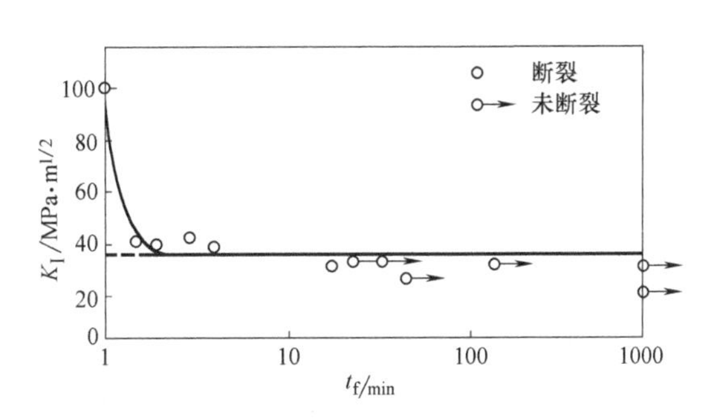

图 6-7　Ti-8Al-1Mo-1V 预制裂纹试样的 K_{I}-t_{f} 曲线

对于大多数金属材料，在特定的化学介质中的 $K_{\mathrm{I\,SCC}}$ 值是一定的。因此，$K_{\mathrm{I\,SCC}}$ 可作为金属材料的力学性能指标，它表示含有宏观裂纹的材料，在应力腐蚀条件下的断裂韧度。对于含有裂纹的零件，当作用于裂纹尖端的初始应力场强度因子 $K_{\mathrm{I}}<K_{\mathrm{I\,SCC}}$ 时，在应力作用下，材料或零件可以长期处于腐蚀环境中而不发生破坏。因此，$K_{\mathrm{I}}<K_{\mathrm{I\,SCC}}$ 为金属材料在应力腐蚀条件下安全服役的条件判据。

应该指出，高强度钢和钛合金都有一定的应力腐蚀临界应力场强度因子 $K_{\mathrm{I\,SCC}}$，但铝合金却没有明显的 $K_{\mathrm{I\,SCC}}$，其门槛值只能根据指定的试验时间而定。一般认为对于这类试验的时间至少要 1000h 以上。使用这类 $K_{\mathrm{I\,SCC}}$ 数据时必须十分小心，特别是如果所设计的工程构件在腐蚀性环境中应用的时间比产生 $K_{\mathrm{I\,SCC}}$ 数据的试验时间长时，更要小心。

2. 应力腐蚀临界应力场强度因子 $K_{\mathrm{I\,SCC}}$ 的测试方法

测定金属材料的 $K_{\mathrm{I\,SCC}}$ 值可用恒载荷法或恒位移法，其中以恒载荷的悬臂梁弯曲试验法最常用。所用试样与测量 $K_{\mathrm{I\,C}}$ 的三点弯曲试样相同，试验装置如图 6-8 所示。试样的一端固定在机架上，另一端与力臂相连，力臂端头通过砝码进行加载。试样穿在溶液槽中，使预制裂纹沉浸在化学介质中。在整个试验过程中载荷恒定，所以随着裂纹的扩展，裂纹尖端的 K_{I} 增大，可用下式计算，即

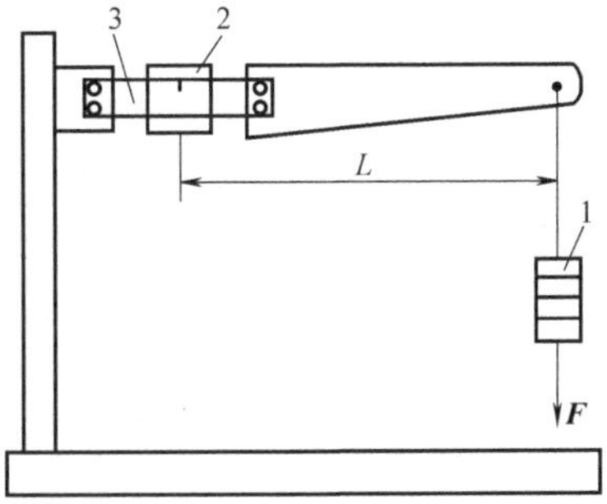

图 6-8　悬臂梁弯曲试验装置

1—砝码　2—溶液槽　3—试样

$$K_{\mathrm{I}}=\frac{4.12M}{BW^{3/2}}\left[\frac{1}{\alpha^{3}}-\alpha^{3}\right]^{1/2}$$

式中　M——裂纹截面上的弯矩，$M=FL$；

B——试样厚度；

W——试样宽度。

$\alpha=1-a/W$，a 为裂纹长度。

试验时，必须制备一组尺寸相同的试样，每个试样承受不同的恒定载荷 F，使裂纹尖端产生不同大小的初始应力场强度因子 K_{I}，记录试样在各种 K_{I} 作用下的断裂时间 t_f，以 K_{I} 与 $\lg t_f$ 为坐标作图，便可得到图 6-7 所示的曲线。曲线水平部分所对应的 K_{I} 值即为材料的 $K_{\mathrm{I\,SCC}}$。

用悬臂梁弯曲试验方法可得到完整的 K_{I}-断裂时间曲线，能够较准确确定 $K_{\mathrm{I\,SCC}}$，缺点是所需试样较多。

四、提高应力腐蚀抗力的措施

1. 合理选择金属材料

针对零件所受的应力和接触的化学介质，选用耐应力腐蚀的金属材料，这是一个基本原则。例如，铜对氨的应力腐蚀敏感性很高，因此，接触氨的机械零件就应避免使用铜合金。又如，在高浓度氯化物介质中，一般可选用不含镍、铜或仅含微量镍、铜的低碳高铬铁素体不锈钢，或含硅较高的铬镍不锈钢，也可选用镍基和铁-镍基耐蚀合金。此外，在选材时还应尽可能选用 $K_{\mathrm{I\,SCC}}$ 较高的合金，以提高零件抗应力腐蚀的能力。

2. 降低或消除内应力

残余拉应力是产生应力腐蚀的重要原因，对应力腐蚀事故分析表明，由残余拉应力引起的比例最大，主要是由于金属零件的设计和加工工艺不合理而产生的。进行零件结构设计时，避免或减少局部应力集中，应尽量避免缝隙和可能造成腐蚀液残留的死角，防止有害物质（如 Cl^-、OH^-）的侵入。零件在加工、制造、装配中也应尽量避免产生较大的残余拉应力。

减少残余拉应力可采取热处理退火、过变形等方法。其中去应力退火是减少残余内应力的最重要手段，特别是对焊接件，退火处理尤为重要。如果能采用喷丸或其他表面处理方法，使零件表层中产生一定的残余压应力，则更为有效。

3. 改善环境化学介质

每种合金都有其应力腐蚀敏感介质，减少和控制这些有害介质的含量是十分必要的。要设法减少和消除促进应力腐蚀开裂的有害化学离子。例如，通过水净化处理，降低冷却水与蒸汽中的氯离子含量，对预防奥氏体不锈钢的氯脆十分有效。

另一方面，每种材料-环境体系都有某些能抑制或减缓应力腐蚀的缓蚀剂，缓蚀剂由于改变电位、促进成膜、阻止氢的侵入或有害物质的吸附、影响电化学反应动力学等原因而起到缓蚀作用，因而可防止或减缓应力腐蚀。例如，在高温水中加入体积分数为 300×10^{-6} 的磷酸盐，可使铬镍奥氏体不锈钢抗应力腐蚀性能大为提高。

4. 电化学保护

由于金属在化学介质中只有在一定的电极电位范围内才会产生应力腐蚀现象，因此，采用外加电位的方法，使金属在化学介质中的电位远离应力腐蚀敏感电位区域，也是防止应力腐蚀的一种措施，一般采用阴极保护法，但高强度钢或其他氢脆敏感的材料，不能采用阴极保护法。

采用金属或非金属保护层，可以隔绝腐蚀介质的作用。

模块二　氢　　脆

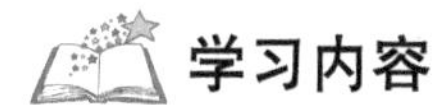

模块导入

1975 年美国芝加哥一家炼油厂，因一根直径为 150mm 的不锈钢管突然破裂，引起爆炸和火灾，造成长期停产。法国在开采克拉克气田时，由于管道破裂，造成持续一个月的大火。我国在开发某大油田时，也曾因管道破裂发生井喷，损失惨重。

这些灾难性的恶性事故瞬时发生，事先毫无征兆，严重地威胁着生命财产安全。经过长期观察和研究，终于探明这一系列恶性事故的罪魁祸首——氢脆。

学习内容

一、氢的来源和氢脆的特点

1. 氢的来源和存在形式

存在于金属中的诸多元素中，氢是一种有害元素，只需极少量的氢，如 0.0001%，就可导致金属变脆。

金属中氢的来源可分为“内含的”和“外来的”两种。前者是指金属在熔炼过程中及随后的加工制造过程（如焊接、酸洗、电镀等）中吸收的氢，曾经出现过汽车弹簧、垫圈、螺钉等镀锌件在装配之后数小时内陆续发生断裂，断裂比例达 40%~50%。后者则是金属零件在服役时从含氢环境介质中吸收的氢，致氢环境既包括含有氢的气体，如 H_2、H_2S；也包括金属在水溶液中腐蚀时阴极所放出的氢。

氢在金属中可以有几种不同的存在形式。在一般情况下，氢以间隙原子状态固溶在金属中，对于大多数工业合金，氢的溶解度随温度降低而降低，氢在金属中也可通过扩散聚集在较大的缺陷（如空洞、气泡、裂纹等）处以氢分子状态存在。此外，氢还可能和一些过渡族、稀土或碱土金属元素作用生成氢化物，或与金属中的第二相作用生成气体产物，如钢中的氢可以和渗碳体中的碳原子作用形成甲烷等。

2. 氢脆的类型和特点

氢脆（Hydrogen Embrittlement，HE）又称为氢致开裂或氢损伤，是由于氢和应力的共同作用而导致金属材料产生塑性下降、断裂或损伤的现象。所谓“损伤”，是指材料的力学性能下降。金属材料强度越高。氢脆敏感性越高，越容易发生氢脆。

氢可通过不同的机制使金属脆化，因氢脆的种类很多，现将常见的几种氢脆现象简介如下。

（1）氢蚀　这是由于氢与金属中的第二相作用生成高压气体，使基体金属晶界结合力减弱而导致金属脆化。如碳钢在 300~500℃ 的高压氢气氛中工作时，由于氢与钢中的碳化物作用生成高压的 CH_4 气泡，当气泡在晶界上达到一定密度后，金属的塑性将大幅度降低。这种氢脆现象的断裂源产生在零件与高温、高压氢气相接触的部位。对碳钢来说，温度低于 220℃ 时不产生氢蚀。

氢蚀断裂的宏观断口呈氧化色，颗粒状。微观断口上晶界明显加宽，沿晶断裂。

（2）白点（发裂）　当钢中含有过量的氢时，随着温度降低，氢在钢中的溶解度减小，如果过饱和的氢未能扩散逸出，便聚集在某些缺陷处而形成氢分子。此时，氢的体积发生急剧膨胀，内压力增大，足以将金属局部撕裂而形成微裂纹。在横断面宏观磨片上，腐蚀后则呈现为毛细裂纹，故又称为发裂，如图 6-9a 所示；在纵向断面上，裂纹呈现近似圆形或椭圆形的银白色斑点，故称为白点，如图 6-9b 所示。在 Cr-Ni 结构钢的大锻件中白点是一种严重缺陷，历史上曾因此造成许多重大事故。图 6-9 所示为钢中氢造成的裂纹。

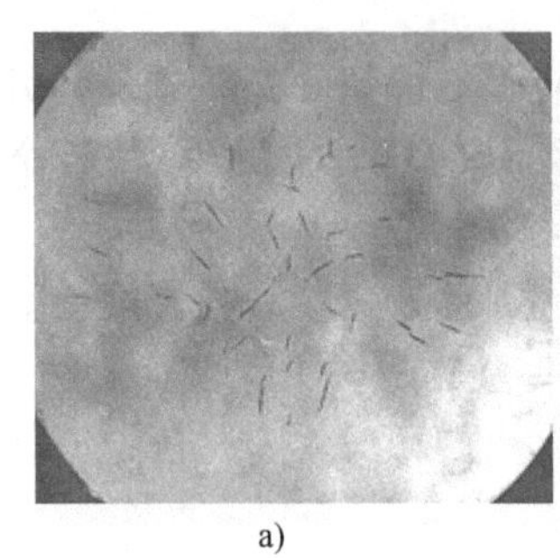

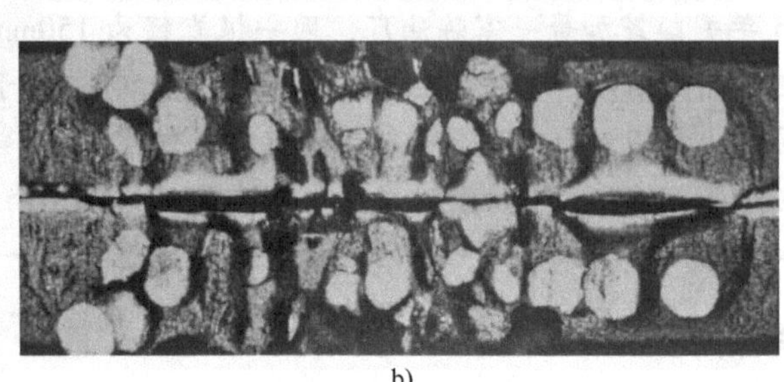

a) b)

图 6-9 钢中氢造成的裂纹

a）横向低倍（发裂） b）纵向低倍（白点）

人们对白点的成因及防止方法已进行了大量而详尽的研究，成功地采用了精炼除气、锻后缓冷或去氢退火，以及在钢中加入稀土或其他微量元素等方法，可使白点减弱或消除。

【案例 6-2】 1938 年，英国发生了一起飞机失事的空难事故，造成机毁人亡。调查发现，飞机发动机的主轴断成了两截，经过进一步检查，发现在主轴内部有大量像人的头发丝那么细的裂纹。大量的发裂是怎样产生的呢？要怎样才能防止这种裂纹造成的断裂现象呢？当时正在谢菲尔德大学研究部工作的 27 岁中国学者李薰通过大量研究工作，在世界上首次提出钢中的发裂是由于钢在冶炼过程中混进的氢原子引起的。

（3）氢化物致脆 对于纯铁、α-钛合金、镍、钒、锆、铌及其合金，由于它们与氢有较大的亲和力，极易生成脆性氢化物，使金属脆化。例如，在室温下，氢在 α-钛合金中的溶解度较小，钛与氢又具有较大的化学亲和力，因此容易形成氢化钛（TiH_x）而产生氢脆。

金属材料对氢化物造成的氢脆敏感性随温度降低及零件缺口的尖锐程度增加而增加。裂纹常沿氢化物与基体的界面扩展，因此，在断口上可见到氢化物。

氢化物的形状和分布对金属的变脆有明显影响。如果晶粒粗大，氢化物在晶界上呈薄片状，极易产生较大的应力集中，危害很大；若晶粒较细，氢化物多呈块状不连续分布，对金属危害不太大。

（4）氢致延迟断裂 在高强度钢或（α+β）钛合金中，特别是抗拉强度超过 1200MPa 的超高强度钢中，含有适量的处于固溶状态的氢，在低于屈服强度的应力持续作用下，经过一段孕育期后，在金属内部，特别是在三向拉应力区形成裂纹，裂纹逐步扩展，最后突然发生脆性断裂。这种由于氢的作用而产生的延迟断裂现象称为氢致延迟断裂，工程上所说的氢脆大多数是指这类氢脆而言。

3. 氢脆的特点

氢脆和应力腐蚀（阳极溶解型）相比，其特点表现在以下几方面。

1）实验室中识别氢脆与应力腐蚀的一种办法是，当施加一小阳极电流，如使开裂加速，则为应力腐蚀；而当施加一小阴极电流，使开裂加速者则为氢脆。

2）在强度较低的材料中，或者虽为高强度材料但受力不大，存在的残余拉应力也较小，这时其断裂源都不在表面，而是在表面以下的某一深度，此处三向拉应力最大，氢聚集在这里造成断裂。

3）氢脆断裂的主裂纹没有分枝的情况，这和应力腐蚀的裂纹是截然不同的。氢脆的断口特征主要表现为脆性断裂，断口多为沿晶断裂，呈冰糖状，在晶界面上有撕裂棱，称为鸡爪纹，如图6-10所示为65Mn钢氢脆沿晶断口（SEM）。氢脆断口有时也出现穿晶断裂的解理或准解理特征。

图6-10　65Mn钢氢脆沿晶断口（SEM）

4）氢脆断口上一般没有腐蚀产物或者其量极微。

5）大多数的氢脆断裂（氢化物的氢脆除外），都表现出对温度和形变速率有强烈的依赖关系。氢脆只在一定的温度范围内出现，出现氢脆的温度区间取决于合金的化学成分和形变速率。形变速率越大，氢脆的敏感性越小，当形变速率大于某一临界值后，则氢脆完全消失。氢脆对材料的屈服强度影响较小，但对断面收缩率则影响较大。

【小资料】 金属的应力腐蚀断裂和氢脆是两种既经常相关而又不同的现象。产生应力腐蚀时总是伴随有氢的析出，而析出的氢又易于形成氢脆。但应力腐蚀为阳极溶解过程，氢脆为阴极吸氢过程。

二、氢脆断裂机理及防止措施

1. 氢脆断裂机理

氢脆既然与氢原子的扩散有关，其断裂过程也可分为三个阶段，即孕育阶段、裂纹亚稳扩展阶段及失稳扩展阶段。

钢的表面单纯吸附氢原子是不会产生氢脆的，氢必须进入α-Fe晶格中并偏聚到一定浓度后才能形成裂纹。因此，由环境介质中的氢引起氢致延迟断裂必须经过三个步骤，即氢原子进入钢中、氢在钢中迁移和氢的偏聚，这就是氢致延迟断裂的孕育阶段。这三个步骤都需要时间，而扩散的速度又与浓差梯度、温度和材料种类有关，所以氢脆更多地表现为延迟断裂。

延迟断裂现象的产生是由于零件内部的氢向应力集中的部位扩散聚集，应力集中部位的金属缺陷多，如位错、空位等。氢扩散到这些缺陷处，氢原子变成氢分子，在金属内部产生巨大的压力，这个压力与材料内部的残余应力及材料受的外加应力组成一个合力，当这个合力超过材料的屈服强度，由于氢的存在会引起其周围材料塑性的损失，从而不能通过塑性变形使应力松弛，于是便形成裂纹。聚集的氢原子不仅使裂纹易于形成，而且使裂纹容易扩展，最后造成脆性断裂。

2. 氢脆的防止措施

氢脆与环境因素、力学因素及材料因素有关，由此可以从这三个方面来防止。

（1）降低或抑制材料内的氢含量　设法切断氢进入金属中的途径，或者控制这条途径上的某个关键环节，降低或抑制金属内的氢含量。这些措施可归纳为三个方面。

1）降低氢含量。冶炼时采用干料，或进一步采用真空处理或真空冶炼；焊接时采用低氢焊条；酸洗及电镀时，选用缓蚀剂或采取降低引入氢量的工艺。

2）排氢处理。合金结构钢锻件的冷却要缓慢，防止氢致开裂（白点）；合金结构钢焊接时，一般采用焊前预热、焊后烘烤，以利于排氢。对氢脆敏感的高强度钢及高合金铁素体钢，酸洗及电镀后，必须烘烤足够长的时间去氢。

3）采用表面涂层。使金属零件表面与环境介质中的氢隔离。

（2）力学因素　在机械零件设计和加工过程中，应排除各种产生残余拉应力的因素；相反，采用表面处理使表面获得残余压应力层，对防止氢致延迟断裂有良好作用。

金属材料抗氢脆的力学性能指标与抗应力腐蚀性能指标一样，对于裂纹试样可采用氢脆临界应力场强度因子（或称为氢脆门槛值）$K_{\mathrm{I\,HEC}}$表示。设计时应力求使零件服役时的K_{I}值小于$K_{\mathrm{I\,HEC}}$。

（3）材料因素　碳含量较低且硫、磷含量较少的钢，氢的敏感性低。钢的强度等级越高，对氢脆越敏感。因此，对在含氢介质中服役的高强度钢的强度应有所限制。

钢的显微组织对氢脆敏感性有较大影响，一般按下列顺序递增：球状珠光体、片状珠光体、回火马氏体或贝氏体、未回火马氏体。

晶粒度对抗氢脆能力的影响比较复杂，因为晶界既能吸附氢，又可作为氢扩散的通道，总的倾向是细化晶粒可提高抗氢脆能力。

冷变形使氢脆敏感性增大。因此，合理选材与正确制订冷、热加工工艺，对防止金属的氢脆也是十分重要的。

【致敬大师】

中科院金属研究所首任所长：李薰

李薰（1913—1983），金属材料学家，中国科学院学部委员，湖南邵东人，早年就读于长沙长郡中学，1932年入湖南大学矿冶系学习，1937年留学英国谢菲尔德大学，1950年获冶金学博士学位，1945年发现钢中氢脆的科学奥秘，震动英国，被科学界公认为这一领域的创始人，获白朗顿(Brunton)奖章。他历任中国科学院金属研究所所长、中国科学院副院长等职，1961年加入共产党，为九三学社中央常委、中国金属学会副理事长。

1946年南京国民政府曾聘请李薰回国就职，他托词谢绝。1950年，谢菲尔德大学授予李薰冶金学博士学位。在英国，该校是唯一以冶金学博士命名其高级博士学位的学府，李薰是中国唯一获此殊荣的学者。中华人民共和国成立后，李德全和周培源率团访英，团员涂长望特邀李薰至伦敦，当面恳请他回国。不久，郭沫若院长又亲笔写信，代表中国科学院邀他回国筹建研究所。李薰欣然允诺，遂邀集在英的柯俊、张沛霖、张作梅、庄育智、方柄等共商建所事宜。

1950年8月，李薰应中国科学院计划局局长钱三强的邀请，回国筹办冶金研究所。1951年8月，李薰回到祖国；8月6日，中国科学院随即成立了以李薰为主任的中国科学院金属所筹备处。金属研究所是中国科学院成立后新建的第一个研究所，李薰是首任所长。

20世纪50年代末，国内冶金科技力量逐渐成长，国际上科技发展步入新阶段，李薰审时度势，引导金属研究所在研究方向上做较大转变，从以服务于钢铁工业为主转变为主要发展新材料、新技术和相应的新的测试方法。他迅速组织力量，建成高温合金、难熔金属、金属陶瓷、铀冶金、二氧化铀陶瓷核材料、热解石墨等研究室，增强研究高强度钢和合金钢的人力，在较短的时间内，取得显著成效。金属研究所为我国第一颗原子弹、第一颗重返地面人造卫星、第一架超声速喷气飞机、第一艘核潜艇等成功地研制出某些关键材料，做出了重要贡献。

模块三　腐蚀疲劳

模块导入

腐蚀与疲劳均为材料构件失效的主要形式，在多种情况下，二者相辅相成，相互促进，共同对材料发起攻击，俨然一对团结互助的“好兄弟”。这对“好兄弟”一起出现时就是腐蚀疲劳。腐蚀疲劳是指材料在交变载荷和腐蚀介质的协同、交互作用下发生的一种破坏形式，广泛存在于航空、船舶及石油等领域。腐蚀疲劳破坏是工程上面临的严重问题，现已成为工业领域急需解决的课题。

学习内容

一、腐蚀疲劳及其基本规律

1. 腐蚀疲劳

金属材料在交变应力和腐蚀介质的共同作用下造成的失效称为腐蚀疲劳，如船用螺旋桨、涡轮机叶片、水轮机转轮、不锈钢等常产生腐蚀疲劳。

为将腐蚀疲劳与在一般大气介质中的疲劳行为相比较，我们常把后者称为纯机械疲劳或大气疲劳。但严格地讲，除真空中的疲劳是真正的机械疲劳外，其他任何环境（包括大气）中的疲劳都是腐蚀疲劳，但为了研究的方便常把大气中的疲劳排除在腐蚀疲劳之外。

这里需注意的是，腐蚀疲劳和应力腐蚀不同，虽然两者都是应力和腐蚀介质的联合作用，但作用的应力是不同的，应力腐蚀指的是静应力，而且主要是指拉应力；而后者则强调的是交变应力。应力腐蚀是在特定的材料与介质组合下才发生的，而腐蚀疲劳却没有这个限制，它在任何介质中均会出现，因此，腐蚀疲劳比应力腐蚀更为普遍。

2. 腐蚀疲劳的基本规律

1）绘制腐蚀疲劳的 S-N 曲线，可见金属腐蚀疲劳时的疲劳极限和疲劳寿命降低。在相同条件下腐蚀疲劳 S-N 曲线总是位于机械疲劳 S-N 曲线的下方，如图6-11所示。这说明腐蚀介质在疲劳过程中能促进裂纹的形成和加快裂纹的扩展。

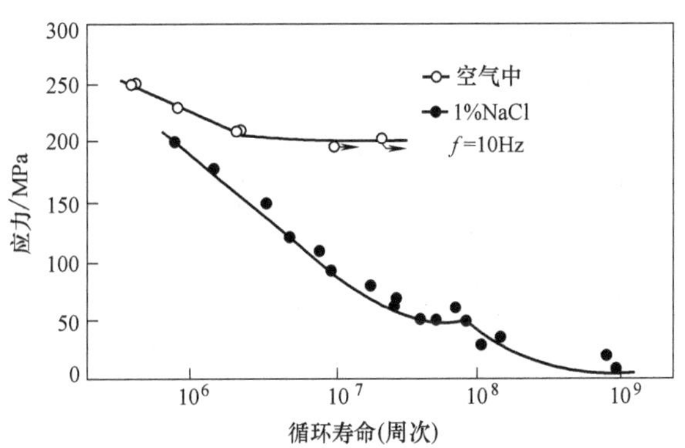

图6-11　钢在空气和盐水中的旋转弯曲疲劳性能曲线

此外，腐蚀疲劳的 S-N 曲线不像大气疲劳那样，有明显的水平台，即没有明确的疲劳极限，即无论应力怎样低，当循环次数足够多时试样总会断裂，因而它是很危险的。一般将金属给定的循环次数或长时间不发生腐蚀疲劳破坏的最大交变应力值称为腐蚀疲劳的条件疲劳极限。

2）腐蚀疲劳极限与其抗拉强度之间没有明显的关系，或者说提高材料的强度水平并不能提高它的腐蚀疲劳强度。但在大气疲劳条件下，疲劳极限与抗拉强度却有明显的关系。

3）腐蚀疲劳裂纹很容易在材料表面形成，所以腐蚀疲劳的裂纹扩展寿命占总寿命的绝大部分，这一特点与应力腐蚀及大气中的光滑疲劳试验正好相反。腐蚀疲劳裂纹源有多处，裂纹没有分支。

4）在大气环境中，当加载频率小于1000Hz时，对疲劳极限基本上无影响。但腐蚀疲劳对加载频率十分敏感，如果循环次数一定，频率越低，腐蚀介质与金属作用的时间就越长，腐蚀疲劳就越严重，疲劳极限与寿命也越低。

二、腐蚀疲劳机理及断口特征

1. 腐蚀疲劳机理

腐蚀疲劳是一个十分复杂的过程，在腐蚀介质中裂纹是怎样萌生的和扩展的，目前不很清楚。没有一个模型可以较全面地解释目前所观察到的现象。

目前，腐蚀疲劳机理主要有以下几种模型。

（1）点蚀应力集中模型　认为点蚀坑底部的应力集中是引起裂纹成核的主要原因。

（2）形变金属优先溶解模型　认为形变金属为阳极，未变形金属为阴极，从而导致形变部分的优先溶解。

（3）表面膜破裂模型　认为在交变应力作用下，金属滑移带穿透表面膜，形成无保护膜的台阶，从而使其处于活化态而溶解，引起裂纹成核。滑移-溶解反复作用而形成腐蚀疲劳。

（4）吸附模型　认为腐蚀介质中的活化物质吸附到金属表面上，使表面能降低，改变了材料的力学性能，从而使不锈钢表面滑移带的产生和裂纹的扩展更易进行。

2. 腐蚀疲劳断口的特征

由于机理上的关联性，腐蚀疲劳断口与机械疲劳、应力腐蚀和氢脆断口有相似之处，应注意区分。

与一般机械疲劳一样，腐蚀疲劳的断口上也有裂纹源、裂纹扩展区和最后断裂区，但在细节上，腐蚀疲劳断口有其独有的特征，主要表现在如下几方面。

1）腐蚀疲劳断裂为脆性断裂，断口附近无塑性变形。裂纹一般均起源于表面腐蚀损伤处，如点蚀、晶间腐蚀和应力腐蚀等处。因此，在大多数腐蚀疲劳断裂的裂纹源处可见到腐蚀损伤特征，如图6-12a所示。

2）腐蚀疲劳断口的裂纹源与裂纹扩展区一般均有腐蚀产物，如腐蚀坑、泥纹花样等。断口中的腐蚀产物与环境中的腐蚀产物一致，如图6-12b所示，图中黑点为腐蚀坑。裂纹扩展区可见疲劳辉纹，但由于腐蚀介质的作用而模糊不清；二次裂纹较多，如图6-12c所示。

3）腐蚀疲劳断裂的重要微观特征是穿晶解理脆性疲劳条带，并多呈锯齿状和台阶状。当腐蚀损伤占主导地位时，腐蚀疲劳断口呈现穿晶与沿晶混合型。

除腐蚀产物和裂纹外，腐蚀疲劳最重要的特点是断口上有一般机械疲劳的各种特征。例如，宏观断口较平整，呈瓷状或贝壳状，有疲劳弧线、疲劳台阶、疲劳源等；微观断口则有疲劳条纹等。但由于腐蚀的作用而比较模糊，有时由于腐蚀太严重以致断口上没有细节。

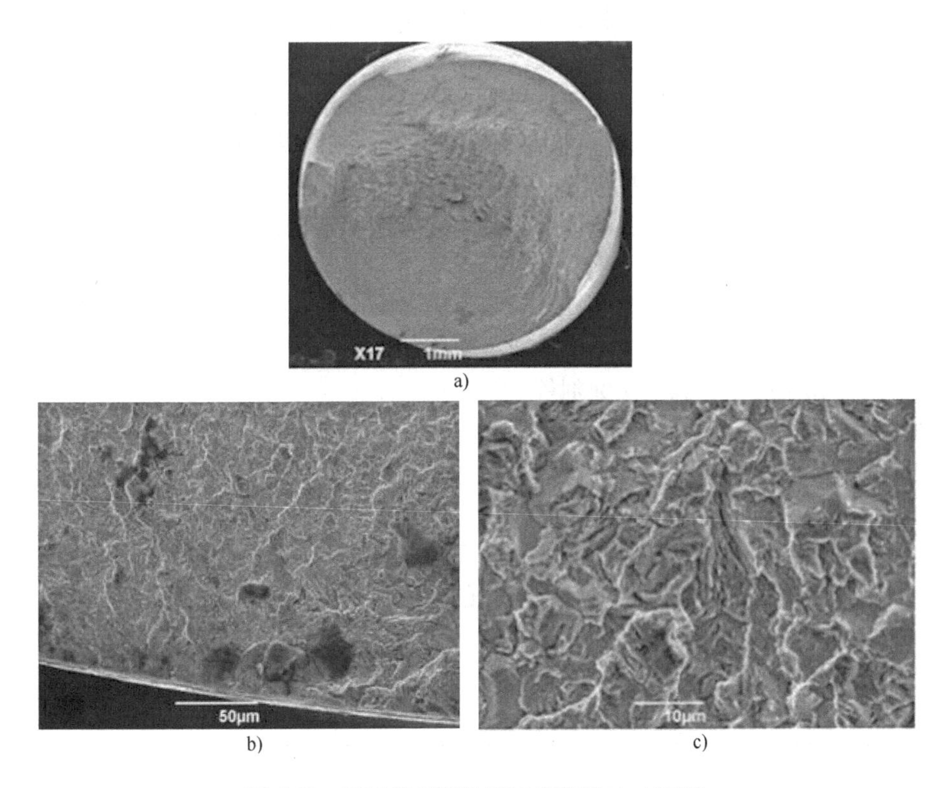

a)

b)　c)

图 6-12　S135 钻杆钢的腐蚀疲劳断口（SEM）

a）宏观断口形貌　b）裂纹源断口形貌　c）裂纹扩展区断口形貌

要注意区分腐蚀是在开裂之后发生的还是与开裂同时发生的。如果断口局部区域有腐蚀，而四周无腐蚀，并且存在截然分明的边界，则应是开裂之后发生的腐蚀。

三、防止腐蚀疲劳的措施

腐蚀疲劳既然是腐蚀环境与循环应力共同作用的结果，那么腐蚀疲劳的控制主要包括以下三个方面：改进结构设计，选择合适的材料和采取适当的防护措施。

1. 选择合适的材料，改进结构设计

减少腐蚀疲劳的主要方法是选择在使用环境中稳定的结构材料，这是常用的方法之一。例如，选用双相不锈钢是解决不锈钢腐蚀疲劳破坏的重要途径。原因是一些双相不锈钢不仅 Cr、Mo 较高，且多含有 N，因此耐点蚀性能好，同时，由于其组织具有复相结构，不仅显著提高钢的腐蚀疲劳强度，而且疲劳裂纹的扩展也较单相组织结构困难。

改进结构设计对控制腐蚀疲劳也是十分重要的。适当降低构件承受交变应力的水平，可减轻腐蚀疲劳损伤。在结构设计时，保证构件具有合理的表面形状，减小应力集中，避免腐蚀介质的积存对延长构件的腐蚀疲劳寿命是十分有益的。

2. 采用表面处理方法

金属表面处理方法分为两类。一类是改变构件表面应力状态的表面处理，如喷丸、感应加热淬火、氮化等方法，对提高腐蚀疲劳强度仍然是有效的。这些工艺方法可以使构件表面处于残余压应力状态，显著提高腐蚀疲劳寿命。

另一类为防护层表面处理，包括各种金属镀层、化学转换膜、热喷涂层和有机高分子涂

层等。由于这类保护性涂、镀层将构件基体材料与腐蚀介质隔开，有效防止了腐蚀环境对构件材料的侵蚀，显著延长了腐蚀疲劳无裂纹寿命。如镀锌、镀镉对钢的表面是阳极镀层，可提高腐蚀疲劳抗力。又如表面阳极氧化处理是飞机结构常用的表面防护方式，经阳极化处理的铝合金表面会形成致密的保护膜，可以提高结构的抗腐蚀和抗腐蚀疲劳性能。

表面涂层作为一种有效的防护措施，已经得到广泛的应用，如涂漆、涂油，或采用热喷涂方法施以塑料或陶瓷保护层，只要这些保护层在使用中不被破坏，则都是有益的。

3. 改变环境、减轻腐蚀环境

改变环境、减轻腐蚀环境的腐蚀性，包括去除环境中的腐蚀剂成分和添加缓蚀剂，均可减轻腐蚀损伤，以致减轻腐蚀疲劳损伤。改变环境的方法一般在密闭的腐蚀体系最有效，如密闭循环冷却水系统除氧、添加缓蚀剂等。

4. 阴极保护

阴极保护是广泛采用控制腐蚀的有效方法之一。在腐蚀疲劳过程中，施加一定的阴极电位，腐蚀疲劳极限可以达到空气中的疲劳极限，腐蚀疲劳裂纹扩展速率也显著降低。

但是，在酸性腐蚀介质及有氢脆的场合，不宜采用阴极保护。同时，过度的阴极保护，会使构件材料产生过量的氢，构件将存在氢脆的危险。

单元小结

名称	应力腐蚀	氢脆	腐蚀疲劳
英文缩写	SCC	HE	CF
产生条件	拉应力和特定腐蚀介质	金属中或环境中的氢	交变应力和腐蚀介质
断裂源位置	肯定在表面，无一例外，且常在尖角、划痕、点蚀坑等应力集中处	大多在表面下，偶尔在表面应力集中处，且随外应力增大，裂纹源向表面靠近	表面腐蚀损伤处，如点蚀、晶间腐蚀和应力腐蚀等处，既可以是仅有一条裂纹，也可以有多条裂纹并存
断口宏观特征	脆性，颜色为暗灰色或黑色，最后断裂区颜色最深	脆性，颜色较光亮，刚断开时没有腐蚀，在腐蚀环境中放置后，受均匀腐蚀	与一般疲劳断口相似，但有腐蚀产物，如腐蚀坑、泥纹花样
断口微观特征	一般为沿晶断裂，也有穿晶解理断裂，有较多的腐蚀产物	多数为沿晶断裂，也可以有穿晶解理断裂或准解理断裂，晶界上常有大量撕裂棱，个别处有韧窝，一般无腐蚀产物	穿晶解理脆性疲劳条带，并多呈锯齿状和台阶状。当腐蚀损伤占主导地位时，腐蚀疲劳断口呈现穿晶与沿晶混合型
二次裂纹	很多	没有或极少	一般没有且裂纹尖端较钝

综合训练

一、名词解释

①应力腐蚀；②氢脆；③白点；④腐蚀疲劳。

二、单选题

1. 应力腐蚀断裂发生有“三要素”，或称三个条件，下列（　　）不是“三要素”之一。

A. 拉应力　B. 特定腐蚀介质　C. 特定合金成分　D. 组织结构

2. 产生应力腐蚀的介质一般都是特定的，也就是说，每种材料只对某些介质敏感，而这种介质对其他材料可能没有明显作用，如奥氏体不锈钢在具有（　　）的腐蚀介质中容易发生应力腐蚀。

A. 含氨气氛　B. NaOH 溶液　C. 氯离子　D. H_2S 水溶液

3. 应力腐蚀断口的宏观形貌为主裂纹扩展时常有分支，呈（　　）。

A. 冰糖状　B. 枯树枝状　C. 河流状　D. 贝壳状

4. 下列（　　）不是提高应力腐蚀抗力的措施。

A. 合理选择金属材料　B. 降低或消除内应力

C. 改善环境化学介质　D. 改善结构尺寸

5. 下列（　　）不是氢脆的类型。

A. 应力腐蚀　B. 氢蚀　C. 白点（发裂）　D. 氢致延迟断裂

6. 下列（　　）不是氢脆的防止措施。

A. 降低环境温度　B. 降低或抑制材料内的氢含量

C. 力学因素　D. 材料因素

7. 下列（　　）不是腐蚀疲劳的机理模型。

A. 点蚀应力集中模型　B. 钝化膜破坏模型

C. 表面膜破裂模型　D. 吸附模型

8. 下列（　　）不是防止腐蚀疲劳的措施。

A. 采用表面处理方法　B. 改善环境、减轻腐蚀环境

C. 力学因素　D. 阴极保护

9. 应力腐蚀断裂的英文缩写是（　　）。

A. CF　B. CCS　C. SCC　D. HE

10. 钢的显微组织对氢脆敏感性有较大影响，下列（　　）组织影响最大。

A. 球状珠光体　B. 片状珠光体

C. 回火马氏体或贝氏体　D. 未回火马氏体

三、简答题

1. 说明下列力学性能指标的意义。

①σ_{SCC}；②$K_{I SCC}$；③$K_{I HEC}$。

2. 简述金属产生应力腐蚀的条件及机理。如何判断某一零件的破坏是由应力腐蚀引起的？

3. 影响应力腐蚀的主要因素有哪些？

4. 如何识别氢脆与应力腐蚀？

5. 和应力腐蚀相比，腐蚀疲劳有哪些特点？和机械疲劳相比，有哪些特点？

6. 影响腐蚀疲劳的主要因素有哪些？并试与影响应力腐蚀的主要因素相比较。

7. 有一 M24 桥梁用高强度螺栓，采用 40MnB 钢调质制成，抗拉强度为 1200MPa，承受拉应力为 650MPa。在使用中，由于潮湿空气及雨淋的影响发生断裂事故。观察断口发现，裂纹从螺纹根部开始，有明显的沿晶断裂将征，随后是快速脆断部分，断口有较多腐蚀产物，且有较多的二次裂纹。试分析该螺栓产生断裂的原因，并考虑防止这种断裂的措施。

第七单元　金属的磨损

【学习目标】

知识目标	1. 掌握金属材料磨损、耐磨性及接触疲劳的定义和特点 2. 掌握金属材料磨损类型及提高耐磨性的措施 3. 了解金属材料磨损试验的原理和特点
能力目标	1. 能够根据金属材料磨损表面特征，判断磨损类型 2. 能够根据具体情况，提出金属磨损防护措施

模块一　金属磨损的概念

模块导入

如图 7-1 所示，车辆减速或制动时，依靠制动盘跟制动片之间的摩擦来达到制动目的，也就是说制动盘和制动片存在不断的摩擦，而不断的摩擦会导致制动盘和制动片的磨损，其厚度越来越薄。制动盘的最大磨损极限为 2mm，也就是说磨损差不多 2mm 了，这时就必须更换制动盘了。

作为与制动盘一起磨损的物件，制动片的磨损程度更高。通常情况下，一副全新制动片的厚度为 15mm 左右，而更换的极限厚度是 7mm，其中包括 3mm 的钢衬板厚度和约 4mm 的摩擦材料厚度。

图 7-1　制动盘和制动片

学习内容

各类机器在工作时，其各零件相对运动（滑动、滚动或滚动+滑动）的接触部分都存在着摩擦，摩擦是机器运转过程中不可避免的物理现象，有摩擦就必有磨损，这是必然的结果。磨损是降低机器和工具效率、精确度甚至使其报废的重要原因，也是造成金属材料损耗和能源消耗的重要原因。据不完全统计，摩擦磨损消耗能源的 1/3 ~ 1/2，超过 50%的机械零件失效是磨损引起的。因此，研究磨损规律，提高机械零件耐磨性，对节约能源、减少材料消耗、延长机械零件寿命具有重要意义。

1. 磨损的定义

金属摩擦表面相对运动，表面不断发生损耗或产生塑性变形，使金属表面状态和尺寸发生改变的现象称为磨损。磨损表现为表面不断有细小颗粒被分离出来而成为磨屑，以及在摩擦载荷作用下，金属表面性质（金相组织、物理化学性能、力学性能）和形状（形貌和尺寸、粗糙度、表面层厚度）的变化。

通常磨损过程是一个渐进的过程，正常情况下磨损直接的结果也并非灾难性的。近二三十年，国外将摩擦、润滑和磨损构成了一门独立的边缘学科，称为摩擦学，但从材料学科特别是从材料的工程应用来看，人们更重视研究材料的磨损。

金属磨损并非单一的力学过程。引起磨损的原因既有力学作用，也有物理和化学作用，因此，摩擦副材料、润滑条件、加载方式和大小、相对运动特性（方式和速度）及工作温度等诸多因素均影响磨损量的大小，所以，磨损是一个复杂的系统过程。

磨损通常是有害的，它损伤零件工作表面，影响机械设备性能，消耗材料和能源，并使设备使用寿命缩短。预先考虑如何避免或减轻磨损，是设计、使用、维护机器的一项重要内容。但另一方面，磨损也并非全都是有害的，工程上常利用磨损的原理来减小零件表面的粗糙度值，如磨削、研磨、抛光、磨合等。

【小资料】 2004年底由中国工程院和国家自然科学基金委共同组织的北京摩擦学科与工程前沿研讨会的资料显示，磨损损失了世界一次能源的三分之一，机电设备的70%损坏是由于各种形式的磨损而引起的。2007年我国的GDP只占世界的6%，却消耗了世界30%以上的钢材；我国每年因摩擦磨损造成的经济损失在1000亿元人民币以上，仅磨料磨损每年就要消耗300多万t金属耐磨材料。可见减摩、抗磨工作具有节能节材、资源充分利用和保障安全的重要作用，越来越受到国内外的重视。

2. 磨损的过程

在机械的正常运转中，磨损过程大致可分为三个阶段，如图7-2所示。

（1）磨合磨损阶段　这一阶段中，磨损速度由快变慢，而后逐渐减小到一稳定值。这是由于新加工的零件表面呈尖峰状态，使运转初期摩擦副的实际接触面积较小，单位接触面积上的压力较大，因而磨损速度较快，如图7-2所示磨损曲线的 Oa 段。

磨合磨损到一定程度后，尖峰逐渐被磨平，磨损速度即逐渐减慢。

（2）稳定磨损阶段　在这一阶段中磨损缓慢、磨损率稳定，零件以平稳而缓慢的磨损速度进入零件正常工作阶段，如图7-2所示的 ab 段。这个阶段的长短即代表零件使用寿命的长短，磨损曲线的斜率即为磨损率，斜率越小，磨损率就越低，零件的使用寿命就越长。经此磨损阶段后零件进入剧烈磨损阶段。

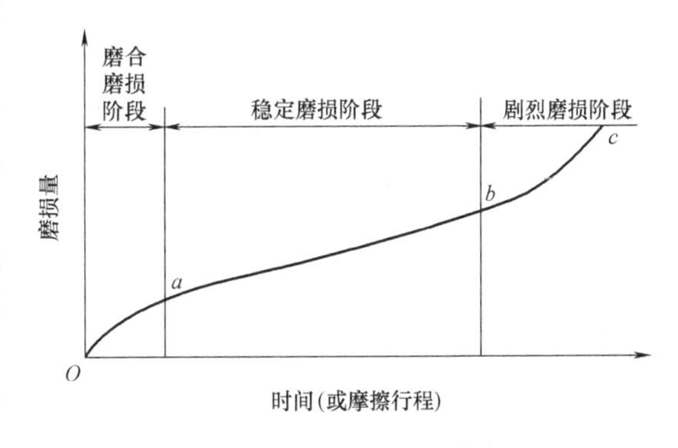

图7-2　金属磨损特性曲线

（3）剧烈磨损阶段　此阶段的特征是磨损速度及磨损率都急剧增大。当工作表面的总磨损量超过机械正常运转要求的某一允许值后，摩擦副的间隙增大，零件的磨损加剧，精度下降，润滑状态恶化，温度升高，从而产生振动、冲击和噪声，导致零件迅速失效，如图7-2所示的 bc 段。

上述磨损过程中的三个阶段，是一般机械设备运转过程中都存在的。必须指出的是，在磨合磨损阶段结束后应清洗零件，更换润滑油，这样才能正常地进入稳定磨损阶段。

3. 金属的耐磨性

耐磨性是材料抵抗磨损的性能，这是一个系统性质。迄今为止，还没有一个统一的、意义明确的耐磨性指标，通常用以下三种方法表征金属的耐磨性。

（1）磨损量 在规定条件下，经过规定时间的磨损后，试样表面的损耗程度称为磨损量（W）。磨损量可通过测量长度、体积或质量的变化而得到，并相应称它们为线磨损量、体积磨损量和质量磨损量。

若测量单位摩擦距离、单位压力下的磨损量，则称为比磨损量。磨损量越小，耐磨性越好。

（2）耐磨性 磨损量的倒数称为耐磨性，即 $\varepsilon=1/W$。ε 值越大，材料的磨损抗力越大，与通常的概念相一致。

（3）相对耐磨性 在同样条件下，标准试样（Pb-Sn 合金）的磨损量与被测试样磨损量的比值称为相对耐磨性。相对耐磨性的倒数称为磨损系数。

模块二 金属的磨损类型

模块导入

法国文学家伏尔泰说：“使人疲惫的，不是远方的高山，而是鞋里的一粒沙子”。鞋里的那粒小小的沙子，时不时带来刺痛，使我们行走艰难、苦不堪言。所以，在人生的道路上，我们很有必要学会随时倒出鞋子里的那粒沙子。那么，你知道因为有了这粒沙子，脚、鞋底之间的磨损是什么类型吗？

学习内容

磨损一般来源于摩擦，但磨损与摩擦力、摩擦系数之间的关系却很复杂。在具体工作条件下影响磨损的因素很多，其中有环境因素（湿度、温度和介质等）、润滑条件、工作条件（载荷、速度和运动方式等）、材料的成分与组织、工作表面的物理化学性质等。每一因素稍有变化都会使磨损量改变，并可能使磨损从一种类型转变为另一种类型。因此，系统地研究磨损类型是提高磨损研究水平的途径。

通常，按照磨损机理和磨损系统中材料与磨料、材料与材料之间的作用方式划分，磨损的主要类型可分为磨料磨损、黏着磨损、腐蚀磨损和疲劳磨损（接触疲劳）四种基本类型。但磨损过程十分复杂，有许多实际表现出来的磨损现象不能简单地归为某一种基本磨损类型，而往往是基本类型的复合或派生，如气蚀磨损、冲蚀磨损和微动磨损等。

一、黏着磨损

1. 黏着磨损的概念

当摩擦面发生相对滑动时，由于固相焊合作用产生黏着点，该点在剪切力作用下变形以致断裂，使材料从一个表面迁移到另一个表面造成的磨损称为黏着磨损，又称为咬合磨损。黏着磨损一般是在滑动摩擦条件下，当摩擦副相对滑动速度较小（对于钢，小于 1m/s）时发生的。例如，内燃机中的活塞环和气缸套这一运动的摩擦副，如不考虑燃气介质的腐蚀性，主要表现为黏着磨损。

从微观上看，固体表面是凹凸不平的，两摩擦表面接触时实际上并不是整个表面接触，而是许多凸出体接触，实际接触面积只占名义接触面积的很小一部分，所以接触点的局部应力很大。当缺乏润滑油，摩擦副表面无氧化膜且应力超过某一值时，接触点就产生黏着或焊合，并在相对切向运动中被剪断或撕裂，致使材料转移或逐渐剥落。一个黏着剪断了，又在新的地点产生黏着，随后又被剪断、转移，如此循环，构成黏着磨损过程，如图 7-3 所示。黏着磨损的磨损表面形貌为锥刺、鳞尾、麻点等，如图 7-4 所示。

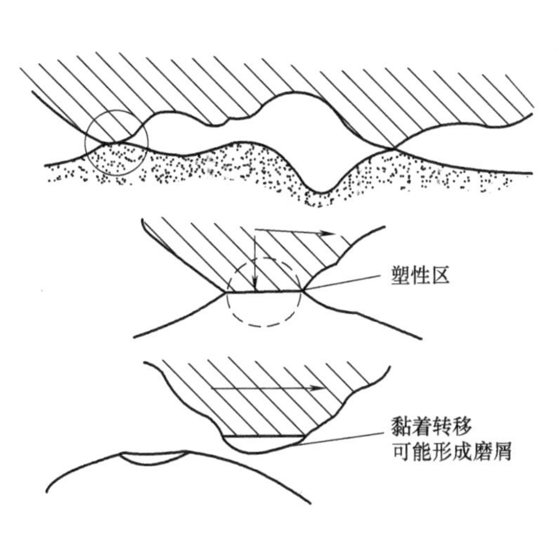

图 7-3 黏着磨损过程示意图

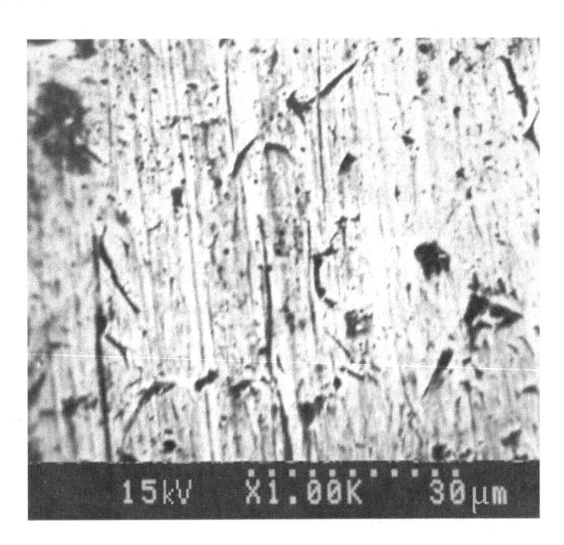

图 7-4 黏着磨损表面形貌（SEM）

黏着磨损按程度不同可分为五级：轻微磨损、涂抹、擦伤、撕脱、咬死。如气缸套与活塞环、曲轴与轴瓦、轮齿啮合表面等，皆可能出现不同黏着程度的磨损。涂抹、擦伤、撕脱又称为胶合，往往发生于高速、重载的场合。

2. 影响黏着磨损的因素

材料特性、法向力、滑动速度及温度等均对黏着磨损有明显影响。

塑性材料比脆性材料易于黏着；互溶性大的材料（相同金属或晶格类型、点阵常数、电子密度、电化学性质相近的金属）组成的摩擦副黏着倾向大；单相金属比多相合金黏着倾向大；化合物比固溶体黏着倾向小；金属与非金属组成的摩擦副比金属与金属组成的摩擦副不易黏着。

在摩擦速度一定时，黏着磨损量随法向力增大而增加。试验指出，当接触压应力超过材料布氏硬度的 1/3 时，黏着磨损量急剧增加，严重时甚至会产生咬死现象。因此，设计选材的许用压应力必须低于材料布氏硬度值的 1/3，以免产生严重的黏着磨损。

在法向力一定时，黏着磨损量随滑动速度增加而增加。但达到某一极大值后又随滑动速度增加而减小，如图 7-5 所示。这可能是由于滑动速度增加时，接触表面温度升高，材料剪断强度下降，使黏着磨损量增加，而滑动速度过大又使塑性变形不能充分进行而延缓了黏着点的长大，使磨损量减小。

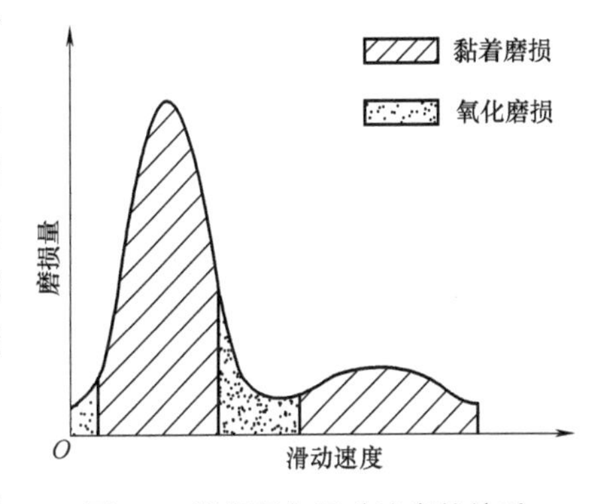

图 7-5 磨损量与滑动速度的关系

3. 提高黏着磨损耐磨性的措施

防止或减少黏着磨损须从设计、选材、润滑和加工工艺等方面来综合采取措施。

首先，注意摩擦副配对材料的选择，其基本原则是配对材料的黏着倾向应比较小，如选用互溶性小的材料配对；选用表面易形成化合物的材料配对；在受力较小时，选用金属与高分子材料配对等。在滑动轴承中，选用淬火钢轴与锡基或铝基轴瓦配对。

其次，因为磨损发生在表层，所以最经济有效的方法是提高零件表面的耐磨性，如采用表面热处理、化学热处理、电镀、喷涂、堆焊、表面覆膜技术和离子注入技术等。

此外，控制摩擦滑动速度和接触压应力，可使黏着磨损大为减轻。降低摩擦副表面粗糙度值和摩擦表面温度，改善润滑状态等都可降低黏着磨损量。

二、磨料磨损

1. 磨料磨损的概念

由于一个表面硬的凸起部分和另一个表面接触，或者在两个摩擦面之间存在硬的颗粒，或者这些颗粒嵌入两个摩擦面中的一个面里，在发生相对运动后，引起表面材料损失的现象称为磨料磨损。

磨料磨损是最常见的、同时也是危害最为严重的磨损形式。在各类磨损形式中，磨料磨损大约占总消耗的50%。磨料磨损有多种分类方法，根据磨料与材料表面承受应力是否超过磨料的破坏强度，磨料磨损又可分为低应力划伤式磨料磨损、高应力碾碎式磨料磨损和凿削式磨料磨损三类。

1）低应力划伤式磨料磨损，其特点是磨料作用于零件表面的应力不超过磨料的压溃强度，材料表面被轻微划伤。生产中的犁铧及煤矿机械中的刮板输送机溜槽磨损情况就是属于这种类型。

2）高应力碾碎式磨料磨损，其特点是磨料与零件表面接触处的最大压应力大于磨料的压溃强度。生产中球磨机衬板与磨球、破碎式滚筒的磨损便是属于这种类型。

3）凿削式磨料磨损，其特点是磨料对材料表面有大的冲击力，从材料表面凿下较大颗粒的磨屑，如挖掘机斗齿及颚式破碎机的齿板。

此外，也可以按磨损接触物体的表面分类，分为两体磨料磨损和三体磨料磨损。两体磨料磨损的情况是，磨料与一个零件表面接触，磨料为一物体，零件表面为另一物体，如犁铧；而三体磨料磨损，其磨料介于两个滑动零件表面，或者介于两个滚动物体表面，前者如活塞与气缸间落入磨料，后者如齿轮间落入磨料，如图7-6所示。

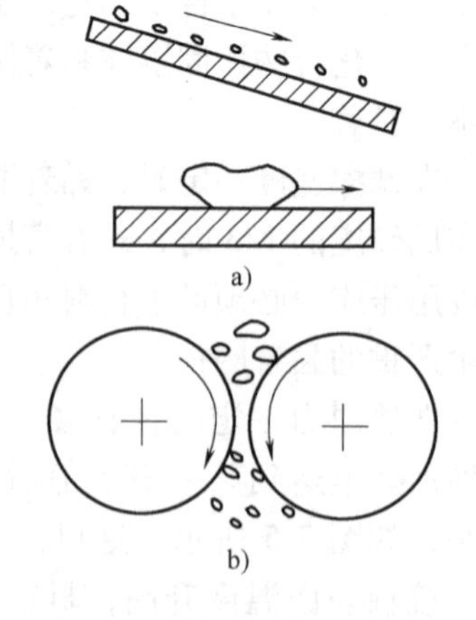

图7-6 两体和三体磨料磨损

a）两体磨料磨损 b）三体磨料磨损

2. 磨料磨损的机理和影响因素

（1）磨料磨损的机理 磨料磨损可能是磨料对摩擦表面产生的切削作用、塑性变形和疲劳破坏作用或脆性断裂的结果，还可能是它们综合作用的反映，并以某一损坏方式为主。磨料磨损的主要特征是摩擦面上有明显犁皱形成的沟槽或磨屑，如图7-7所示。

当磨料硬度较高且棱角尖锐时，磨料犹如刀具一样，在切应力作用下，对金属表面进行切削。这些切削一般较长而深度较浅。实际上，磨料形状一般比较圆钝，而且材料表面塑性较高，磨料在材料表面滑过后只能犁出一条沟槽来，使两侧金属发生塑性变形而堆积起来，在随后的摩擦过程中，

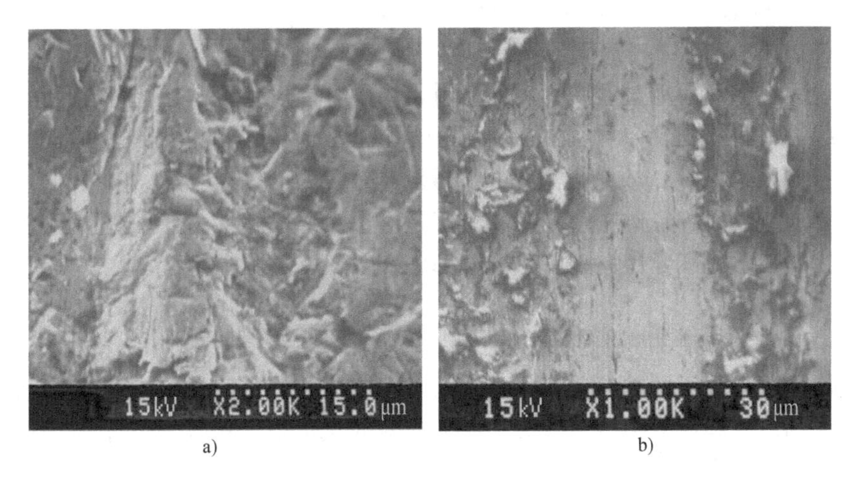

a)　　b)

图 7-7　磨料磨损表面的犁沟和磨屑（SEM）
a）犁沟　b）磨屑

这些被堆积部分又被压平，如此反复地塑性变形，导致裂纹形成而引起剥落。因此，这种磨损实际上是疲劳破坏过程。硬而脆的材料遇到磨料磨损时，由于磨料不易刺入材料使材料发生塑性变形，更不易被切削，这时材料常常是以脆性断裂、微观剥落的机制发生迁移，宏观上便是发生了磨损。

（2）影响磨料磨损的因素　磨料磨损的影响因素很多，十分复杂，包括了外部载荷、磨料硬度和颗粒大小、相对运动情况、环境介质，以及材料组织和性能等。影响磨料磨损的因素可分为零件材料的内部因素和磨料等的外部因素。

材料的硬度是影响磨料磨损最大的因素。一般地说，材料的硬度（正确地说是材料磨损后的表面硬度）越高，则耐磨性越高。对于纯金属和退火钢，耐磨性大致与硬度成正比。经热处理的钢，其耐磨性也随着硬度的提高而提高，只是提高的程度稍低。对于像石英和陶瓷等硬度很高的材料，硬度过高后耐磨性反而下降，这是由于断裂韧度下降，容易发生脆性碎裂而使磨损增大。

外部因素中影响较大的是零件材料的硬度 H_m 与磨料硬度 H_a 的比值。当 $H_m/H_a>0.8$ 时，零件材料的耐磨性迅速提高；当 $H_m/H_a<0.8$ 时，零件材料的耐磨性低。前者称为软磨料磨损，后者称为硬磨料磨损。因此，要提高材料的耐磨性，材料的硬度必须大于磨料硬度的80%，这是选择材料的一个比较关键性问题。

此外，磨料的粒度、几何形状和组成等对磨损也有影响。

3. 提高磨料磨损耐磨性的措施

提高零件耐磨料磨损性能的方法，首先是选择材料。对于以切削作用为主要机理的磨料磨损，应增加材料硬度，材料的硬度必须大于磨料硬度的 80%，可使磨损量减得很小，这是提高耐磨性的最有效措施。如选择中、高碳钢和含铬、锰的合金钢淬火获得马氏体组织，采用高锰钢、普通白口铸铁、合金白口铁、粉末冶金减摩和耐磨材料、金属陶瓷、陶瓷等，都可得到高硬度和高耐磨性。但如果磨料磨损机理是塑性变形，或塑性变形后疲劳破坏（低周疲劳）、脆性断裂，则提高材料的韧性对改善耐磨性是有益的。

其次，采用表面热处理和化学热处理，或用硬合金表面堆焊、热喷涂和其他表面涂覆方法，也能有效地提高磨料磨损耐磨性。另外，经常注意零件防尘和清洗，加装防护密封装置等，防止大于1μm磨粒进入接触面也是有效的措施。

三、腐蚀磨损

摩擦副表面在相对滑动过程中，表面材料与周围介质发生化学或电化学反应，并伴随机械作用而引起的材料损失现象称为腐蚀磨损。腐蚀磨损因常与摩擦面之间的机械磨损（黏着磨损或磨料磨损）共存，故又称为腐蚀机械磨损。

腐蚀磨损通常是一种轻微磨损，但在一定条件下也可能转变为严重磨损。常见的腐蚀磨损可分为氧化磨损、特殊介质腐蚀磨损、冲蚀磨损等。

1. 氧化磨损

除金、铂等少数金属外，大多数金属表面都被氧化膜覆盖着，纯净金属瞬间即与空气中的氧起反应而生成单分子层的氧化膜，且膜的厚度逐渐增长，增长的速度随时间以指数规律减小，当形成的氧化膜被磨掉以后，又很快形成新的氧化膜，随后再被磨去。如此，氧化膜形成又被除去，零件表面逐渐被磨损，这就是氧化磨损，可见氧化磨损是由氧化和机械磨损两个作用相继进行的过程。

氧化磨损的磨损速率最小，其值仅为0.1~0.5μm/h，属于正常类型的磨损。氧化磨损的宏观特征是，在摩擦面上沿滑动方向呈匀细磨痕，钢铁氧化磨损产物或为红褐色的 Fe_2O_3，或为灰黑色 Fe_3O_4。

同时应指出的是，一般情况下氧化膜能使金属表面免于黏着，氧化磨损一般要比黏着磨损缓慢，因而可以说氧化磨损能起到保护摩擦副的作用。

2. 特殊介质腐蚀磨损

在摩擦副与酸、碱、盐等特殊介质发生化学腐蚀的情况下而产生的磨损，称为特殊介质腐蚀磨损。它的磨损机理与氧化磨损相似，但磨损率较大，磨损痕迹较深。金属表面也可能与某些特殊介质起作用而生成耐磨性较好的保护膜。

为了防止和减轻腐蚀磨损，可从表面处理工艺、润滑材料及添加剂的选择等方面采取措施。

3. 冲蚀磨损

冲蚀磨损是指流体或固体以松散的小颗粒按一定的速度和角度对材料表面进行冲击所造成的磨损。松散粒子尺寸一般小于100μm，冲击速度在550m/s以内。根据携带粒子的介质不同，冲蚀磨损又分为气固冲蚀磨损、流体冲蚀磨损、液滴冲蚀磨损和气蚀磨损，气固冲蚀磨损又称为喷砂型冲蚀磨损，是最常见的冲蚀磨损。

在冲蚀磨损过程中，表面材料流失主要是由机械力引起的。在高速粒子不断冲击下，塑性材料表面逐渐出现短程沟槽和鱼鳞状小凹坑（冲蚀坑），且变形层有微小裂纹。

腐蚀磨损的破坏作用大大超过单纯的腐蚀或磨损。一般金属洁净表面与空气接触后生成氧化膜，多数金属表面氧化膜的厚度为0.01μm。当磨损速度低于氧化膜厚度的增长速度时，氧化和磨损尚不相互促进，膜层可起保护作用。当磨损速度超过氧化速度时，腐蚀磨损便变得剧烈。但氧化膜又不宜过厚，否则易于脆性断裂，形成硬的氧化物磨粒，使磨损加速。腐蚀磨损与环境、温度、滑动速度、载荷和润滑条件有关，相互关系极为复杂。如内燃机轴承在湿空气中容易生锈，在润滑剂中工作也常会出现腐蚀磨损。在特殊介质中工作的选矿机械和化工机械等的零件更常出现严重的腐蚀磨损。防止腐蚀磨损应从选材（如用不锈钢和耐蚀合金等）、表面保护处理、降低表面工作温度和选择适当的润滑剂等入手。

四、微动磨损

1. 微动磨损现象

在机器的嵌合部位和紧配合处，接触表面之间虽然没有宏观相对位移，但在外部变动载荷和振动的影响下，却产生微小滑动，称为微动。图7-8所示的紧配合轴，在反复弯曲时，两配合面产生轴向相对滑动，滑动量从配合面内至边缘逐渐增大，约为2~20μm，长期运行后发现配合处轴的表面被磨损，并出现细小粉末状磨损产物。这种在相互压紧的金属表面间由于小振幅振动而产生的复合形式磨损称为微动磨损，有氧化腐蚀现象的微动磨损也称为微动磨蚀，在交变应力作用下的微动磨损称为微动疲劳磨损。

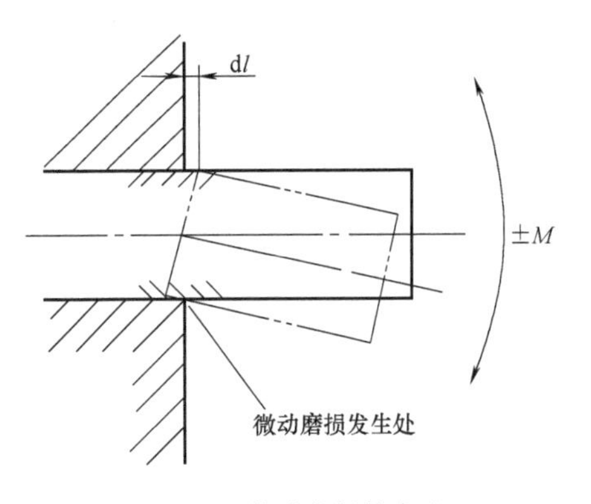

图7-8 微动磨损的产生

在有振动的机械中，螺纹联接、花键联接和过盈配合联接等都容易发生微动磨损。对于钢铁零件，微动磨损的特征是摩擦副接触区有大量红褐色的Fe_2O_3磨损粉末，如果是铝件，则磨损产物为黑色的。微动磨损时在摩擦面上还常常见到因接触疲劳而形成的麻点或蚀坑。

2. 微动磨损的机理

一般认为，微动磨损的机理是，摩擦表面间的法向压力使表面上的微凸体黏着，黏合点被小振幅振动剪断成为磨屑；磨屑接着被氧化，被氧化的磨屑在磨损过程中起着磨料的作用，使摩擦表面形成麻点或虫纹形伤疤。这些麻点或伤疤是应力集中的根源，因而也是零件受动载失效的根源。根据被氧化磨屑的颜色，往往可以断定是否发生微动磨损。如前所述，被氧化的铁屑呈红褐色，被氧化的铝屑呈黑色，则振动时就会引起磨损。

从以上产生微动磨损的原因分析中可以看出，微动磨损不是单独的磨损形式，而是黏着磨损、氧化磨损、磨料磨损，甚至还包含着腐蚀作用引起的腐蚀磨损和交变载荷作用引起的疲劳磨损，所以，微动磨损是几种磨损形式的复合，究竟以哪一种形式的磨损为主，要视具体情况而定。

3. 提高抗微动磨损的措施

滚压、喷丸和表面化学热处理都能使表层产生压应力，从而有效地提高微动磨损与疲劳的抗力。就材料来说，选择抗黏着磨损能力大的，其抗微动磨损的能力也较强；硬度高的材料具有良好的抗微动磨损性能，但微动疲劳性能就较差。为减少微动磨损和微动疲劳，在界面间加入非腐蚀性润滑剂或采用垫衬改变接触面的性质，如蒸汽锤锤杆和锤头配合处插入软铜片作为垫衬，螺纹联接加装聚四氟乙烯垫圈可减小微动磨损，收到良好的效果；对压配合件可用卸载槽以减少应力集中；再如增大紧配合的过盈量，实际上过盈量超过25~30μm就可防止微动磨损的出现。

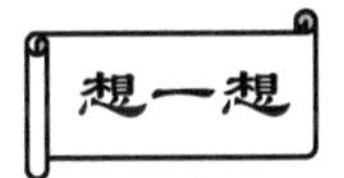

结合上面所学内容，能否对一般常用的机器零件（如齿轮、轴类等）磨损失效提出几点抗磨措施，从而减少磨损耗材、提高机械设备和零件的安全寿命。

模块三 金属的磨损试验

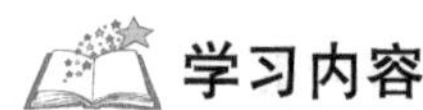

模块导入

“只要功夫深，铁杵磨成针”，比喻只要有决心，肯下功夫，多么难的事也能做成功。

虽然从技术上来看“铁杵磨成针”是可行的，但却是不经济的，需要非常长时间的磨料磨损，具体数据通过磨损试验就可得出。

学习内容

一、磨损试验的种类

1. 磨损试验

测定材料抵抗磨损能力的试验称为磨损试验。磨损试验就是指试样与对磨材料之间加上中间介质，在施加一定的压力下，按一定的速度做相对运动，如图7-9所示。经过一定时间（或摩擦距离）后测量其磨损量，根据磨损量大小来判断材料的耐磨性。若在相同的时间（或距离）内磨损量越大，表明材料的耐磨性越差。反之，则表明耐磨性越好。

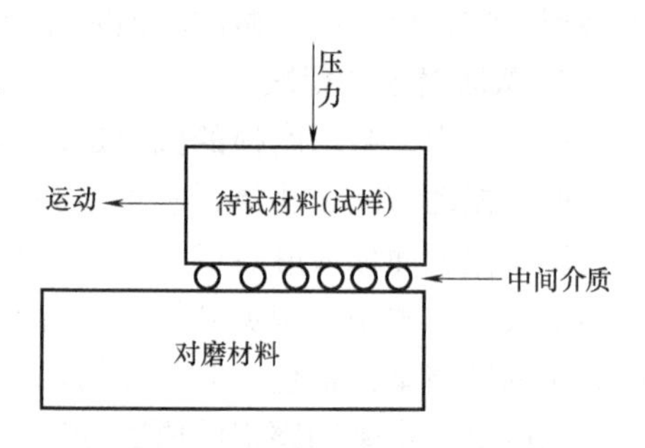

图7-9 金属磨损试验原理

磨损试验比常规的材料试验要复杂。首先需要考虑零部件的具体工作条件并确定磨损形式，然后选定合适的试验方法，以便使试验结果与实际结果较为吻合。

2. 磨损试验的类型

磨损试验分为现场磨损试验和实验室磨损试验。现场磨损试验是将做成零件的试样装在机器上，在实际运转条件下进行试验；而实验室磨损试验是在实验室中的磨损试验机上进行，它又分为试样磨损试验和台架磨损试验。

（1）试样磨损试验 用加工成一定形状和尺寸的试样进行试验。

（2）台架磨损试验 用零件或近似零件的试样在模拟实际运转条件的台架上进行试验。

现场磨损试验具有与实际情况一致或接近一致的特点，因此，试验结果的可靠性大，但这种试验所需时间长，且外界的影响难于掌握和分析。实验室磨损试验虽然具有试验时间短，成本低，易于控制各种因素的影响等优点，但试验结果常不能直接表明实际情况。因此，研究重要机械零件的耐磨性时往往兼用这两种方法。

二、常用的磨损试验

1. 磨损试验机分类

磨损试验机可从下列几个方面进行分类。

1）按运动方式可分为滑动和滚动两类。

2）按介质不同可分为干摩擦、有润滑、有磨料三类。

3）按试样接触形式可分为五类：平面与平面、平面与圆柱、圆柱与圆柱、平面与球、球与球，如图 7-10 所示。

磨损试验机按相对运动方向分为单方向运动和往复运动两类，也可按摩擦轨迹分为新生面摩擦和重复摩擦两种不同形式。

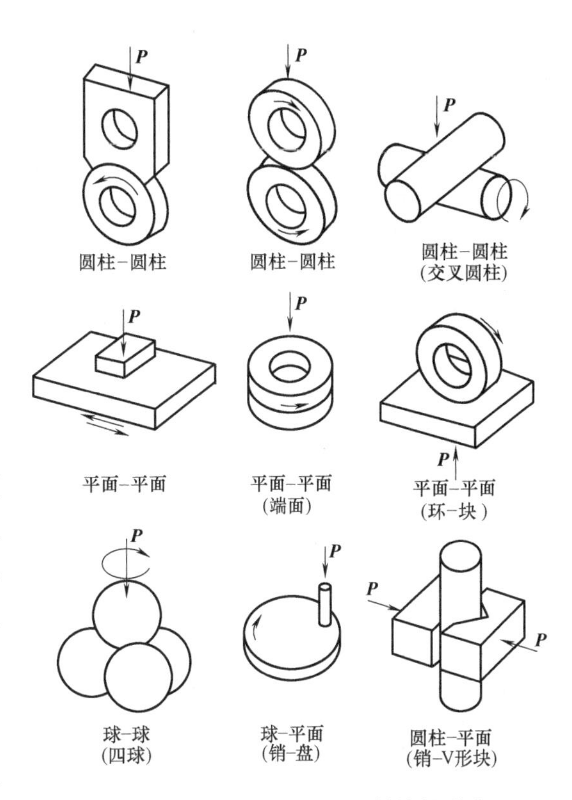

图 7-10 常见磨损试验机试样接触形式

2. 实验室常用磨损试验

实验室常用磨损试验机的原理如图 7-11 所示。

图 7-11a 所示为销盘式试验机，如国产型号 ML-10。它是将试样加上载荷紧压在旋转圆盘上，试样可在半径方向往复运动，也可以是静止的。这类实验机可用来评定各种摩擦副及润滑材料的低温与高温摩擦的磨损性能；既可做磨料磨损试验，也能进行黏着磨损规律的研究。

图 7-11b 所示为环块式试验机，如国产型号 MHK-500。这种试验机可以测定各种金属材料及非金属材料（尼龙、塑料）等在滑动状态下的耐磨性能。环形试样（一般用 GCr15 钢制造）安装在主轴上，顺时针转动；块状试样为需做耐磨性试验的材料，安装在夹具上。通常试验后测量环形试样和块状试样的失重或磨痕宽度，分别计算体积磨损，以评定试验材料的耐磨性。

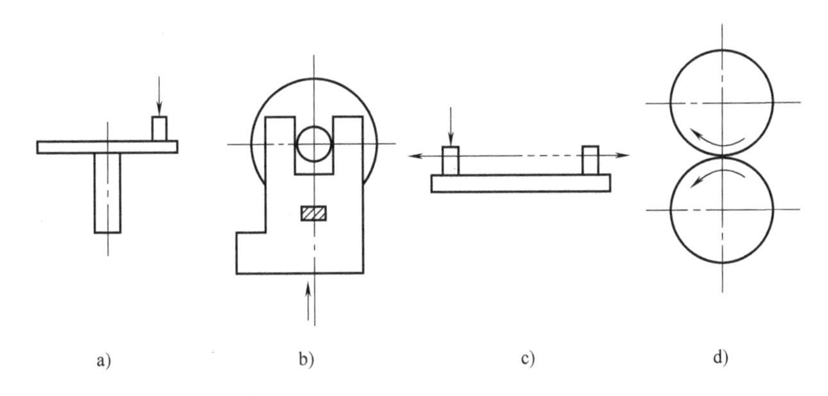

图 7-11 实验室常用磨损试验机的原理
a）销盘式 b）环块式 c）往复运动式 d）MM-200 型

图 7-11c 所示为往复运动式试验机，如国产型号为 MS-3。试样在静止平面上做往复运动。可评定往复运动机械零件如导轨、缸套与活塞环等摩擦副的耐磨性；评定选用材料及工艺与润滑材料的摩擦及磨损性能等。

图 7-11d 所示为国产 MM-200 型磨损试验机原理简图。该种试验机主要用来测定金属材

料在滑动摩擦、滚动摩擦、滚动和滑动复合摩擦及间隙摩擦情况下的磨损量，用来比较各种材料的耐磨性。试验时，所用试样有圆环形和轴瓦形两种，当进行滚动、滚动与滑动复合摩擦磨损试验时，上、下试样均用圆环形试样；在进行滑动摩擦磨损试验时，上试样可为轴瓦形试样，下试样可为圆环形试样。

三、磨损量测量

磨损量可用试验前后的试样长度、体积、重量等的变化来表示。

磨损量测量的方法有测长法、称重法、人工基准法（刻痕法、压痕法、磨痕法）、化学分析法和放射性同位素法等。测长法用测微尺测量摩擦表面法线方向的尺寸变化，从而确定材料的线磨损量和体积磨损量。称重法使用分析天平测定试样磨损前后的重量变化。称重法操作简单，是常用的一种方法，下面主要介绍此方法。

1. 称重法的定义和表示方法

称重法是以试样在磨损试验前后的重量差来表示磨损量，通常以克（g）为计算单位，用符号 Δm 表示，即

$$\Delta m = m_0 - m_1$$

式中 m_0——试样磨损前原始重量；

m_1——试样磨损后的重量。

因为磨损试验结果受很多因素影响，试验数据分散性很大，所以试验试样的数量要足够，一般试验需要有 4~5 对摩擦副，数据分散程度大时应酌情增加。处理试验结果时，一般情况下取试验数据的平均值，分散度大时需用均方根值来处理。

称重法应用广泛，无论哪种磨损试验机，也无论哪种磨损试样，均可用称重法测定其磨损量。

2. 称重法的测量方法及要求

试样重量测定应在万分之一的分析天平上进行，但有以下两点必须注意。

1）试样的原始重量 m_0（除长条状试样外）应取经过磨合试验（加上 50~100N 压力，经过 0.5~1h 干摩擦运行）之后的重量。

2）试样在称重前（无论磨损前或磨损后），都必须用酒精或丙酮清洗并吹干，否则将影响试验数据的准确性。

磨损试验时，经常指定某材料作为对比材料，然后在同样条件下将被测材料与它进行对比试验。试验结果用相对耐磨性系数或磨损系数表示。

必须指出，同一材料当用不同的方法进行磨损试验时，结果往往不同。这种差别不仅表现在绝对值上，有时在相对关系上也不相同，甚至是颠倒的。因此，在应用文献资料及比较试验结果时，应特别慎重。

模块四 金属的接触疲劳

模块导入

齿轮（图 7-12）发生破坏的形式主要有两种，即弯曲折断和齿面点蚀。齿面点蚀是由于齿面的接触压力引起的。由于齿面位置不同，接触应力也不同，显然，接触应力最大的地方最容易发生点蚀。这里所说的点蚀就是接触疲劳破坏，也称为麻点剥落。

图 7-12 齿轮

学习内容

一、接触疲劳现象

接触疲劳又称为表面疲劳磨损或疲劳磨损，是零件（如齿轮、滚动轴承、钢轨和轮箍、凿岩机活塞和钎尾的打击端部等）表面在接触压应力的长期反复作用下引起的一种表面疲劳破坏现象。

接触疲劳的宏观特征是接触表面出现许多针状或痘状的凹坑，称为麻点，也称为点蚀或麻点磨损。有的凹坑很深，呈贝壳状，有疲劳裂纹发展线的痕迹存在，图 7-13 所示为钢轨轨头接触疲劳的表面及断口形貌。

齿轮、轴承、钢轨与轮箍的表面经常出现接触疲劳破坏。在刚出现少数麻点时，一般仍能继续工作，但随着工作时间的延续，麻点剥落现象将不断增多和扩大，如齿轮，此时啮合情况恶化，磨损加剧，产生较大的附加冲击力，噪声增大，甚至引起齿根折断。由此可见，研究金属的接触疲劳问题对提高这些机械零件的使用寿命有着重大的意义。

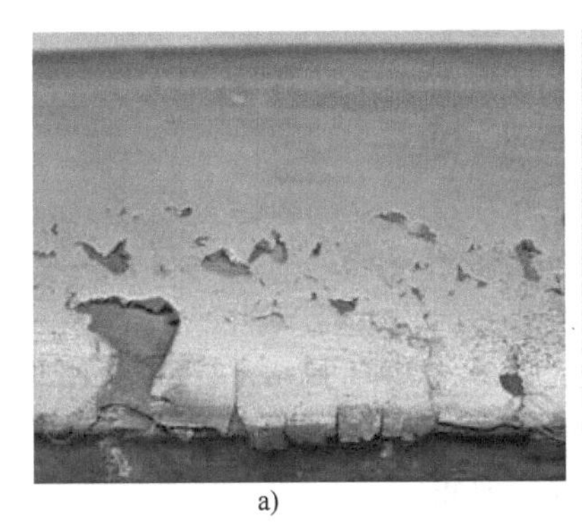

a)

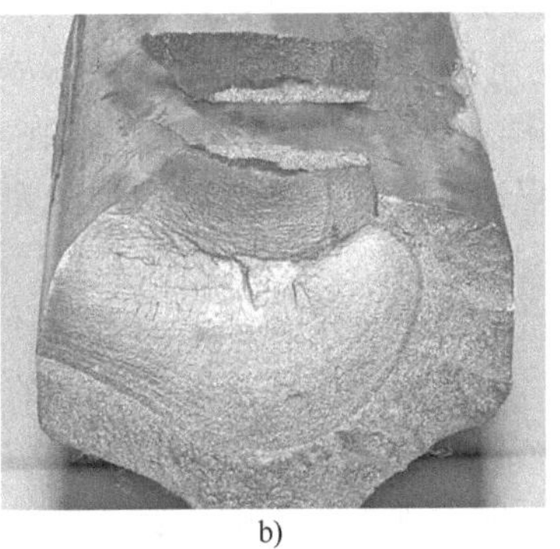

b)

图 7-13 钢轨轨头接触疲劳的表面及断口形貌

a）表面形貌 b）断口形貌

图 7-14 所示为滚动轴承接触疲劳失效的照片。

根据裂纹剥落的不同形状，接触疲劳破坏可分为麻点剥落（点蚀）、浅层剥落和深层剥落（表面压碎）三类。

（1）麻点剥落 深度为 0.1~0.2mm，呈针状或痘状凹坑，截面呈不对称 V 形。

（2）浅层剥落 深度为 0.2~0.4mm，剥块底部大致和表面平行，裂纹走向与表面呈锐角和直角。

(3) 深层剥落 裂纹起源在硬化层。深层剥落的深度和表面强化层的深度相当，裂纹走向与表面垂直。

图 7-14 滚动轴承接触疲劳失效的照片

接触疲劳与一般疲劳一样，也分为裂纹形成和扩展两个阶段，但通常认为裂纹形成过程时间长，而扩展阶段只占总破坏时间很小一部分。接触疲劳曲线（最大接触压应力-破坏循环周次曲线）也有两种：一种是有明显的接触疲劳极限；另一种是对于硬度较高的钢，最大接触压应力随循环周次增加连续下降，无明显接触疲劳极限。

二、接触疲劳试验

接触疲劳试验一般在模拟工作条件的接触疲劳试验机上进行，有试样和实物两种形式。实物试验虽然是零件疲劳强度决定性的考验，有重要价值，但是其试验结果是结构、材料、工艺等许多因素的综合表现，较难分析单一因素的影响。因此，模拟零件工作条件的试样试验是获得单一因素影响最有效而可靠的试验方法。

不同材料或同一材料经不同热处理后，其接触疲劳强度用接触疲劳曲线 σ_{max}-N（与高周疲劳的 S-N 曲线类似）来描述，σ_{max} 为最大接触压应力，N 为破坏循环周次。14CrMnSiNi2Mo 钢接触疲劳曲线如图 7-15 所示，图中水平部分对应的应力为接触疲劳极限，斜线为过载持久值。

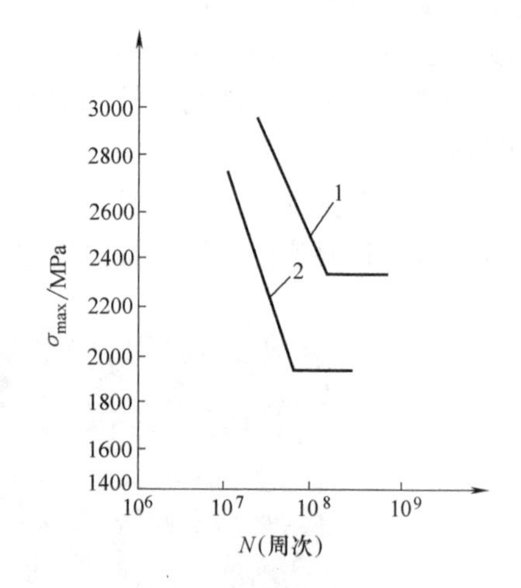

图 7-15 14CrMnSiNi2Mo 钢接触疲劳曲线

1—碳氮共渗，层深 0.66mm

2—渗碳，层深 0.76mm

测定接触疲劳极限时，其循环基数 N 一般也取 10^7 次，并且规定当试样上深层剥落面积大于或等于 $3mm^2$，或当试样上麻点剥落（集中区）在 $10mm^2$ 面积内出现麻点率达 15%的损伤时，均判定为接触疲劳破坏。

接触疲劳试验机有纯滚动和滚动带滑动两类。前者结构简单些，但只适用于纯滚动条件下的金属材料试验；后一种结构比较复杂，因为有滑差结构，可以满足不同要求下的滑动带滚动的试验条件，对于齿轮材料的试验比较合适。

用试样进行接触疲劳试验的试验机目前国内常用的主要有单面对滚式、双面对滚式和止推式等几种，如图 7-16 所示。

三、影响接触疲劳寿命的若干因素

接触疲劳寿命首先取决于加载条件，特别是载荷大小，此外还与许多其他因素有关，这里仅简述其中若干有代表性的因素。接触疲劳是轴承和齿轮常见的失效形式，下面介绍的影响因素主要是针对这两类零件的。

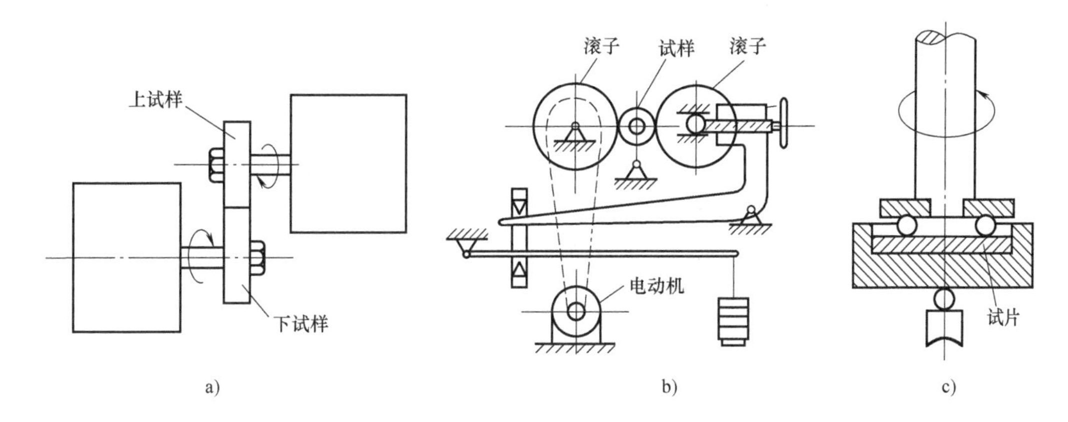

图 7-16　接触疲劳试验机示意图

a）单面对滚式　b）双面对滚式　c）止推式

1. 内部组织状态

（1）非金属夹杂物　钢在冶炼时总存在非金属夹杂物等缺陷，钢中的这些夹杂物的种类、数量、形状、尺寸和分类等都对接触疲劳寿命产生影响。轴承钢中的塑性夹杂物（硫化物）对寿命的影响较小，球状夹杂物（钙硅酸盐和铁锰酸盐等）次之，脆性夹杂物（氧化物 Al_2O_3、氮化物、硅酸盐等）呈棱角尖锐形分布时对接触疲劳寿命危害最大。这是由于脆性夹杂物尖角处的应力集中及它们与基体交界处的弹塑性变形不协调而引起应力集中，使脆性夹杂物的边缘部分极易形成裂纹，降低接触疲劳寿命。

（2）马氏体含碳量的影响　轴承钢中马氏体组织的含碳量对其寿命有较明显的影响。图 7-17 所示为马氏体中碳质量分数与接触疲劳寿命的关系。从图中看出，马氏体中碳质量分数在 0.45%附近寿命最高，低于或高于这个量，寿命都急剧降低。因为钢中马氏体含碳量增加，脆性就增多，并使奥氏体含量相应增多，疲劳寿命降低。若含碳量过低，就会降低钢的基体强度和硬度，从而减弱基体抗疲劳磨损的能力。

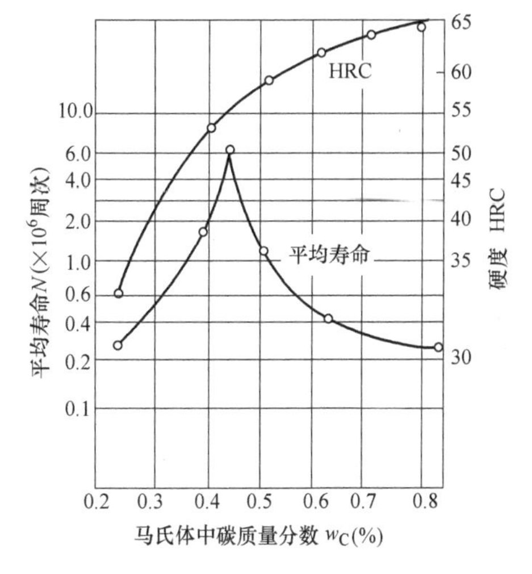

图 7-17　马氏体中碳质量分数与接触疲劳寿命的关系

（3）马氏体及残留奥氏体级别　因工艺不同，渗碳钢淬火可以得到不同级别的马氏体和残留奥氏体。残留奥氏体越多，马氏体针越粗大，则表层有益的残余压应力和渗碳层强度就越低，易产生裂纹，故降低接触疲劳寿命。

（4）未溶碳化物和带状碳化物　轴承钢中碳化物含量多少及其粒度、形状和分布均对接触疲劳寿命有很大影响。碳化物数量太多，颗粒粗大，形状不规则，分布不均匀，都会引起组织和性能的不均匀和应力集中等，从而造成接触疲劳寿命降低。通过适当的热处理，使未溶碳化物颗粒趋于小、少、匀、圆，对于提高轴承钢的接触疲劳寿命是有利的。

带状碳化物之间的马氏体含碳量较高，故脆性较大且易成为接触疲劳裂纹源，从而降低接触疲劳寿命。

2. 表面硬度与心部硬度

对轴承的研究表明，在一定硬度范围内，接触疲劳寿命随表层硬度的提高而延长，当表面硬度超过一定值后，再提高硬度，接触疲劳寿命反而会降低。如图7-18所示，硬度为62HRC左右时寿命最高，低于或高于这个硬度范围时，其寿命均有较大的降低。

对于渗碳件而言，如果心部硬度太低，则表面硬度梯度太陡，易在过渡区内形成裂纹而产生深层剥落。因此，适当提高心部硬度，才能充分发挥材料的强度潜力，有效提高接触疲劳寿命。实践表明，渗碳齿轮心部硬度值以35~40HRC为宜。

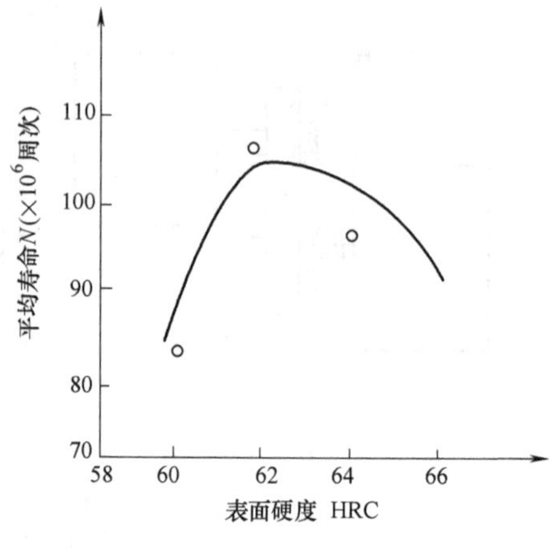

图7-18 表面硬度与接触疲劳寿命的关系

3. 表面硬化层深度

为防止表层产生早期麻点或深层剥落，渗碳的齿轮需要有一定的硬化层深度。最佳硬化层深度 t 推荐值为

$$t=m\left(\frac{1520}{100}\right) \text{ 或 } t\geqslant 3.15B$$

式中 m——模数；

B——接触面半宽。

4. 外部因素的影响

（1）表面粗糙度与接触精度 减少表面冷、热加工缺陷，降低表面粗糙度值，提高接触精度，可以有效地延长接触疲劳寿命。接触应力大小不同，对表面粗糙度要求也不同。接触应力低时，表面粗糙度对接触疲劳寿命的影响较大；接触应力高时，表面粗糙度的影响较小。

（2）硬度匹配 两个接触滚动体的硬度匹配恰当与否，会直接影响接触疲劳寿命。例如，ZQ-400型减速器中小齿轮与大齿轮的硬度比保持1.4~1.7的匹配关系，可使承载能力提高30%~50%。

此外，两个接触滚动件的装配质量及它们之间的润滑情况也会影响接触疲劳寿命。

单元小结

1）磨损是金属常见的失效形式，也是造成金属材料损耗和能源消耗的重要原因。金属磨损过程分为磨合磨损阶段、稳定磨损阶段、剧烈磨损阶段三个阶段。

2）材料抵抗磨损的性能称为耐磨性，金属的耐磨性可用磨损量、耐磨性和相对耐磨性来表示。

3）提高金属材料耐磨性的措施有：

① 选用互溶性小的材料配对，可减少黏着磨损。

② 提高零件表面的硬度，如采用表面热处理、化学热处理、电镀、喷涂、堆焊等技术方法。

③ 控制摩擦滑动速度和接触应力。

④ 降低摩擦副表面粗糙度值和摩擦表面温度，改善润滑状态等。

4）本单元介绍的几种金属磨损形式汇总在表7-1中。

表7-1　几种常见金属磨损形式汇总

磨损分类	载荷特征	介质情况	磨损过程表面情况	表面破坏特征	举例
黏着磨损	滑动时，在大的应力（超过屈服强度）和小的滑动速度下（对钢而言）	无润滑和缺乏氧化膜情况下	摩擦点处金属直接黏着，随后黏着点破坏，有磨料被拉下来，即黏着点的不断形成和破坏	表面有严重擦伤痕	缺少润滑的低速重载机械
磨料磨损	滑动时，在各种大小应力和滑动速度下	无论有无润滑，当存在有硬质磨料时	磨料嵌入表面或被磨料切削	表面有均匀的磨料切割痕	矿山机械、农业机械
腐蚀磨损	滑动或滚动，在各种大小应力和滑动速度下	无论有无润滑	塑性变形同时，氧化膜不断形成和破坏，不断有氧化物自表面剥落	表面光亮，有均匀的极细的磨纹	一般机械中最常见的正常磨损
微动磨损	微小滑动	无论有无润滑	微凸体黏着，黏合点被剪断为磨屑，磨屑被氧化。被氧化的磨屑又成为磨料，使表面形成麻点或虫纹形伤疤	摩擦副接触区有大量氧化物磨损粉末，还常常见到因接触疲劳而形成的麻点或蚀坑	紧联接零件，如螺纹联接、花键联接和过盈配合联接
接触疲劳	滚动时或重复接触时，应力超过摩擦点处屈服强度	无论有无润滑	经过一定周次重复加载后，表面产生麻点状剥落	表面呈麻点状剥落	滚动轴承、齿轮

综合训练

一、名词解释

①磨损；②黏着磨损；③磨屑；④磨合磨损；⑤咬死；⑥犁皱；⑦耐磨性；⑧接触疲劳。

二、单选题

1.（　　）、腐蚀和断裂是金属零件的三种主要失效形式，其中以腐蚀的危害最大。

A. 磨损　　B. 氢脆　　C. 疲劳　　D. 应力集中

2. 在机械的正常运转中，磨损过程大致可分为三个阶段，下列（　　）不是其中之一。

A. 磨合磨损阶段　　B. 稳定磨损阶段

C. 剧烈磨损阶段　　D. 缓慢磨损阶段

3.（　　）不是表征金属耐磨性的指标。

A. 耐磨量　　B. 磨损量　　C. 耐磨性　　D. 相对耐磨性

4. 磨损表面形貌为锥刺、鳞尾、麻点等，属于（　　）。

A. 磨料磨损　　B. 黏着磨损

C. 腐蚀磨损　　D. 疲劳磨损（接触疲劳）

5. 摩擦面上有明显犁皱形成的沟槽或磨屑，是（　　）的表现。

A. 磨料磨损　　B. 黏着磨损

C. 腐蚀磨损　　D. 疲劳磨损（接触疲劳）

6. 在相同硬度下，下贝氏体比回火马氏体具有（　　）的耐磨性。

A. 更高　　B. 更低　　C. 相等　　D. 不确定

7. （　　）不是磨损试验的类型。

A. 现场磨损试验　　B. 试样磨损试验

C. 滑动摩擦磨损试验　　D. 台架磨损试验

8. （　　）不是接触疲劳破坏的表面磨损形貌。

A. 麻点剥落　　B. 浅层剥落　　C. 中层剥落　　D. 深层剥落

9. （　　）不是影响接触疲劳寿命的因素。

A. 内部组织状态　　B. 化学成分

C. 表面硬度与心部硬度　　D. 表面硬化层深度

10. 出现咬死现象，是（　　）金属磨损的基本类型。

A. 磨料磨损　　B. 黏着磨损

C. 腐蚀磨损　　D. 疲劳磨损（接触疲劳）

三、简答题

1. 摩擦与磨损有什么关系？金属磨损过程分为哪几个阶段？
2. 金属磨损有哪些类型？试各举一例。
3. 试述黏着磨损和磨料磨损产生的条件、机理及其防止措施。
4. 比较黏着磨损、磨料磨损和微动磨损摩擦面的形貌特征。
5. 金属磨损试验有什么特点？金属耐磨性常用哪些指标来表示？
6. 磨损量的测量有哪些方法？
7. 接触疲劳破坏有几种形式？如何提高零件的接触疲劳抗力？
8. 在什么条件下发生微动磨损？如何减少微动磨损？

第八单元　金属高温力学性能

【学习目标】

知识目标	1. 掌握金属材料在高温下力学性能指标的定义和特点 2. 掌握金属材料蠕变现象及影响高温力学性能的因素 3. 了解金属材料蠕变试验、高温持久强度试验的原理和特点
能力目标	1. 能够根据金属材料蠕变试验或高温持久强度试验数据，计算相应高温下的力学性能指标 2. 能够根据具体情况，提出改善金属材料高温力学性能的措施

模块一　金属的蠕变

模块导入

“时间都去哪儿了，还没好好感受年轻就老了”，这句平实却动人的歌词引起了无数人对岁月流逝的感慨，无论是否留意，岁月的痕迹总是慢慢刻在你的身上。在金属材料的应用中也有这样的情形，虽然受到的应力小于屈服强度，但在一定的温度下，却随时间发生缓慢、连续的塑性变形，如铅放在垂直的位置，有向下缓慢流动的现象。这就是金属在高温下力学性能的重要表现——蠕变。

学习内容

有许多机械零构件是在高温下工作的，如高压蒸汽锅炉、汽轮机、燃气轮机、柴油机及化工厂的反应容器等。这些零构件在高温下工作时间长，如汽轮机叶片通常在高温下工作时间长达数十万小时。这些金属零构件在高温下表现出来的力学性能与室温时的力学性能有很大的差别。因此，金属材料在高温下的力学性能，不能只简单地用常温下短时拉伸时的应力-应变曲线来评定，必须同时考虑温度和时间两个因素。

一、金属材料在高温下力学性能的特点

金属材料的高温力学性能与室温条件下的力学性能完全不同，在室温条件下具有良好力学性能的材料，在高温条件下其性能不一定也好，高温下金属材料的力学性能要比室温下复杂得多。

首先，温度对金属材料的力学性能影响很大。一般随温度升高，强度降低而塑性增加。例如，20 钢除了在 200℃附近由于出现“蓝脆现象”使抗拉强度 R_m 比室温下有所增高外，均随温度的上升而下降，而 20 钢的断后伸长率 A 除在 200℃下因出现“蓝脆现象”而有所降低外，在高于 300℃时均是随温度上升而增加。

其次，金属材料在常温下的静载性能与载荷持续时间关系不大，但在高温下载荷持续时间对力学性能影响很大。例如，20 钢在 450℃的瞬间强度为 330MPa，在 450℃持续 300h 的

持久强度为230MPa，而在450℃持续1000h的持久强度为120MPa。试验数据表明，钢的强度在同样温度下，随着载荷保持时间的增长而降低，即使金属在高温下所承受的应力小于该工作温度下材料的屈服强度，但在长期使用过程中也会产生缓慢而连续的塑性变形（即蠕变现象）；同时，在高温长时间载荷作用下，金属材料的塑性显著降低，缺口敏感性增加，因而高温断裂往往呈脆性破坏现象。如设计、选材不当，使用疏忽，将导致零件断裂或由于过量塑性变形失效，如汽轮机叶片断裂，高温高压管道管径变大，高温高压容器紧固螺栓因应力松弛而造成泄露等。

此外，温度和时间还会影响金属材料的断裂形式，由于温度升高时晶粒强度和晶界强度都要下降且晶界强度下降较快，因此零件在“等强温度 T_E”（晶粒与晶界两者强度相等的温度，如图8-1所示）以上工作时，金属的断裂便由常见的穿晶断裂过渡到沿晶断裂。

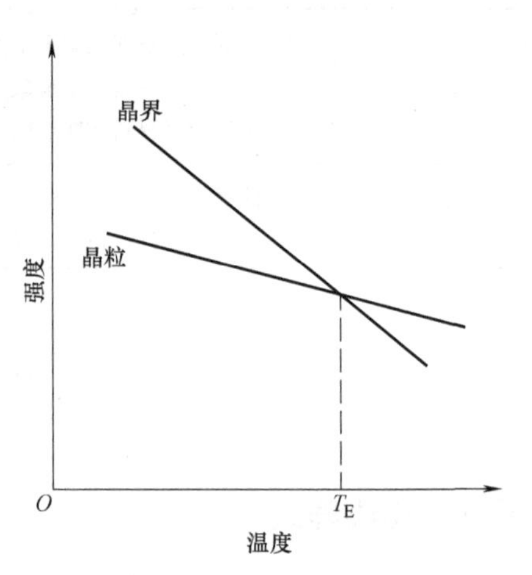

图8-1　金属等强温度示意图

因此，高温力学性能是金属材料在特殊工作条件下的一种重要力学性能，在工程设计中有很大的实用意义。

二、金属蠕变现象

1. 蠕变现象

金属材料在高温下的力学性能特点都是和蠕变紧密联系的。

金属材料在一定的温度和应力作用下，随时间发生缓慢而连续的塑性变形的现象，称为蠕变。产生蠕变所需的应力，甚至可以小于材料的弹性极限。

蠕变现象的产生由三个方面的因素构成：温度、应力和时间。温度越高、应力越大、作用时间越长，金属蠕变现象越明显。对于不同的金属，出现蠕变现象的温度不同，一般在 $0.3T_m$（T_m 为以绝对温度表示的熔点）以上时就会出现明显的蠕变。碳钢在300~400℃时，在应力的作用下即能明显地出现蠕变现象，当温度在高于400℃时，即使应力不大，也会出现较大速率的蠕变；合金钢在超过400~450℃时，在一定的应力作用下就会发生蠕变；而对于铅、锡及其合金，在室温条件下也能表现出蠕变现象。

由于金属蠕变的累积，使金属部件发生过量的塑性变形而不能使用，或者蠕变进入到了加速发展阶段，发生蠕变破裂，均会使部件失效损坏，甚至发生严重事故。所以，蠕变研究对长期在高温条件工作的机械零件和构件具有特别重要的意义。例如，锅炉、涡轮发动机、内燃机、火箭及汽轮机等，其热机械构件的选材和设计，都必须考虑材料的蠕变性能，否则将发生破坏性事故。因此，蠕变性能是高温机械设计的主要依据之一。

火电厂中在高温高压条件下工作产生蠕变的部件较多，如主蒸汽管道、高温蒸汽联箱、汽水管通、高温紧固件、汽轮机气缸等，它们在整个工作期限内，由于蠕变所累积的塑性变形量不能超过允许值。例如，一般规定主蒸汽管道、高温蒸汽联箱经10万h运行后，总变形量不超过1%；汽轮机气缸10万h后的总变形量不超过0.1%；锅炉的合金钢过热器管和再热器管，当蠕变胀粗大于2.5%时，即行更换；锅炉的碳钢过热器管和再热器管，当蠕变胀粗大于3.5%时，即行更换。

【小资料】 古代人们就发现，铅放在垂直的位置，有向下缓慢流动的现象；悬挂的铅管也有自身伸长的现象。这些蠕变现象由于当时条件限制没有被人们所重视。1905年菲利普斯发表了橡胶、玻璃及金属丝在恒定的拉应力作用下有缓慢延伸的试验结果，并给出了伸长值与应力作用时间的数学关系式。1910年后，安德雷德等人发表了金属和合金的蠕变、变形的研究报告，随后更多的学者发表了他们关于蠕变的研究成果。

2. 蠕变曲线

金属材料的蠕变现象可用蠕变曲线来描述，在适当的应力和温度范围，典型的金属蠕变曲线如图8-2所示。图中 Oa 线段是试样在温度 t 下承受恒定拉应力 σ 时所产生的起始变形量，这是一加载就立即产生的变形量，它包括弹性变形和塑性变形两部分，这一变形量当然不应算作蠕变量。蠕变是从 a 点开始，随着时间的增加，经历了曲线中 a、b、c、d 点的变化。

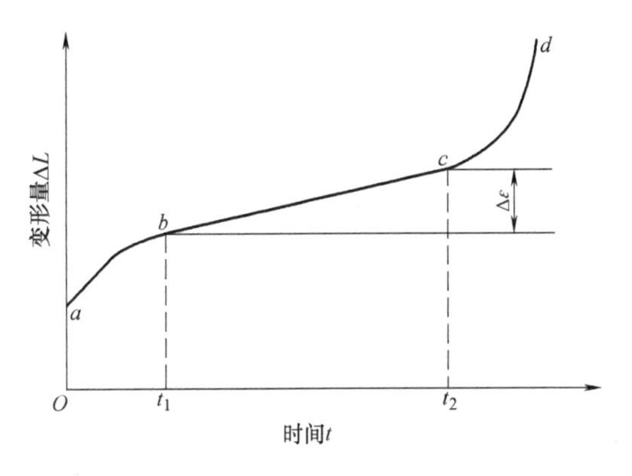

图8-2　典型的金属蠕变曲线

通常按照蠕变速率将蠕变过程分为三个阶段。

1）第一阶段 ab 是减速蠕变阶段，又称为过渡蠕变阶段。这一阶段从曲线的斜率可以看出，开始的蠕变速率很大，随着时间增加，蠕变速率逐渐减小，到 b 点达到最小值。这一阶段是很短的，不超过几百小时。

2）第二阶段 bc 是恒速蠕变阶段，又称为稳态蠕变阶段。这一阶段的蠕变速率保持不变。一般所指的金属蠕变速率，都是以这一阶段而言，否则将毫无意义且无实际应用价值，一般在高温下工作的机械零件所要求的寿命都设定在蠕变第二阶段。

3）第三阶段 cd 是加速蠕变阶段。随着时间增加，蠕变速率越来越快，到 d 点便发生蠕变断裂。

图8-2所示的蠕变过程是典型情况，只有在适当的应力和温度范围才可清楚地显示出这三个阶段。影响材料蠕变过程的两个最主要参数是温度和应力。当温度降低或者应力减小，都可使蠕变过程减慢，这时可以看到蠕变第二阶段很长，第三阶段甚至可以不出现。反之，当温度升高或者应力增加，第二阶段较短，甚至中间直线部分消失，很快地由蠕变第一阶段过渡到第三阶段。在恒定温度下改变应力，或者在恒定应力下改变温度，蠕变曲线的变化如图8-3所示。

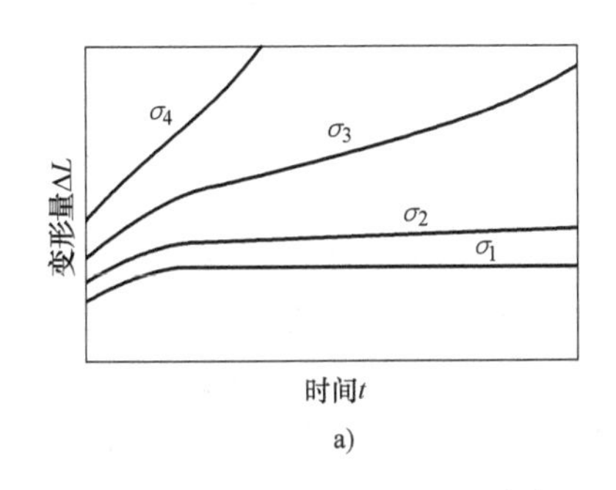

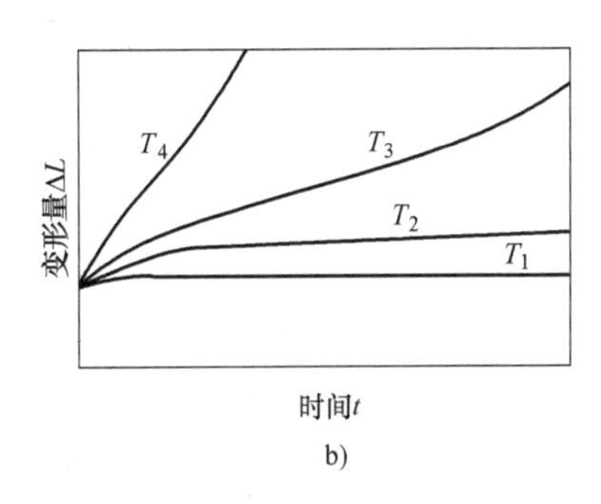

图8-3　应力和温度对蠕变曲线的影响

a）温度恒定（$\sigma_1<\sigma_2<\sigma_3<\sigma_4$）　b）应力恒定（$T_1<T_2<T_3<T_4$）

三、蠕变变形机制

蠕变变形机制有两种，一种是位错蠕变机制，另一种是扩散蠕变机制，也就是说，蠕变变形在金属内部主要是通过滑移和原子迁移等方式实现的。

1. 位错蠕变机制

常温时在应力作用下，如滑移面上位错运动受阻，产生塞积，滑移便不能进行而停止，如不进一步加大应力，受阻位错便不能进一步开动。而在高温下，由于外界提供了热激活能，促进了原子扩散，这时原来受阻而停止的位错可以继续运动，这就产生了蠕动变形。

位错蠕变机制主要发生在温度较低（<$0.5T_m$）和应力较高的情况下，多数工业用的抗蠕变合金在服役条件下其变形机制均属这种。

2. 扩散蠕变机制

扩散蠕变机制发生在较高的温度（0.6~0.7）T_m 和应力较小的情况下，它是在高温条件下大量原子和空位定向移动造成的，少数的工程合金，如燃气轮机涡轮盘使用的镍基超合金和陶瓷材料的变形机制属于此类。

在不受外力的情况下，原子和空位的移动没有方向性，因而宏观上不显示塑性变形。但当金属两端有拉应力作用时，在多晶体内产生不均匀的应力场，如图 8-4 所示。对于承受拉应力的晶界（如 *A*、*B* 晶界）空位浓度高；对于承受压应力的晶界（如 *C*、*D* 晶界），空位浓度低。因而在晶体内空位将从受拉晶界向受压晶界迁移，原子则朝相反方向流动，致使晶体逐渐产生伸长的蠕变，这种现象即称为扩散蠕变。

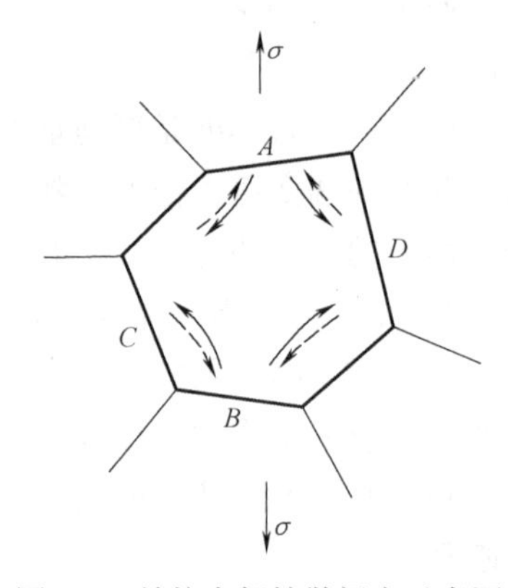

图 8-4 晶粒内部扩散蠕变示意图
→空位移动方向 - -→原子移动方向

需要指出的是，以上两种蠕变变形机制因受温度和应力的综合影响，没有确切的划分界限，究竟以哪种为主，可参阅材料的变形机制图。

另外，在常温下，晶界变形是极不明显的，可忽略不计。但在高温条件下由于晶界上的原子容易扩散，晶界强度降低，其变形量就很大，有时甚至占总蠕变变形量的一半，这是蠕变变形的重要特点之一，因此蠕变断裂形式主要是沿晶断裂。

模块二 金属高温力学性能指标

模块导入

在高压蒸汽锅炉、汽轮机、柴油机、航空发动机、化工设备中的高温高压管道等设备中，很多机件长期在高温下服役。对于这类机件的材料，只考虑常温短时静载时的力学性能还不够。如化工设备中的高温高压管道，虽然承受的应力小于该工作温度下材料的屈服强度，但在长期使用过程中会产生蠕变，使管径逐步增大，甚至会导致管道破裂。所以，应对其高温力学性能指标提出明确要求。

学习内容

一、蠕变极限

1. 蠕变极限的定义

在规定温度下，使试样在规定时间产生的蠕变伸长率（总伸长率或塑性伸长率）或稳态蠕变速率不超过规定值的最大应力称为蠕变极限。为保证在高温长时载荷作用下的机械零件不致产生过量蠕变，要求金属材料具有一定的蠕变极限，如汽轮机叶片高温时产生过量蠕变，转子将不能在定子中正常运行。与常温下的屈服强度相似，蠕变极限是金属材料在高温长时载荷作用下的塑性变形抗力指标。

蠕变极限一般有两种表示方式⊖。一种是在规定温度（t）下，使试样在规定时间内产生的稳态蠕变速率（v）不超过规定值的最大应力，以符号 σ_v^t 表示。例如，$\sigma_{10^{-5}}^{600}=60\text{MPa}$，表示温度为600℃的条件下，稳态蠕变速率为 10^{-5}%/h 的蠕变极限为60MPa。

另一种是在规定温度（t）下和规定的时间（τ）内，使试样产生的蠕变总伸长率（ε_t）不超过规定值的最大应力，以符号 $\sigma_{\varepsilon_t/\tau}^t$ 表示，试验时间及蠕变总伸长率的具体数值是根据机械零件的工作条件来规定的。例如，$\sigma_{1/10^5}^{500}=100\text{MPa}$，即表示材料在500℃，经10万h产生的总伸长率为1%时的蠕变极限为100MPa。

这两种规定方法差别不大。若蠕变速率大而服役时间短时，可取前一种表示方法；反之，蠕变速率小而服役时间长时，则宜用后一种表示方法。

2. 金属蠕变试验

蠕变试验是测定材料在给定温度和应力下抗蠕变变形能力的一种试验方法，应用最广泛的是拉伸蠕变试验。在规定的温度下，把一组试样分别置于不同恒应力下进行试验，测定试样随时间的轴向伸长，以所得的数据在单对数或双对数坐标图上绘制出应力-稳态蠕变速率或应力-蠕变总伸长率关系曲线。用内插法或外推法求蠕变极限。

蠕变试验的时间，根据零件在高温下的使用寿命而定。蠕变试验温度一般为300～1000℃，试验时间不超过10000h。对于在高温下长期运行的锅炉、汽轮机等材料，有时要求提供10～20万h的性能试验数据。

（1）试样　蠕变试样与一般拉伸试样相似，不同的是在蠕变试样工作部分的两端各有一个经特殊加工的部位用来装引伸计，有的为螺纹，有的为一凸台，其试样形状尺寸如图8-5所示。圆形蠕变试样直径为5～10mm，原始计算长度为 $5d_0$ 或 $10d_0$（也可以采用 $12.5d_0$）。板形蠕变试样厚度一般为1～5mm，宽度为6～15mm，原始计算长度为50～100mm。

（2）试验装置　金属蠕变试验装置如图8-6所示。试样7装在夹头8上，然后置于电炉6内加热，试样温度用捆在试样上的热电偶5测定，炉温用铂电阻2控制。通过杠杆3及砝码4对试样加载，使之承受一定大小的拉应力。试样的蠕变总伸长量用安装在炉外的引伸计1测量。

（3）试验过程　试样安装完毕，在升温过程中，应在试样上施加一个拉紧力，目的是使试样各连接部位保持稳定，施加的初始力为试验力的10%且应力应大于10MPa。待炉温

⊖ 在GB/T 2039—2012中无“蠕变极限”术语，但有近似表示方式为规定塑性应变强度，用符号 R_p 表示。例如，对于最大塑性应变量为0.2%，达到应变时间为1000h，试验温度 $T=650$℃ 的规定塑性应变强度表示为 $R_{p\,0.2,1000/650}$。考虑到工程应用的实际情况，本书还沿用原表示方式。——编者注

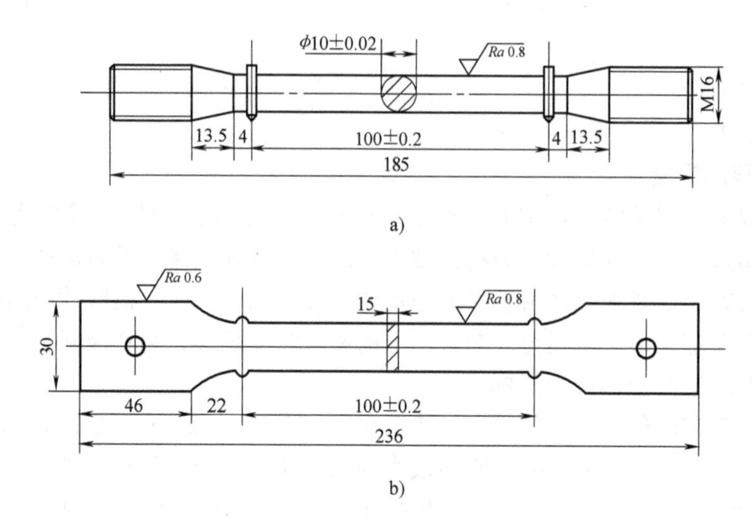

图 8-5 标准蠕变试验试样

a）圆试样 b）板试样

升到规定温度后再加主载荷，加载时要平稳无冲击。加主载荷前，调整好试样两边引伸计的初始读数，主载荷加上后应立即记下变形值，以后每隔一定时间记录一次。如试样有些偏心，则读数值取其平均值。

只要求得到第二阶段蠕变速率时，应根据曲线情况待第二阶段延续 500～1000h，试验总时间为 3000h 左右时，即可结束试验。关炉之前卸去全部载荷，记下卸载后读数，这个值表示试样的残余变形。

试验进行至规定时间后停止，将试验结果在单对数或双对数坐标图上绘制出应力-稳态蠕变速率或应力-蠕变总伸长率关系曲线。

（4）蠕变极限的确定 在进行金属蠕变试验时，在同一温度下要用四个以上的不同应力进行蠕变试验，每个应力水平做出三个数据，在单对数或双对数坐标上用作图法或最小二乘法绘制出应力-蠕变总伸长率或应力-稳态蠕变速率关系曲线，用内插法或外推法求出蠕变极限。具体确定方法如下。

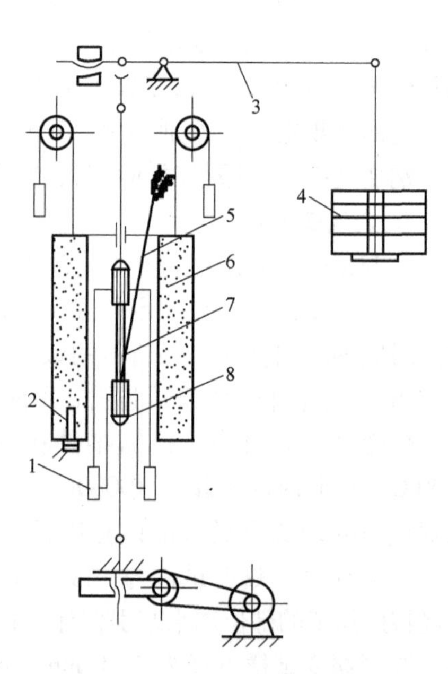

图 8-6 金属蠕变试验装置

1—引伸计 2—铂电阻 3—杠杆 4—砝码 5—热电偶 6—电炉 7—试样 8—夹头

1）在同一温度下（一般为材料的工作温度），以不同的应力 σ_1、σ_2、σ_3 等分别进行蠕变试验，并绘出蠕变曲线，如图 8-7a 所示。计算出各应力下对应的第二阶段蠕变速率 v_1、v_2、v_3 等。

2）以应力为纵坐标，蠕变速率为横坐标，以上述应力及对应的蠕变速率描点，如图 8-7b 所示。

3）将点连成直线，如试验点比较分散，可用最小二乘法依试验数据计算出直线方程，得出的直线是试验点的最佳拟合线。

4）直线上蠕变速率为 $10^{-4}\%/\mathrm{h}$ 所对应的应力即为规定蠕变速率 $10^{-4}\%/\mathrm{h}$ 的蠕变极限。

蠕变速率为其他数值时的蠕变极限也可同样求出。

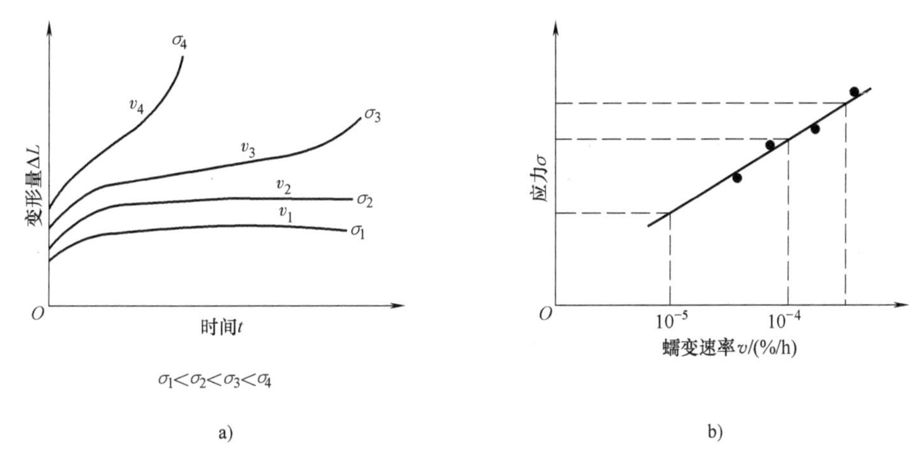

图 8-7　蠕变极限的确定方法

由于蠕变试验耗时较长，而应力（σ）-蠕变速率（v）在对数坐标上又近似一条直线，因此有人提出用外推法，将在较高应力下短时试验的数据外推到低应力长时间条件下。例如，将图 8-8 所示的 σ-v 直线用外推法延长至 $v=10^{-5}\%/h$ 处（虚线所示），即得 12Cr1MoV 钢在 580℃，稳态蠕变速率为 $10^{-5}\%/h$ 时的蠕变极限为 41MPa。用外推法求蠕变极限，其蠕变速率只能比最低试验点的数据低一个数量级；否则，外推值不可靠。

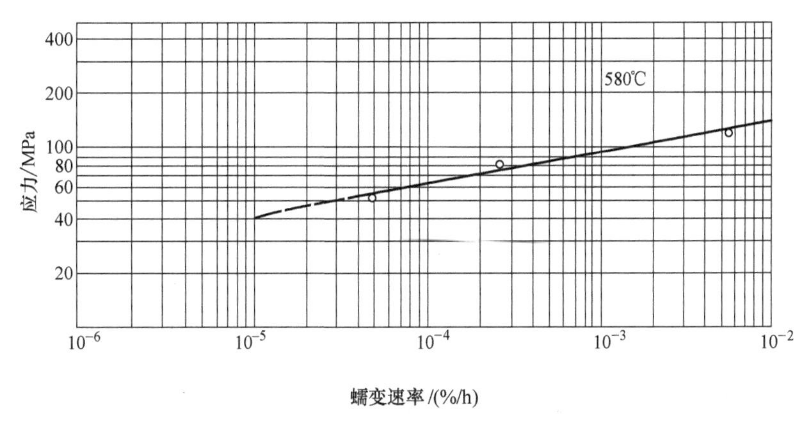

图 8-8　12Cr1MoV 钢在 580℃的 σ-v 线图

试验表明，这种外推法有一定的局限性，在有限范围内是可行的，如果外推的范围较宽则应慎重，这是由于在高应力短时间条件下的蠕变机制可能与低应力条件下的机制不同。

二、持久强度

1. 持久强度的定义

持久强度㊀是高温下载荷长期作用时材料对断裂的抵抗能力，是指材料试样在规定温度下达到规定的试验时间而不产生断裂的最大应力，用 σ_{τ}^{t} 表示。例如，$\sigma_{10^3}^{700}=300\text{MPa}$，表示

㊀ 在 GB/T 2039—2012 中持久强度称为蠕变断裂强度，用符号 R_u 表示。例如，对于蠕变断裂时间 $t_u=100000\text{h}$、试验温度 $T=550℃$（550℃下 100000h 蠕变断裂强度）所测定的蠕变断裂强度表示为 $R_{u100000/550}$。但是考虑到实际工程应用习惯，本书还沿用旧标准的表示方法。——编者注

材料在700℃经1000h后不发生断裂的最大应力，即持久强度为300MPa。

蠕变极限是以考虑变形为主，如汽轮机和燃气轮机叶片在长期运行中，只允许发生一定的变形，在设计时以材料的蠕变极限作为主要依据。而对于某些高温零件，如锅炉中的过热蒸气管和喷气发动机，对蠕变变形要求并不严格，但必须保证在使用期间不发生破坏，因此，主要性能为持久强度，在设计时主要以持久强度作为依据，而蠕变极限作为校核使用。对于那些严格限制其蠕变变形的高温零件，也必须要有持久强度的数据，用它来衡量材料在使用中的安全可靠程度。

2. 金属高温持久强度试验

金属持久强度试验方法与蠕变试验方法都是在恒定温度和载荷下进行的。两者的区别是，持久强度试验一般施加的应力大，而蠕变试验所施加的应力较小；蠕变试验过程中要测量试样变形，而持久强度试验则记录断裂时间。

（1）试样 持久试样有圆形试样、矩形试样及缺口试样三种类型。圆形试样与拉伸试样相似，直径为5mm和10mm，原始计算长度分别为25mm和50mm，为了准确地计算持久断后伸长率，可适当减小过渡圆弧半径。在可能的情况下，尽量选用大直径试样进行试验。图8-9所示为直径为10mm的圆形横截面标准持久试样。矩形横截面持久试样的宽度一般为10mm，推荐的标准试样如图8-10所示，原始计算长度与厚度的关系见表8-1。对于缺口试样，国家标准推荐弹性应力集中系数 $K_t=3.85$ 的试样，如图8-11所示。

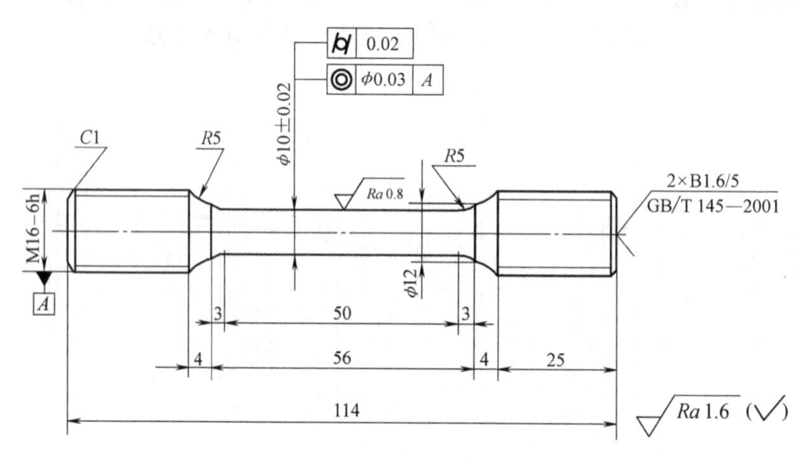

图8-9 直径为10mm的圆形横截面标准持久试样

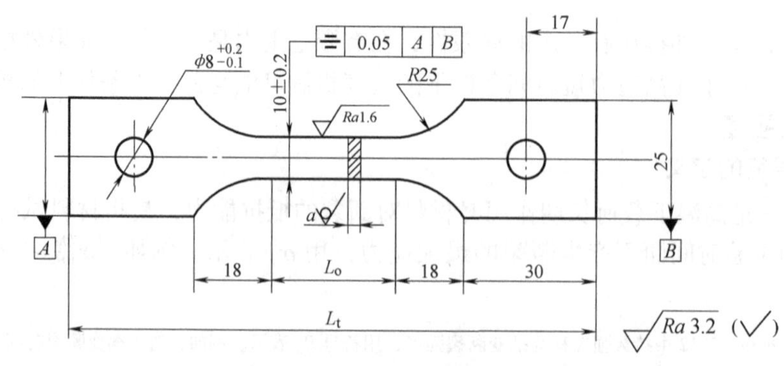

图8-10 矩形横截面标准持久试样

表 8-1　矩形横截面持久试样原始计算长度与厚度的关系

厚度 a	≥0.8~1.0	>1.0~1.5	>1.5~2.4	>2.4~3.0
L_o	15	20	25	30
L_t	111	116	121	126

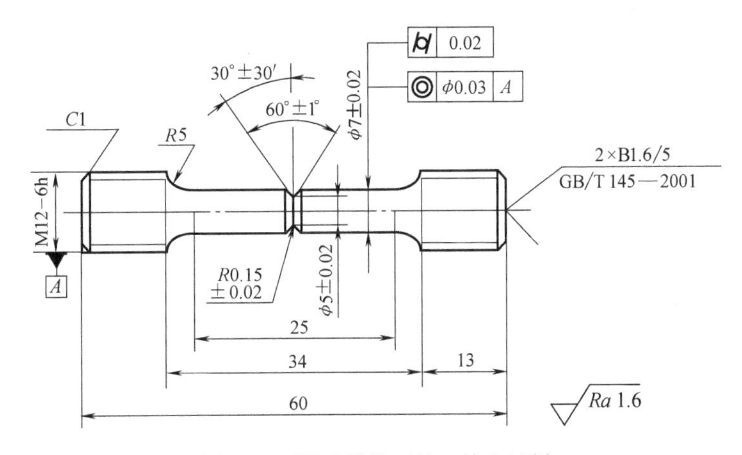

图 8-11　圆形横截面缺口持久试样

（2）持久强度的评定　金属的高温持久强度评定通常采用以下两种方法。

1）由金属材料的检验规程规定。给出材料的试验温度和应力，在持久强度试验中，当持续时间超过规定的时间后试样不断裂，即认为该材料持久强度试验合格。这种方法常为工厂生产检验中所采用。用这种评定方法属于较短寿命设计的持久强度性能指标，对许多机械设计并不适用。

2）求持久强度。对于设计寿命为数百至数千小时的机械零件，其材料的持久强度可以直接用同样的时间进行试验确定。但对于设计寿命为数万以至数十万小时的机械零件，要进行这么长时间的试验是比较困难的。因此，和蠕变试验相似，一般通过试验得到一些应力较大、断裂时间较短（数百至数千小时）的试验数据，在其应力-时间双对数图上回归成直线，即持久强度曲线。

一般经验公式认为，当温度不变时，断裂时间与应力两者的对数呈线性关系。据此可用外推法求出数万以至数十万小时的持久强度，为了保证外推结果的可靠性，外推时间一般不得超过试验时间 10 倍。图 8-12 所示为 12Cr1MoV 钢在 580℃及 600℃时的持久强度曲线，由图可见，试验最长时间为 10^4h（实线部分），但用外推法（虚线部分）可得到 10^5h 的持久强度。如 12Cr1MoV 钢在 580℃、10^5h 的持久强度为 89MPa。

但必须注意，上述持久强度的外推法是近似的，试验点并不完全符合线性关系，实际上是一条具有二次转折的曲线，如图 8-13 所示。因此，使用外推法时必须先找出拐点，且外推时间不超过一个数量级。

通过高温持久试验，测量试样断裂后的伸长率及断面收缩率，还能反映出材料在高温下的持久塑性，这是一个衡量材料蠕变脆化的重要指标。许多钢种在短时试验时其塑性较好，但经高温长时加载后塑性有显著降低的趋势，有的持久断后伸长率仅 1%左右，呈

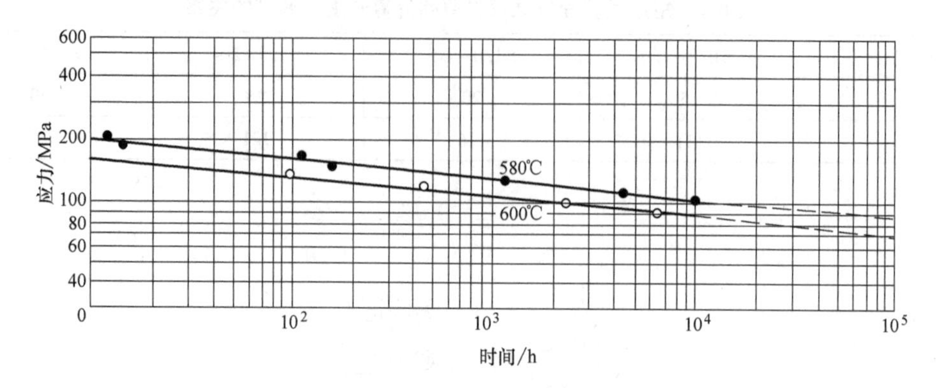

图 8-12 12Cr1MoV 钢在 580℃及 600℃时的持久强度曲线

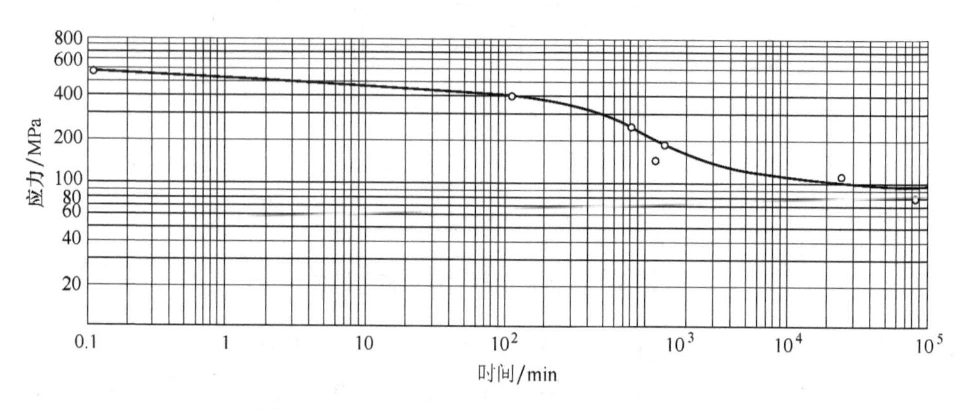

图 8-13 10CrMo910 钢 550℃的持久强度曲线

现蠕变脆性现象。过低的持久塑性会使材料在使用中产生脆性断裂，制造汽轮机、燃气轮机紧固件的低合金铬钼钒钢一般希望持久塑性（断后伸长率）不低于 3%～5%，以防脆断。

【小资料】 一般来说，蠕变试验要持续 2000h（83 天）以上才能得出有效数据，而想要设定高温下力学性能指标标准的话，则要做 100000h（11.4 年）的试验，而全世界能够进行 100000h 以上蠕变试验的科研机构并不多。日本物质材料研究机构（NIMS）从 1969 年开始对一种碳的质量分数为 0.3% 的压力容器用钢进行蠕变试验，测试条件为 400℃/294MPa。2009 年 6 月 18 日，NIMS 的蠕变测试时长已经达到了 348310h，仅次于德国西门子的记录——356463h，但是西门子的相关试验在 2000 年终止了。而到了 2011 年 2 月 27 日，NIMS 取代了西门子，取得了世界上最久的蠕变测试数据，试验持续时间超过了 14853 天（40.7 年）。到了 2018 年，NIMS 的金属蠕变测试依旧在继续。

持续了 40 多年的试验数据，对于全世界的科学家和企业来说都是珍贵的资料。

三、松弛稳定性及其指标

由于金属在长时高温载荷作用下会产生蠕变，因此，对于在高温下工作并依靠原始弹性变形获得工作应力的机械零件，如高温管道法兰接头的紧固螺栓、用压紧配合固定于轴上的汽轮机叶轮等，就可能随时间的延长在总变形量不变的情况下，弹性变形不断地转变为塑性变形，从而使工作应力逐渐降低，以致失效。这种在规定温度和初始应力条件下，金属材料中的应力随时间增加而减小的现象称为应力松弛，可以将应力松弛现象看作是应力不断降低条件下的蠕变过程，因此，蠕变与应力松弛是既有区别又有联系的。

【小资料】 蠕变时，应力保持不变，塑性变形和总变形随时间延长而增大，而松弛时，总变形不变，随时间延长，塑性变形不断取代弹性变形，使弹性应力不断下降。虽然它们表现的形式不同，但两者在本质上并无区别。因此松弛现象可看作是一种在应力不断减小条件下的蠕变过程，或者说是在总变形量不变条件下的蠕变。一般蠕变抗力高的金属材料，其应力松弛抗力也高，但应力松弛与蠕变又是两个不同的概念，因此，蠕变并不能代替应力松弛。

钢在常温下，可以说不产生松弛现象，因松弛速度甚小，没有实际意义。但在高温时松弛现象就较明显，因此蒸汽管道接头螺栓在工作一定时间后必须拧紧一次，以免产生漏水、漏气现象。在高温下，除螺栓外，凡相互连接而其中有应力相互作用的零件，如弹簧、压配合件等都会产生应力松弛现象。

金属材料抵抗应力松弛的性能称为松弛稳定性，可通过应力松弛试验（具体方法请参阅GB/T 10120—2013）测定的应力松弛曲线来评定。金属的应力松弛曲线是在规定温度下，对试样施加载荷，保持初始变形量恒定，测定试样上的应力随时间而降低的曲线，如图8-14所示。图中 σ_0 为初始应力，随着时间的延长，试样中的应力不断减小。

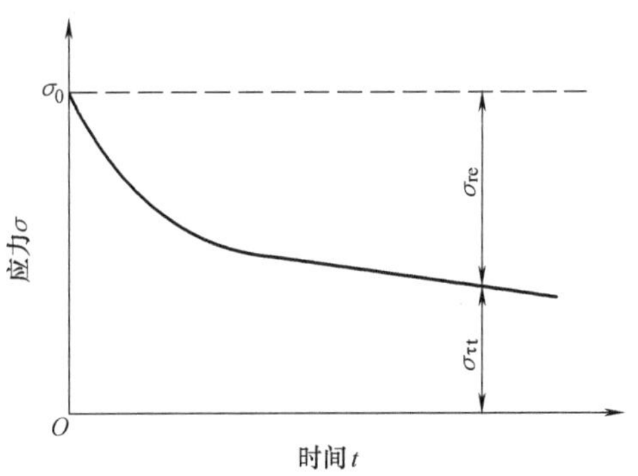

图8-14　金属应力松弛曲线

在应力松弛试验中，任一时间试样上所保持的应力称为剩余应力 $\sigma_{\tau t}$，试样上所减少的应力，即初始应力与剩余应力之差，称为松弛应力 σ_{re}。

剩余应力 $\sigma_{\tau t}$ 是评定金属材料应力松弛稳定性的指标。对于不同的金属材料或同一材料经不同热处理，在相同试验温度和初始应力条件下，经规定时间 t 后，剩余应力越高者，其松弛稳定性越好。制造汽轮机、燃气轮机紧固件用的20Cr1Mo1V1钢，分别经不同热处理后的应力松弛曲线，如图8-15所示。由图可见，在相同初始应力（300MPa）和相同试验时间条件下，采用正火工艺的剩余应力值高于油淬工艺，说明前者有较好的应力松弛稳定性。

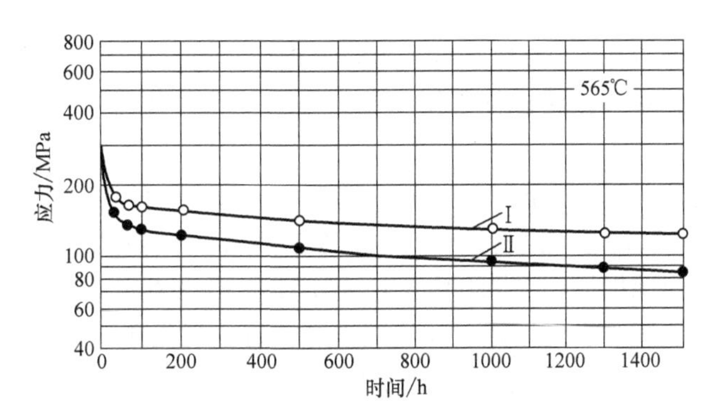

图8-15　热处理对20Cr1Mo1V1钢应力松弛曲线的影响

Ⅰ—1000℃正火，700℃回火　Ⅱ—1000℃淬火，700℃回火

模块三 其他高温力学性能

模块导入

2015年12月21日美国SpaceX公司首次实现猎鹰9号一级运载火箭的海上回收，开创了运载火箭重复使用的先河。据称，猎鹰9号一级运载火箭（图8-16）可重复使用10次，虽然如此，其高温工作时间仍小于高压蒸汽锅炉、汽轮机、航空发动机中有关机件的高温工作时间，因此，不必进行时间很长的蠕变试验，而应该进行高温短时性能试验。

图8-16 猎鹰9号一级运载火箭

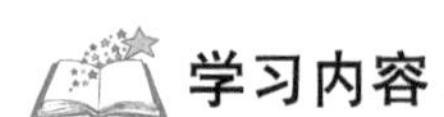

学习内容

一、高温短时拉伸性能

有一些零件在高温下持续工作的时间很短，如火箭、导弹上的某些零件。在这种情况下蠕变现象并不起决定作用，设计这类零件时需要金属材料的高温短时拉伸性能数据。

高温短时拉伸试验与室温拉伸试验相似，只需附加加热与测温装置、耐高温的试样夹具及引伸计即可测定高温下的抗拉强度、屈服强度、弹性模量、延伸率及断面收缩率等拉伸性能指标。但高温短时拉伸试验时，试验温度、载荷持续时间和加载速度对材料的性能有显著影响，特别是加载速度和载荷持续时间影响最大。具体规定和操作可参考GB/T 228.2—2015《金属材料 拉伸试验 第2部分：高温试验方法》。

二、高温硬度

高温硬度用于衡量材料在高温下抵抗塑性变形的能力，对于高温轴承和在高温下工作的工模具材料，高温硬度是重要的质量指标。高温硬度的原理与室温硬度相同，有布氏硬度、洛氏硬度、维氏硬度等。

测量高温硬度有两个问题需要注意，一是压头材料的选择，二是试样的加热和防护。

压头的必要条件是在高温下保持足够的硬度，不发生过量的变形，不发生氧化和脱碳，与试样不发生化学反应。在400℃以下可采用淬火钢球，更高的温度时需采用耐热钢、硬质合金或特殊陶瓷材料。对于金属试样常用蓝宝石压头，另外作为压头材料的还有B_4C，SiC等陶瓷材料。

金刚石压头可用于800℃以下，但必须注意，因被测试样种类的不同，不能应用的场合也不少。例如，在600℃附近与钢材发生反应；在1000℃时与纯铁发生黏着；在900℃反复试验几十次后压头便变钝损坏；在850℃以上易与Ti和Cr发生化学反应等。

由于硬度测量是从试样表面压入，加热试样必须防止氧化和脱碳，必须在真空或保护气氛（如氩、氮等）中加热，但这时要注意与大气压不同带来的影响。另外，用压痕硬度法试验时，在高温下打压痕，冷却至室温测定压痕尺寸，要注意冷却时有没有发生相变，如果发生相变，该法就不能应用。

高温硬度值随载荷保持的时间而变化，保持时间越短，硬度值越高，因此必须在规定的时间内进行测定。压头的加载速度一般为 10mm/(15~20s)，加热炉的加热速度为 10℃/min 以下。达到硬度测定温度后，保持 2~3min 再开始测量。

模块四　影响金属高温力学性能的因素

模块导入

大家知道，细晶强化是金属材料五大强化手段中最为重要的手段之一，因为细晶强化既可以提高金属材料的强度、硬度，又可以增加其塑性、韧性。但在高温下细晶强化还能起到强化作用吗？为什么涡扇发动机的涡轮叶片（图 8-17）使用单晶体材料制造呢？

图 8-17　涡扇发动机的涡轮叶片

学习内容

由蠕变变形和断裂机理可知，要提高蠕变极限必须控制位错攀移的速率；要提高持久强度必须控制晶界的滑动。也就是说，要提高金属材料的高温力学性能，应控制晶内和晶界的原子扩散过程。这种扩散过程主要取决于合金的化学成分，并与冶炼工艺、热处理工艺等因素密切相关。

一、合金化学成分的影响

位错越过障碍所需的激活能（即蠕变激活能）越高的金属，越难产生蠕变变形。试验表明，纯金属的蠕变激活能大体上与其自身扩散激活能相近。因此，耐热钢及合金的基体材料一般选用熔点高、自身扩散激活能大或层错能低的金属及合金。这是因为在一定温度下，熔点越高的金属自身扩散激活能越大，因而自扩散越慢；如果熔点相同但晶体结构不同，则自身扩散激活能越高者，扩散越慢；层错能越低的金属越易产生扩展位错，使位错难以产生割阶、交滑移及攀移，这些都有利于降低蠕变速率。大多数面心立方结构的金属，其高温强度比体心立方结构的高，这是一个重要原因。

向基体金属中加入铬、钼、钨、铌等合金元素形成单相固溶体，除产生固溶强化作用外，还因为合金元素使层错能降低，易形成扩展位错，且溶质原子与溶剂原子的结合力较强，增大了扩散激活能，从而提高蠕变极限。一般来说，固溶元素的熔点越高，其原子半径与溶剂的相差越大，对提高热强性越有利。

单纯用单相固溶体的强化效果是不够的，在高温强化的合金中必须形成尺寸很小但又十分稳定的，即不易溶解和长大的弥散相。弥散相能强烈阻碍位错的滑移，因而是提高高温强度更有效的方法。弥散相粒子硬度越高，弥散度越大，稳定性越高，则强化作用越好。如钒、铌、钛可强烈形成碳化物，在钢中形成弥散分布的沉淀相，有良好强化效果，可提高材料的高温强度。

在合金中添加能增加晶界扩散激活能的元素，如硼、铝、稀土等，则既能阻碍晶界滑动，又能增大晶界裂纹面的表面能，因而可提高蠕变极限，特别是持久强度。

二、金属冶炼工艺

各种耐热钢及高温合金对冶炼工艺的要求较高，因为钢中的夹杂物和某些冶金缺陷会使材料的持久强度降低。高温合金对杂质元素和气体含量要求更加严格，常存杂质除硫、磷外，还有铅、锡、砷、锑、铋等，即使其含量只有十万分之几，当其在晶界偏聚后，会导致晶界严重弱化，而使热强性急剧降低，并增大蠕变脆性。某些镍基合金的试验结果表明，经过真空冶炼后，由于铅的质量分数由 5×10^{-6}降至 2×10^{-6}以下，其持久寿命增长了一倍。

由于高温合金在使用中通常在垂直于应力方向的横向晶界上易产生裂纹，因此，采用定向凝固工艺使柱状晶沿受力方向生长，减少横向晶界，可以大大提高持久寿命。现在的镍基超合金燃气轮机叶片已采用定向凝固的办法制成定向生长的多晶体甚至单晶体，限制了原子在晶界附近的扩散和定向流动，使蠕变速率大为降低。例如，有一种镍基合金采用定向凝固工艺后，在 760℃、645MPa 应力作用下的断裂寿命可提高 4~5 倍。

三、热处理工艺

珠光体耐热钢一般采用正火加高温回火工艺。正火温度应较高，以促使碳化物较充分而均匀地溶于奥氏体中，回火温度应高于使用温度 100~150℃，以提高其在使用温度下的组织稳定性。

奥氏体耐热钢或合金一般进行固溶处理和时效，使之得到适当的晶粒度，并改善强化相的分布状态。有的合金在固溶处理后再进行一次中间处理（二次固溶处理或中间时效），使碳化物沿晶界呈断续链状析出，可使持久强度和持久伸长率进一步提高。

采用形变热处理改变晶界形状（形成锯齿状），并在晶内形成多边化的亚晶界，则可使合金进一步强化。如某些镍基合金采用高温形变热处理后，在 550℃和 630℃的 100h 持久强度分别提高 25%和 20%左右，而且还具有较高的持久伸长率。

四、晶粒度

晶粒的大小对金属材料高温力学性能的影响很大。当使用温度低于等强温度时，细晶粒钢有较高的强度；当使用温度高于等强温度时，粗晶粒钢及合金有较高的蠕变极限和持久强度，但是晶粒太大会降低高温下的塑性和韧性。对于耐热钢及合金来说，随合金成分及工作条件不同有一最佳晶粒度范围。例如，奥氏体耐热钢及镍基合金，一般以 2~4 级晶粒度较好。因此，进行热处理时应考虑采用适当的加热温度，以满足晶粒度的要求。

在耐热钢及合金中，晶粒度不均匀会显著降低其高温性能，这是由于在大小晶粒交界处易产生应力集中而形成裂纹。

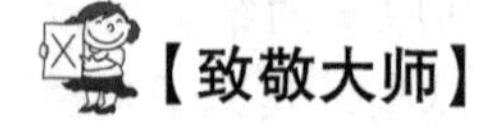

中国高温合金的开拓者：师昌绪

师昌绪（1920—2014），河北省徐水县人，著名金属学及材料科学家，中国科学院、中国工程院资深院士，2010 年国家最高科学技术奖获得者。

1955 年在麻省理工学院冶金系进行博士后研究的师昌绪，冲破了美国政府的重重阻力，登上了从旧金山开往香港的克里夫兰号客轮。临行前，他的导师问："你想回国，如果因为职位低、挣钱少的话，我可以帮忙。"师昌绪平静地回答说："都不是，在美国我是个可有可无的人，而我是中国人，我的祖国需要我。"

师昌绪从美国回国后任职于中国科学院沈阳金属研究所，从事高温合金及合金钢的研究工作，领导研发了中国第一代空心气冷铸造镍基高温合金涡轮叶片，还发展了第一代铁基高温合金，成为中国高温合金领域的开拓者之一。

20 世纪 50 年代后期，我国做出了高温合金生产立足中国的决定。师昌绪作为金属研究所高温合金研究组的负责人，解决了中国最早试制开发的高温合金 GH3030 的质量问题，继而对 GH4037、GH4033、GH4049、GH3044 等高温合金展开了试制工作。另一方面，利用沈阳金属研究所 1957 年进口的真空感应炉，在中国率先进行铸造高温合金的研究，并于 1959 年研制出一种不含钴而其性能达到国际水平的镍基铸造涡轮叶片高温合金。

针对我国镍、铬元素稀缺的情况，师昌绪提出了“以铁基代镍基高温合金及发展不含或少含镍、铬的合金钢”的倡议。他利用中国拥有丰富的稀土资源，开展了“稀土在镍基高温合金中的作用”的研究，并与抚顺钢厂合作率先开发了一种铁基高温合金 808（GH2135），代替了用量很大的镍基合金 GH4033，作为航空发动机关键部件——涡轮盘，投入了批量生产，装备了数以千计的发动机。

1964 年，师昌绪领导并参加了航空发动机空心叶片的研制工作，生产这种空心叶片的技术现在被称为“定向凝固无余量精铸复合冷却空心涡轮叶片技术”，仍被视为最尖端的材料及铸造技术。在当时的条件下，要在 100mm 的叶片上均匀做出粗细不等、最小直径只有 0.8mm 的 9 个小孔，难度极大。师昌绪同科研人员攻克了型芯定位、造型、浇注、脱芯及无损检测等一道道难关，于 1965 年研制出中国第一代铸造多孔空心叶片，使中国成为继美国之后在世界上第二个采用铸造生产空心涡轮叶片的国家。

师昌绪在高温合金研制、生产和加工领域的成就，为中国航空工业的发展做出了杰出贡献，2010 年被授予国家最高科学技术奖。

单 元 小 结

1）金属在高温下表现出来的力学性能与室温时的性能有很大的差别。在高温条件下，温度和时间对金属材料的力学性能影响很大，最突出的问题就是蠕变和应力松弛。

2）蠕变是指金属材料在一定的温度和应力作用下，随时间发生缓慢而连续的塑性变形的现象。金属的蠕变现象可用蠕变曲线来描述，蠕变曲线分为三个阶段。高温条件下工作的机械零件和构件要特别注意因蠕变带来的变形问题。

3）在规定温度下使试样在规定时间产生的蠕变伸长率（总伸长率或塑性伸长率）或稳态蠕变速率不超过规定值的最大应力，称为蠕变极限。蠕变极限可由给定温度和应力下的蠕变试验测定，应用最广泛的是拉伸蠕变试验。

4）持久强度是高温下载荷长期作用时材料对断裂的抵抗能力，是指材料在规定温度下达到规定的试验时间而不产生断裂的最大应力。持久强度可由测定给定温度和应力下的断裂时间的持久试验测定。

5）在规定温度和初始应力条件下，金属材料中的应力随时间增加而减小的现象称为应力松弛。蠕变与应力松弛既有区别又有联系，可以将应力松弛现象看作是应力不断降低条件下的蠕变过程。

6）影响金属材料高温力学性能的因素有合金的化学成分，并与冶炼工艺、热处理工艺、晶粒度等因素有关。

综 合 训 练

一、名词解释

①等强温度；②蠕变；③稳态蠕变速率；④蠕变极限；⑤持久强度；⑥应力松弛。

二、单选题

1. 晶粒与晶界两者强度相等的温度称为（　　）。

A. 高温强度　　B. 晶界温度　　C. 晶粒温度　　D. 等强温度

2. 蠕变是材料的高温力学性能，是缓慢产生（　　）甚至断裂的现象。

A. 弹性变形　　B. 塑性变形　　C. 磨损　　D. 疲劳

3. 蠕变过程可以用蠕变曲线来描述，按照蠕变速率的变化，可将蠕变过程分为三个阶段，（　　）不是蠕变过程的三个阶段之一。

A. 减速蠕变阶段　　B. 低速蠕变阶段　　C. 恒速蠕变阶段　　D. 加速蠕变阶段

4. （　　）不是蠕变变形机制。

A. 位错蠕变机制　　B. 扩散蠕变机制　　C. 晶界扩散机制　　D. 晶界滑动蠕变机制

5. 蠕变极限与常温下的（　　）相似。

A. 抗拉强度　　B. 疲劳强度　　C. 屈服强度　　D. 断裂强度

6. 持久强度与常温下的（　　）相似。

A. 抗拉强度　　B. 疲劳强度　　C. 屈服强度　　D. 断裂强度

7. 应力松弛是材料的高温力学性能，是在规定的温度和初始应力条件下，金属材料中的（　　）随时间增加而减小的现象。

A. 弹性变形　　B. 塑性变形　　C. 应力　　D. 屈服强度

8. （　　）不是影响金属高温力学性能的因素。

A. 合金化学成分　　B. 金属冶炼工艺

C. 热处理工艺　　D. 零件外形尺寸

9. 当使用温度高于等强温度时，晶粒尺寸（　　）越有利于持久强度提高。

A. 越小　　B. 越大　　C. 不变　　D. 以上答案都对

10. 下列哪种元素对提高金属材料热强性最有利（　　）。

A. H　　B. W　　C. Al　　D. V

三、简答题

1. 说明下列力学性能指标的意义。

①σ^t_ν；②$\sigma^t_{\varepsilon_t/\tau}$；③$\sigma^t_\tau$。

2. 与常温下力学行为相比，金属材料在高温下的力学行为有哪些特点？

3. 金属蠕变变形机制是什么？蠕变与什么因素有关系？

4. 蠕变极限和持久强度如何定义？试验中如何确定？

5. 试分析晶粒大小对金属材料高温力学性能的影响。

6. 应力松弛和蠕变有何关系？

7. 一些高温下工作的紧固零件，如汽轮机缸盖或法兰盘上的紧固螺栓，经过一段时间后紧固应力不断下降，从而会产生蒸汽泄漏，这是为什么？

8. 提高材料的蠕变抗力有哪些途径？

9. Cr-Ni 奥氏体不锈钢的高温拉伸持久试验数据列于表 8-2 中。

表 8-2　Cr-Ni 奥氏体不锈钢高温拉伸持久试验数据

温度/℃	应力/MPa	断裂时间/h	温度/℃	应力/MPa	断裂时间/h
600	345	3210	730	120	17002
	410	268		135	9534
	480	112		170	812
	515	45		195	344
	550	24		235	65
650	170	43895	810	70	15343
	205	12011		88	5073
	240	2248		105	1358
	275	762		120	722
	310	198		135	268
	345	95		170	29

1）画出应力与持久时间的关系曲线。

2）求出 810℃、经受 2000h 的持久强度。

3）求出 600℃、20000h 的许用应力（设安全系数 $n=3$）。

第九单元　金属工艺性能试验

【学习目标】

知识目标	1. 掌握金属材料工艺性能的定义和特点 2. 了解金属材料各种工艺性能试验的原理和特点
能力目标	1. 能够根据具体情况选择合适的金属材料工艺性能试验 2. 能够根据金属材料工艺性能试验数据进行结果评定

工艺性能试验是检验金属材料是否适用于某种加工工艺的最实际的试验方法，试验不测定试样在某一试验条件下的应力和应变关系，也不定量地单独测定其应力或应变的大小，其目的仅仅作为定性地检验在指定试验条件下，试样经受某种形式的塑性变形的能力，并显示其缺陷。工艺性能试验方法简便，无须复杂的试验设备，有别于其他常规的力学性能试验，其特点是：

1）试验过程与材料的使用条件相似。

2）试验结果的评定是以受力后表面变形情况（如裂纹、断裂等）及变形后所规定的某些特征来考核材料的优劣。因此，试验结果能反映材料的塑性、韧性及部分质量问题。

3）试样加工容易。工艺性能试验通常可作为一般常规力学性能试验的补充试验，其试验结果可反映材料工艺性能的优劣，有助于材料生产厂家进一步改进和完善冶炼、冷热加工等工艺。

随着工业技术的发展，金属工艺性能试验方法正在不断完善和发展，许多工艺性能试验方法均已标准化。现对目前应用普遍、有国家标准的工艺方法进行介绍。

模块一　金属弯曲试验

模块导入

在工程建筑中，钢筋混凝土结构为应用最多的一种结构形式，占总数的绝大多数。相较混凝土而言，钢筋（图 9-1）抗拉强度高，一般在 200MPa 以上，故通常人们在混凝土中加入钢筋等加强材料与之共同工作，由钢筋承担拉应力，混凝土承担压应力部分。在施工过程中，钢筋经常被弯曲成各种形状来使用。因此，弯曲性能是钢筋重要的力学性能。我们可以通过金属的弯曲试验来测试钢筋的弯曲性能。

图 9-1　钢筋

学习内容

一、金属弯曲试验及其工程意义

金属弯曲试验是将一定形状和尺寸的试样放置于弯曲装置上，将材料试样围绕具有一定直径的弯心弯曲至规定的角度或不带弯心弯到两面接触（即弯曲 180°，弯心直径 $d=0$）后，卸除试验力，检查试样承受变形的能力。试验一般在室温下进行，所以也常称为冷弯试验。

由于弯曲试验时试样中部受弯部位受到压头挤压以及弯曲和剪切的复杂作用，因此也是考查材料在复杂应力状态下塑性变形能力的一项试验方法。所以，弯曲试验对材料质量是较严格的检验方法之一，适用于各种板材、型材、带材及有焊接性能要求的材料。

金属弯曲试验按照 GB/T 232—2010《金属材料 弯曲试验方法》进行。

【小资料】 这里所指的弯曲试验不同于第二单元的弯曲力学性能试验，并不测量金属材料的抗弯强度 R_{bb} 和弯曲时的断裂挠度 f_{bb} 等力学性能指标。它的目的有二：一是用于检定金属材料弯曲成一定形状和尺寸后的变形能力，二是显示其缺陷。

二、试样

1. 形状和尺寸

弯曲试验试样的横截面形状可以为圆形、方形、矩形和多边形，但应参照相关产品标准或技术协议的规定。

试样横截面尺寸应根据材料种类、特性和试验机能力确定。在条件允许的情况下取全截面尺寸进行试验。但大多数情况下并不允许进行全截面尺寸弯曲试验。当相关产品标准未做具体规定时，一般按下述要求进行。

（1）试样宽度 当原材料的宽度不大于 20mm 时，试样宽度为原材料的宽度。当原材料宽度大于 20mm 时，若厚度小于 3mm，试样宽度为（20±5）mm；若厚度不小于 3mm，试样宽度在 20~50mm 之间。

（2）试样厚度或直径 对于板材、带材和型材，当其厚度不大于 25mm 时，试样厚度应为原材料厚度；当其厚度大于 25mm 时，试样厚度可以机加工减薄至不小于 25mm，并保留一侧原表面。对于直径或多边形横截面内切圆直径不大于 50mm 的材料，试样横截面与原材料相同。如试验机能力不足时，对于直径或多边形横截面内切圆直径在 30~50mm 之间的材料，可按图 9-2 将其机加工成横截面内切圆直径不小于 25mm 的试样。对于直径或多边形内切圆直径大于 50mm 的材料，应按图 9-2 将其加工成横截面内切圆直径不小于 25mm 的试样，并保留一侧原表面。弯曲试验时，试样原表面应位于受拉变形的一侧。

除非另有规定，钢筋类产品均以其全截面进行试验。

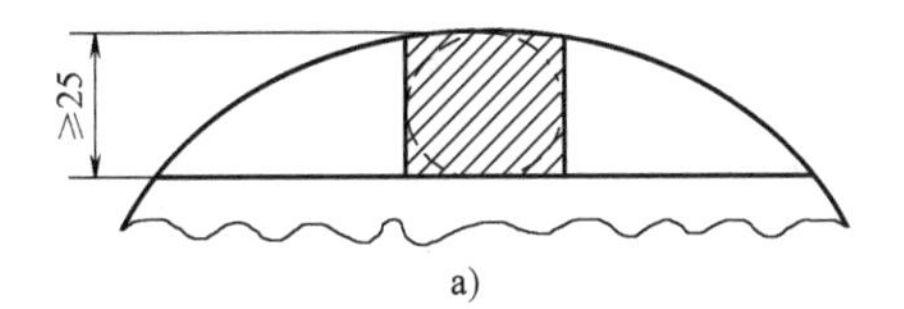

a)

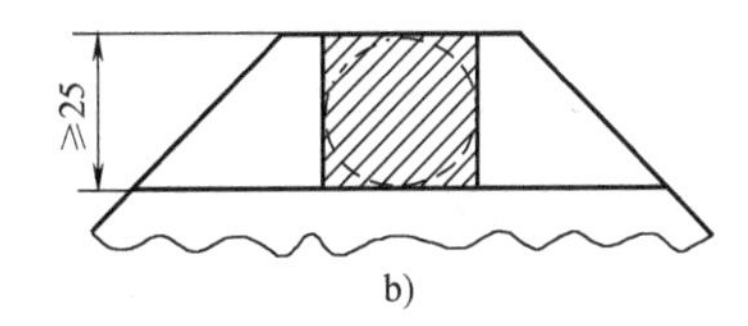

b)

图 9-2 减薄试样横截面形状与尺寸
a）圆形 b）多边形

（3）试样长度 试样长度应根据试样厚度和所使用的试验装置的尺寸而定，通常按下

式确定，即

$$L = 0.5\pi(D + a) + 140$$

式中 L——试样长度（mm）；

D——弯心直径（mm）；

a——试样厚度或直径（mm）。

支辊间距 $l=(D+3a)\pm0.5a$。

2. 加工方法

室温下可用锯、铣、刨等加工方法截取试样，如用气割等方法，应去除气割等形成的影响区域。试样受试部位不允许有任何压痕和伤痕，棱边必须锉圆，其半径不应大于试样厚度的1/10。

对于有必要矫直的试样，应在常温下平稳施加压力。

试样的端部应打印或用其他方法标记试样的代号。

三、试验方法

1. 试验装置

弯曲试验通常在万能材料试验机或压力机上进行。

常用的弯曲装置有支辊式（图9-3）、V形模具式（图9-4）、虎钳式（图9-5）、翻板式（图9-6）等，其中支辊式弯曲装置是最常用的，而V形模具式弯曲装置在国内应用较少。

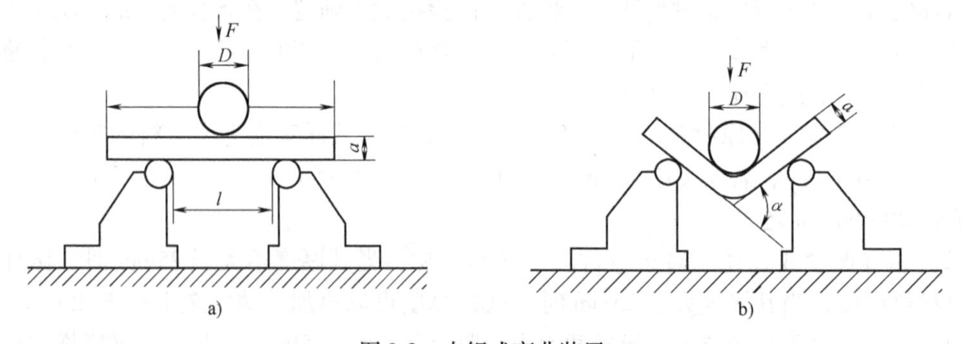

图9-3 支辊式弯曲装置

a）弯曲试验装置 b）弯曲达一定角度的试验

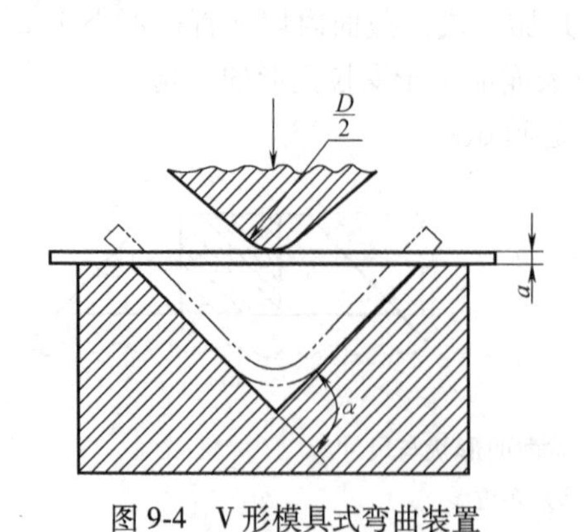

图9-4 V形模具式弯曲装置

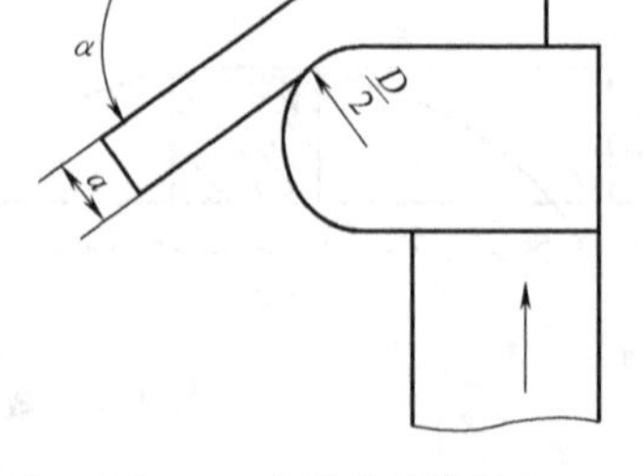

图9-5 虎钳式弯曲装置

支辊式弯曲装置属于导向弯曲。试验时，将试样置于两支点上，以规定直径的弯心在试样两支点中间施加压力进行弯曲，根据相关产品标准或技术协议的规定，使试样弯曲到规定的角度（在加载状态下测量）或出现肉眼可见裂纹为止。

虎钳式弯曲装置属于半导向弯曲。试验时，将试样一端用虎钳固定，对试样施加横向力使其绕弯心进行弯曲。根据相关产品标准或技术协议的规定，试样弯曲到规定的角度（在加载状态下测量）或试样弯曲外表面出现肉眼可见裂纹为止。

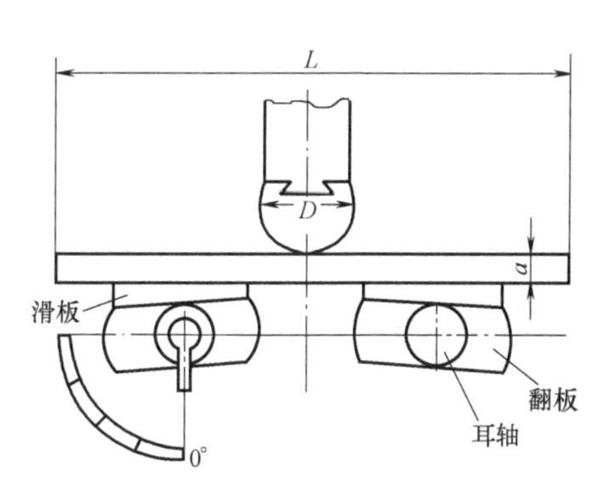

图 9-6　翻板式弯曲装置

2. 试验过程

试验一般在 10～35℃ 的室温下进行。对温度要求严格的试验，则试验应在（23±5）℃下进行。

试验的温度是指试样的温度，试样在 10～35℃室温下放置足够长的时间，可认为试样的温度与室温相同。如试样的温度不在上述范围内，则不应进行试验。

试验时应在平稳力作用下，缓慢施加试验力，特别注意压头刚接触试样时不能有冲击现象。严禁用手锤敲打试样进行弯曲。建议在仲裁试验中采用不大于（1±0.2）mm/s 速率进行。

压头轴线应平行于两支辊轴线且与试样垂直，以避免受力点发生改变而影响冷弯试验结果。脆性材料进行弯曲试验时，必须加防护罩以防出现人身和设备事故。

试样在两个支点上按一定弯心直径弯曲至两臂平行时，可一次完成试验，也可先按图 9-3b 所示弯曲至 90°，然后放置在试验机平板之间继续施加压力，压至试样两臂平行。此时，既可以加入与弯心直径相同尺寸的衬垫进行试验，也可以不加衬垫进行试验，如图 9-7 所示。

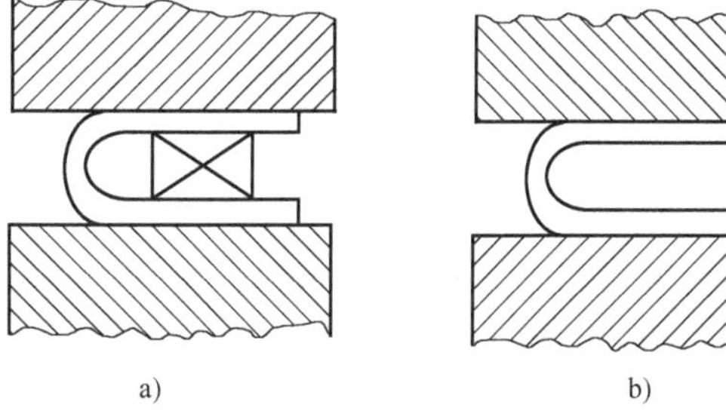

a)　　b)

图 9-7　试样弯曲至两臂平行

a）加衬垫　b）不加衬垫

3. 试验结果评定

金属弯曲试验结果应按照相关产品标准或技术协议的要求进行评定。如相关产品标准或技术协议无具体规定，一般在试验后检查试样弯曲部分的外面、里面和侧面，若弯曲处无裂纹、起层或断裂现象，即可认为弯曲性能合格。

图 9-8 所示为焊接板材弯曲试验后的试样评定。

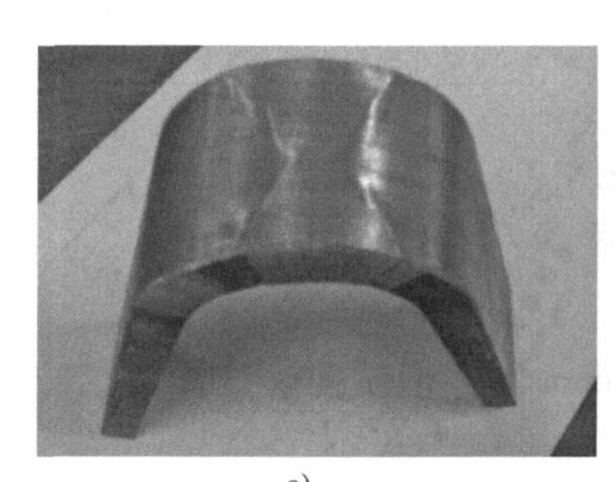

a)　　b)

图 9-8　焊接板材弯曲试验后的试样评定

a）合格　b）不合格

金属弯曲试验

模块二 金属杯突试验

模块导入

如图9-9所示，汽车覆盖件具有形状复杂、立体曲面多、长（宽）度及深度尺寸变化比较大等特点。当覆盖件存在局部形状时，一般是通过拉深成形或拉深和胀形复合成形，该部位的成形主要靠双向拉应力下的变薄来实现面积的增大，这种内部成形即为胀形。如汽车车门内外板、前后围内板、前风窗盖板等都存在胀形。金属材料的胀形性能需要通过杯突试验来测定。

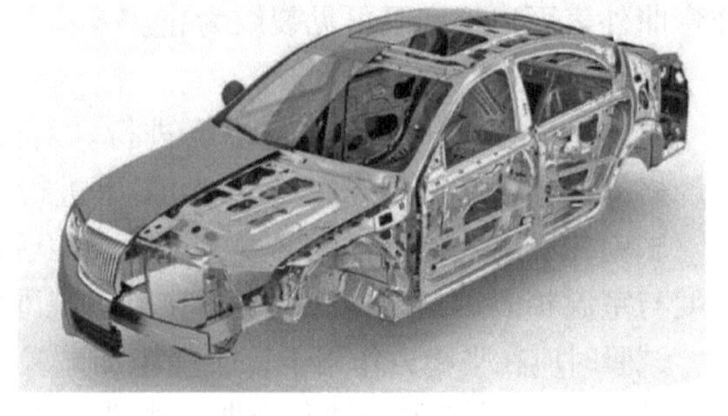

图9-9 汽车覆盖件

学习内容

一、金属杯突试验及其工程意义

金属杯突试验也称为埃里克森杯突试验（Erichsen Cupping Test），是常用的一种工艺性能试验方法。它主要用于在给定试验条件下，测定薄板或带状金属材料的冲压性能，特别是胀形性能的测定。

杯突试验通常是在杯突试验机上进行，试验采用端部为球形的冲头，将夹紧的试样压入压模内，直至出现穿透裂纹为止，此时冲头压入深度（mm）即为被试板材或带材的杯突值，以此来判断材料的塑性变形性能，如图9-10所示。试样在做过杯突试验后就像只冲压成形的杯子，不过是只破裂的杯子。

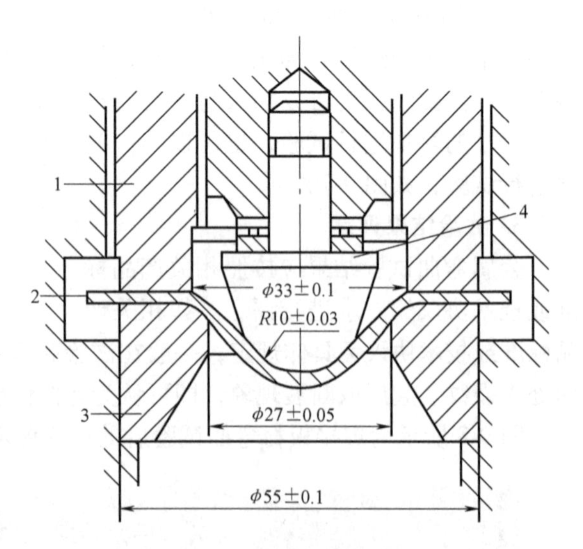

图9-10 杯突试验示意图

1—垫模 2—试样 3—压模 4—冲头

金属杯突试验应按照GB/T 4156—2020《金属材料 薄板和薄带 埃里克森杯突试验》进行。

二、试样

金属杯突试样从表面无缺陷的板卷或带卷上切取，试样厚度为薄板材料的原厚度（0.1~2mm）。试样可以是长条形，其宽度不小于90mm，长度至少为270mm，也可以是直径不小于90mm的圆形试样，或边长不小于90mm的方形试样。试样数量按产品标准或技术协议规定，如无具体规定，一般取3个试样。

切取试样时必须保持试样平整，不得扭曲，边缘应无毛刺，应不经矫直进行试验。试样不应在试验前受锤击或冷热加工和划伤，也不允许经过热处理。

对于宽度为30~90mm的带材，如产品要求，且试验机具备相应的配件，也可以进行杯突试验。

试样尺寸与冲头球形部分直径及压模孔径应满足表 9-1 中的要求。

表 9-1　试样尺寸与冲头球形部分直径及压模孔径　　（单位：mm）

试样宽度 b	试样厚度	冲头球形部分直径	压模孔径
$b \geqslant 90$	0.1～2	20±0.05	27±0.05
$90>b \geqslant 55$	0.1～2	15±0.02	21±0.02
$55 \geqslant b \geqslant 30$	0.1～1	8±0.02	11±0.02

三、试验方法

金属杯突试验应在 10～35℃ 的室温下进行，对试验温度有较严要求的，试验温度应为(23±5)℃。

试验前可用汽油清洗试样并擦干，测量和记录试样厚度，精确到 0.01mm。试样两面和冲头表面应均匀地涂以无腐蚀性的润滑剂，如石墨润滑脂，以减少试样与冲头之间的摩擦对试验结果的影响。

试验机调整至零点后，将试样置于压模和垫模之间，并旋转压模夹紧试样，其夹紧力约为 10kN，试样的中心尽可能与试验机冲头轴线一致。如为长条形试样，相邻两个压痕中心的距离不得小于 90mm，压痕中心距试样边缘的距离不得小于 45mm。

在无冲击的情况下对试样进行杯突试验，施加压力应平稳均匀，试验速率为 5～20mm/min。当试验进行到最大载荷点时，应将试验速率减至上述速率的下限，以便正确地确定裂纹出现的瞬间。当裂纹开始穿透试样厚度（透光）时即终止试验。然后测量冲头压入深度即为埃里克森杯突值，用 *IE* 表示。

四、试验结果评定

从冲头与试样表面接触点起，直到试样出现裂纹并开始穿透试样厚度（透光）为止，此时冲头的压入深度即评定为埃里克森杯突值，单位为 mm。埃里克森杯突值分散度较明显，一般至少试验 3 个试样，试验结果精确到 0.1mm。

杯突试验过程相似于金属的冲压过程，杯突试验结果可直接用来确定金属材料的冲压性能。

模块三　金属顶锻试验

模块导入

某标准件厂从国外进口了一批铆螺钢，未经冷、热顶锻工艺试验就成批投入生产，结果造成镦夹工序成批开裂的现象，严重地影响了产品质量，造成了经济损失。又如某小刀片厂进口一批产自德国的弹簧钢盘条，未经工艺试验就成批投入生产，锻片工序也出现成批开裂的现象。这种因为原材料问题而在加工中成批报废的现象，均是工艺性能不合格造成的。

学习内容

一、金属顶锻试验及其工程意义

金属顶锻试验是将一定尺寸的试样，在室温或热状态下沿试样轴线方向施加压力，将试样压缩，检验金属在规定的锻压比下承受顶锻塑性变形的能力并显示金属表面缺陷。

金属顶锻试验按 YB/T 5293—2014 进行，它适用于下列横截面尺寸（直径、边长或内切圆半径）范围的金属材料：对于冷顶锻试验为 5~30mm；对于热顶锻试验为 5~200mm。对于超出上述范围的金属材料，应按照相关产品标准或协议的规定。

二、试样

试样从外观检查合格的材料的任意部位切取，如相关产品标准或技术协议对试样切取部位另有规定时，则按规定执行。试样可用锯、刨、剪切或烧割方法切取，截取试样的方法和过程不应改变材料的性能。但其受剪切或烧割影响试验结果的区域应在机床（锯、刨或车床）上切除。

试样横截面尺寸应与被试材料尺寸相等，同时保留原轧制面或拔制表面。试样的高度 h 应在相关产品标准中规定，如无具体规定，对于黑色金属，采用试样横截面尺寸的 1.5~2 倍，推荐采用 1.5 倍；对于有色金属，应为试样横截面尺寸的 1/2。试样高度的允许偏差为 $\pm5\%h$。试样端面需与试样轴线垂直。

试样在顶锻前，其外表面不得有碰伤，试样标志应标记在试样的任一端面上。

三、试验方法

1. 试验设备

金属顶锻试验可用万能试验机、顶锻试验机、压力机、锻压机或手锤完成。试验时可使用支撑板和防止试样偏斜的夹具。支撑板应有足够的刚性。

对于热顶锻试样，应用可控制温度的加热装置进行加热。

2. 试验方法

冷顶锻试验一般在 10~35℃ 的室温下进行，对于温度要求较严格的试验，试验温度应为 (23±5)℃。对于热顶锻试验，试样的加热温度、加热时间和允许的终锻温度应按照相关产品标准规定的要求。

试验可在静载或动载下进行。可在压力机或锻压机上压或锻至规定高度，如图 9-11 所示。顶锻试验试样所达到的最终高度按下式计算，即

$$h_1 = hX$$

式中 h_1——顶锻后试样高度；

h——顶锻前试样高度；

X——锻压比。

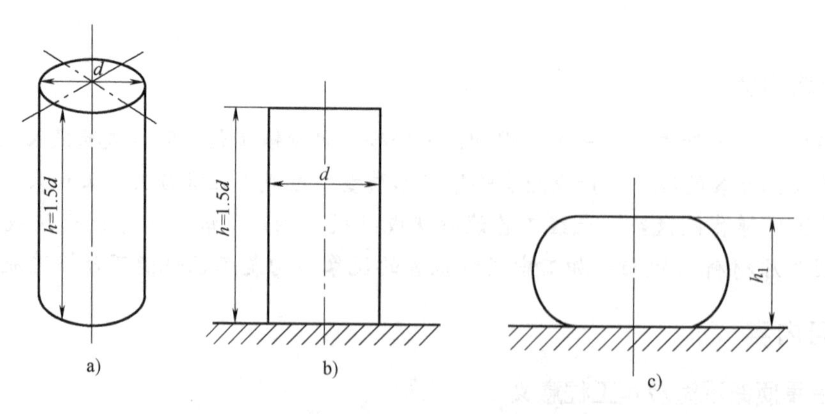

图 9-11 顶锻试验前后试样尺寸的变化

锻压比应在相关产品标准或协议中规定。如未具体规定，锻压比推荐为1/3。

顶锻试验后试样不应有扭歪锻斜现象，如有此类现象出现，试验结果无效，应重新进行试验。顶锻试验后试样高度允许偏差不超过±5%h。

顶锻后检查试样侧面，在有关标准未做具体规定的情况下，一般如无裂缝、裂口、贯裂、扯破、折叠或气泡，即认为试样合格。

模块四　金属线材扭转试验

模块导入

2019年4月2日，世界级跨江大桥——南沙大桥（图9-12）正式通车，这座桥是连接粤港澳大湾区的国家重点工程，创造了多项世界、国内桥梁建筑之最。其中，由宝钢股份率先研发的国产最高强度等级1960MPa级镀锌铝钢丝成功应用于桥梁主缆，标志着宝钢高强缆索用钢技术达到国际领先水平。由于此次是1960MPa缆索钢丝首次应用在特大型桥梁上，除强度要求高之外，还要求具备高塑韧性和良好的抗松弛性能、抗疲劳性能，特别是钢丝的扭转性能指标需要达到14次以上。

图9-12　南沙大桥

学习内容

一、金属线材扭转试验及其工程意义

金属线材扭转试验是将试样两端夹紧并施加拉紧力，两夹头间保持规定的标距长度，一端夹头围绕试样轴线旋转，用于检验直径（或特征尺寸）为0.1~14mm的金属线材扭转时承受塑性变形的性能，并显示金属的不均匀性、表面缺陷及部分内部缺陷。按照国家标准规定，其试验方法有两种。

（1）单向扭转　试样绕自身轴线向一个方向均匀旋转360°作为一次扭转至规定次数或试样断裂，具体可以参照GB/T 239.1—2012《金属材料 线材 第1部分：单向扭转试验方法》，适用于直径（或特征尺寸）为0.1~14mm的金属线材。

（2）双向扭转　试样绕自身轴线向一个方向均匀旋转360°作为一次扭转至规定次数后，向相反方向旋转相同次数或试样断裂，具体可以参照GB/T 239.2—2012《金属材料 线材 第2部分：双向扭转试验方法》，适用于直径为0.3~10.0mm的金属线材。

二、试样

金属线材扭转试样如图9-13所示。试样应从外观检查合格的线材的任意部位切取，如相关产品标准或技术协议对取样部位另有规定时，则按规定执行。切取的试样应尽可能是平直的，如果有必要，可对试样进行矫直，当用手不能矫直时，可将试样置于木材、塑料或铜质平面上，用由这些材料制成的锤子或其他合适的方法轻轻矫直。矫直时，试样表面不得有损伤，也不允许受任何扭曲。

试样切取的长度是试验机两个夹头长度之和再加上试验机夹头之间标距长度。如果相关产品标准或技术协议对试验机夹头之间标距长度未做具体规定时，应按 GB/T 239. 1—2012 和 GB/T 239. 2—2012 中规定执行。表 9-2 列出了双向扭转试验两夹头间标距长度要求。由于试验设备的限制，当试验机不能用 100d（D）的标距长度时，经协议可改用 50d（D）或 30d（D）。

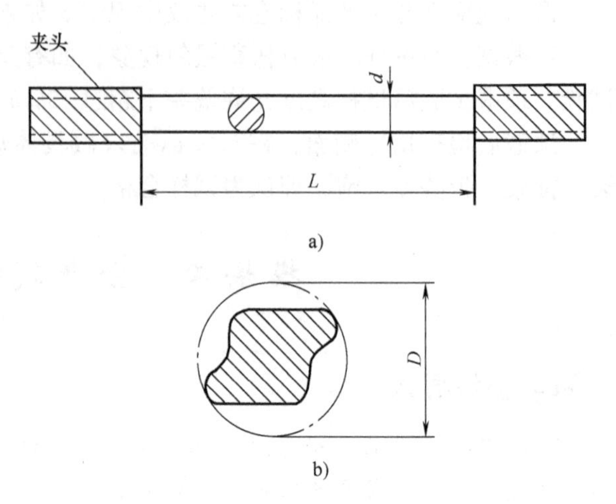

图 9-13 金属线材扭转试样
a）圆形截面 b）异形截面

三、试验方法

1. 试验设备

金属线材扭转试验是在线材扭转试验机上进行的，应根据线材直径选择试验机型号。试验机应满足下列要求。

1）试验机夹头应具有足够的硬度，夹持钳口的硬度≥55HRC。

表 9-2 双向扭转试验两夹头间标距长度要求 （单位：mm）

线材公称直径 d	两夹头间标距长度 L
$0.3 \leqslant d < 1.0$	200d
$1.0 \leqslant d < 5.0$	100d
$5.0 \leqslant d < 10.0$	50d

2）试验期间，两夹头应保持在同一轴线上，并对试样不施加任何弯曲力，不得妨碍由试样引起的夹头之间长度的变化。

3）试验机的一个夹头应能绕试样轴线双向旋转，而另一个不得有任何转动，但能沿轴向自由移动。

4）试验机应有对试样施加拉紧力的装置。

5）试验机的速度应能调节，并有自动记录扭转次数的装置及测量两夹头间标距长度的刻度尺。

2. 试验过程

试验一般应在 10~35℃的室温下进行，如有特殊要求，试验温度应为（23±5）℃。

将试样置于试验机夹持钳口中，使其轴线与夹头轴线相重合。为使试样在试验过程中保持平直，应施加某种形式的拉紧力，单位截面上的拉紧力不得大于该线材公称抗拉强度的 2%。

除非另有规定，否则应按有关材质的线材直径选用相应的扭转速度。

试样置于试验机后，以一合适的恒定速度旋转可转动夹头，计数装置同时自动记数，直至试样断裂或达到规定的次数为止。

3. 试验结果评定

当试样的扭转次数、表面及断口符合有关标准规定时，则该试验有效。如果试样未达到规定的次数，且断口位置在离夹头 2d（D）范围内，则该试验无效。在试验过程中，如试样发生严重劈裂，则最后一次扭转不计，需重新试验。

对有效试验的试样，可根据试样断口形状、缺陷及表面状态来评定试验结果。当试样的扭转次数、断口及表面状态符合有关标准规定时，则该试验结果是合格的，否则评为不合格。

模块五　金属反复弯曲试验

模块导入

钢丝绳（图9-14）是起重机上应用最广泛的挠性件，用来将卷筒和悬挂装置连接在一起，从而完成各种吊运工作。和其他挠性件（如链条）相比，钢丝绳的自重轻、挠性好、强度高，能承受冲击而不易突然发生断裂，因而安全可靠，工作平稳且无噪声，制造成本低。钢丝绳安全选用的一个重要指标就是钢丝绳的拆股钢丝韧性。钢丝绳的拆股钢丝韧性差，就容易出现断丝现象。而金属反复弯曲试验是考核钢丝绳中拆股钢丝韧性的重要指标之一。

图9-14　钢丝绳

学习内容

一、金属反复弯曲试验及其工程意义

金属反复弯曲试验是将试样一端固定，然后绕规定半径的圆柱支座使试样弯曲90°，再沿相反方向弯曲的重复弯曲试验，试验原理图如图9-15所示。

金属反复弯曲试验用于检验金属线材（0.3～10mm）、薄板和薄带（≤3mm）在反复弯曲中承受塑性变形的能力并显示其缺陷。

二、试样

试样从外观检查合格的材料的任意部位上切取，并保留原表面无损伤。对于薄板或薄带，样坯的切取位置和方向应按照相关产品标准的要求。样坯应保留足够的机加工余量，试样的制备应使热和加工硬化的影响减至最小。试样表面应无裂纹或伤痕，棱边应无毛刺。金属反复弯曲试样尺寸要求见表9-3。

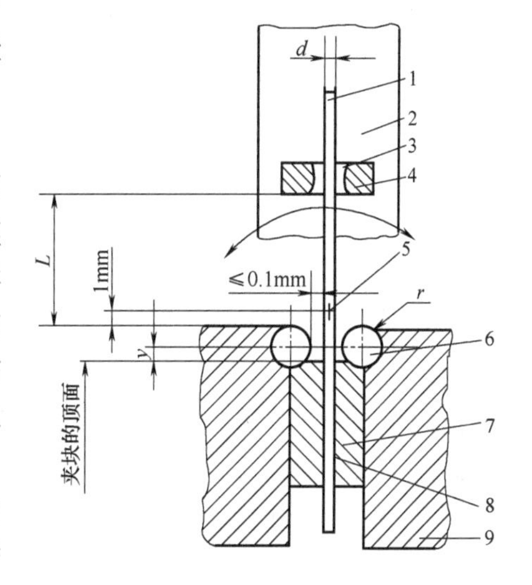

图9-15　反复弯曲试验原理图

1—试样　2—弯曲臂　3—拨杆孔　4—拨杆
5—弯曲臂转动中心轴　6—圆柱支座
7—夹块　8—夹持面　9—支座

线材试样应尽可能平直，但试验时，在其弯曲平面内允许有轻微的弯曲。必要时试样可以用手矫直。在用手不能矫直时可在木材、塑性材料或铜的平面上用相同材料的锤头矫直，在矫直过程中，不得损伤线材表面，且试样也不得产生任何扭曲。有局部硬弯的线材应不矫直。

表 9-3 金属反复弯曲试样尺寸要求 （单位：mm）

材料	试样厚度或直径	试样宽度	试样长度
线材	0.3~10	—	150~250
板材、带材	≤3mm，试样厚度等于原材料厚度	≤20，等于原材料宽度	150
		>20，加工成宽度为 20~25	150

三、试验方法

线材按照 GB/T 238—2013《金属材料 线材 反复弯曲试验方法》，薄板和薄带按照 GB/T 235—2013《金属材料 薄板和薄带 反复弯曲试验方法》。

试验一般应在 10~35℃的室温下进行，对温度要求严格的试验，试验温度应为（23±5)℃。根据线材直径，选择圆柱支座半径 r，圆柱支座顶部至拨杆底部距离 L 以及拨杆孔直径。

如图 9-15 所示，使弯曲臂处于垂直位置，将试样由拨杆孔插入，试样下端用夹块夹紧，并使试样垂直于圆柱支座轴线。夹持非圆形试样时，应使试样较大尺寸平行于或近似平行于夹持面，如图 9-16 所示。

弯曲试验一般以每秒钟不超过 1 次的速率进行，为了保证弯曲时试样产生的热量不影响试验结果，必要时可以降低弯曲试验速率。操作应平稳无冲击，试验应连续进行，试验过程中不得中断。

为了确保试样在弯曲时与圆柱支座的圆弧面能良好接触，可施加某种形式的拉紧力，单位截面上的拉紧力不得超过材料标称抗拉强度的 2%。如相关产品标准另有规定，应按其执行。

试样从起始位置向右（左）弯曲 90°角，再返回起始位置，作为第一次弯曲；再由起始位置向左（右）弯曲 90°角，试样再返回起始位置作为第二次弯曲，如图 9-17 所示。如此依次连续进行反复弯曲，直至达到相关产品标准规定的弯曲次数，或出现肉眼可见的裂纹为止。如相关产品标准或技术协议另有规定，试验可进行至试样完全断裂，试样断裂的最后一次弯曲不计入弯曲次数 N_b。

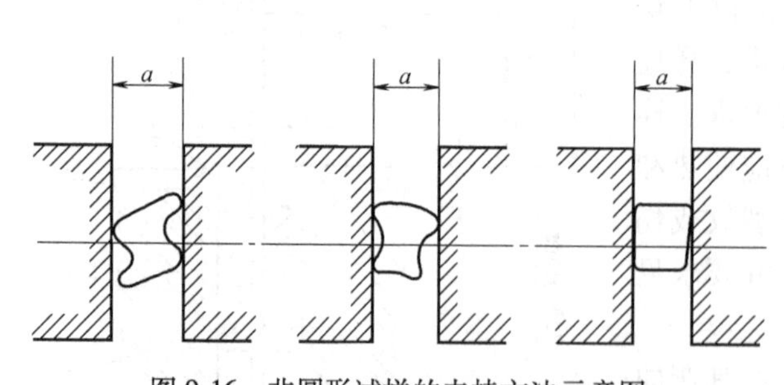

图 9-16 非圆形试样的夹持方法示意图

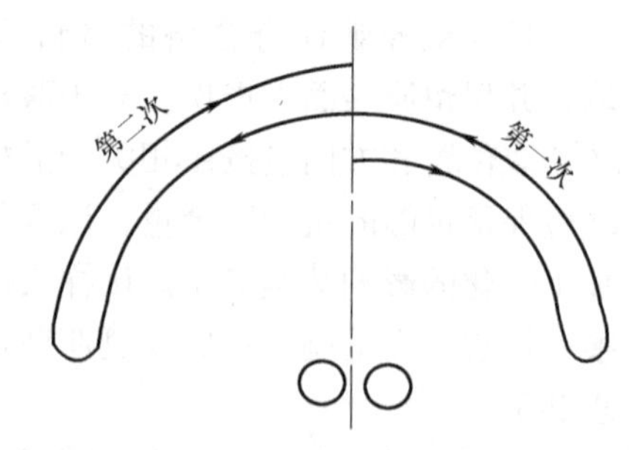

图 9-17 反复弯曲的计数方法

四、试验结果评定

金属反复弯曲试验结果评定方法有两种。

1）金属试样达到规定反复弯曲次数时，检查试样及覆盖层弯曲处，如无裂纹、裂口、断裂、起层、起皮即认为合格。

2）试样断裂时的反复弯曲次数达到或超过规定的次数即认为合格，并记下弯曲次数 N_b。

这两种评定方法中，前者为正常生产中检验、评定金属材料反复弯曲性能的方法；后者用于比较相同或不同金属材料抵抗反复弯曲性能的优劣，为了合理地选材或设计，这个数据是必要的。

模块六　金属管工艺试验

模块导入

在高铁、汽车制造中，会用到各种金属管。例如，手动挡汽车行驶过程中经常需要用到离合器踏板，而离合器踏板能够运作跟离合器总泵有着密不可分的联系，在离合器总泵中有一个部位为离合器油管，离合器油管在离合器总泵中处于至关重要的位置。图 9-18 所示为离合器油管，可以看到其形状比较复杂，需要进行多次弯曲，才能最后成形。因此，管材的弯曲性能尤为重要，我们可以通过金属管的弯曲试验来测定其弯曲性能。

图 9-18　离合器油管

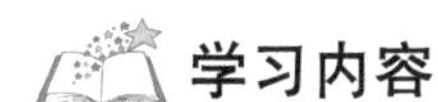

学习内容

金属管因用途不同，需做各种工艺性能试验，以确定其对机械加工的适应性，并显示缺陷。管材常用的工艺性能试验有液压试验、弯曲试验、压扁试验、卷边试验、扩口试验、缩口试验等。

一、金属管扩口试验

金属管扩口试验是管材工艺性能试验方法之一，是用圆锥形顶芯扩大管段试样的一端，直至扩大端的最大外径达到相关产品标准所规定的值，用以检验在给定条件下管的塑性变形的极限能力，如图 9-19 所示。

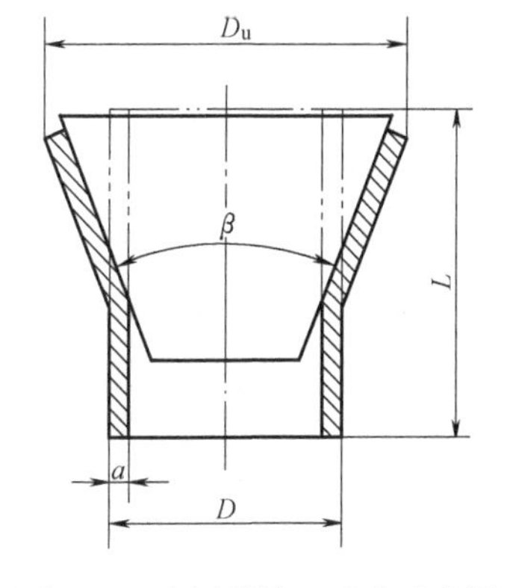

图 9-19　金属管扩口试验示意图

金属管扩口试验适用于外径不超过 150mm（非铁金属管外径不超过 100mm）、管壁厚度不超过 10mm 的金属管。适用金属管的外径和壁厚范围可以在相关产品标准中做更详细的规定。

通常通过扩口试验检验金属管产品是否符合产品标准要求，或比较在相同条件下金属管的塑性变形能力的优劣，所以一般作为验收试验。

1. 试样

金属管扩口试样应从外观检查合格的金属管材上的任意部位切取，切取试样时应防止损伤试样表面和因受热或冷加工而改变其性能，试样的两端面应垂直于管的轴线。试验端的棱边允许用锉或其他方法将其倒圆或倒角，试验焊接管时，可以去除管内壁的焊缝余高。

试样的长度取决于顶芯的角度。当顶芯角度小于或等于30°时，试样长度应约为金属管外径的2倍；当顶芯角度大于30°时，其长度应约为外径的1.5倍，但不得小于50mm。对于外径小于20mm的管材，只要试验后能保证剩余圆柱的长度不小于0.5D（D为金属管外径），可以采用较短的试样。

2. 试验过程

金属管扩口试验按照GB/T 242—2007进行。

试验一般应在10～35℃的室温下进行，对温度要求严格的试验，试验温度应为（23±5)℃。

试验一般应在可调节速率的万能试验机或压力机上进行。圆锥形顶芯应具有相关产品标准所规定的角度，其工作表面应磨光并具有足够的硬度。国家标准推荐采用的顶芯角度为30°、45°和60°。

试验时选取符合规定要求的圆锥形顶芯，并在其锥面上涂以润滑油。将试样装在试验装置上，将顶芯平稳地压入试样的一端，使管口均匀地扩张到有关标准规定的外径或出现裂纹。扩口期间圆锥形顶芯的轴线应与试样的轴线一致，如图9-19所示。试验时，顶芯在试样中的压入速率应不大于50mm/min，如有争议或仲裁试验时，试验速率应采用20～50mm/min。

当试验纵向焊接管时，允许使用带沟槽的顶芯，以适应管内的焊缝余高。

试验过程中顶芯不应相对于试样转动。

试样扩口后的最大外径或扩口率应由相关产品标准规定。扩口率X_d的计算公式为

$$X_d = \frac{D_u - D}{D} \times 100\%$$

式中 D——试样端部的原始外径（mm）；

D_u——扩口后试样最大外径（mm）。

3. 试验结果评定

对扩口试验结果的评定应依据相关产品标准的要求。当产品标准中没做规定时，在不使用放大镜的情况下，如果无可见裂纹，应评定为合格。仅在试样棱角处的轻微开裂不应判废。如要求测量出现裂纹时的极限扩口率，则应根据扩口至第一条可见裂纹出现时的管端外径来计算其扩口率。当此扩口率大于或等于规定要求时，则认为试样合格。

二、金属管弯曲试验

金属管弯曲试验是用于检验外径不超过65mm圆形横截面的金属管全截面弯曲塑性变形性能并显示其缺陷的工艺性能试验。

金属管弯曲试验的原理示意图如图9-20所示，试验时将一根全截面的直管绕一规定半径和带槽的弯模弯曲，直至弯曲角度达到相关产品标准所规定的值，然后检查管子弯曲变形部位的表面状态，并做出结果评定。

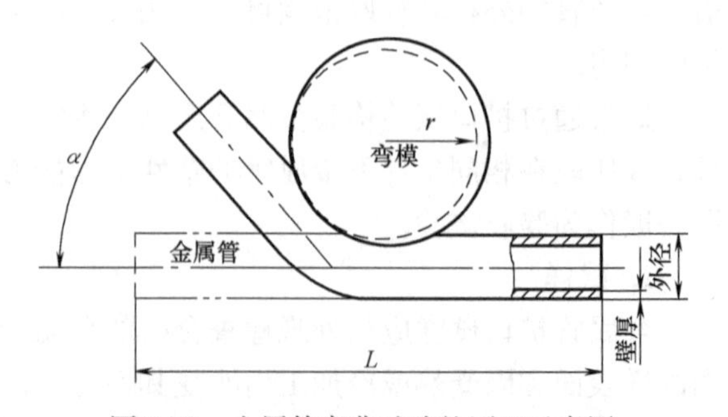

图9-20 金属管弯曲试验的原理示意图

1. 试样

试样从外观检查合格的金属管的任意部位切取，如相关产品标准或技术协议对试样切取部位另有规定时，则按规定执行。试样

应是具有足够试验长度的直管段，试样长度应能保证在规定的弯曲角度和弯心半径下进行弯曲。

管材的内、外壁均不经加工（即保留原表面）。

2. 试验过程

金属管弯曲试验按照 GB/T 244—2020 进行。

试验一般应在 10～35℃的室温下进行，对温度要求严格的试验，试验温度应为（23±5)℃。

弯管试验应在弯管试验机上进行，试验时试验机应能限制管的横截面发生椭圆变形。

弯管试验机的弯模应具有与管外径轮廓相适应的沟槽，弯模半径应由相关产品标准规定。

通过弯管试验装置将不带填充物的管试样弯曲，试验时应确保试样弯曲变形段与弯心紧密接触，直至达到规定的弯曲角度。试验直缝焊管时，焊缝相对于弯曲平面的位置应符合相关产品标准规定的要求。如未规定具体要求，焊缝置于与弯曲平面呈 90°（即弯曲中性线）的位置。

3. 试验结果评定

试验结果评定应按相关产品标准或技术协议要求进行。如未规定具体要求，试验后检查试样弯曲变形处，如无肉眼可见裂纹应评定为合格。

三、金属管压扁试验

压扁试验用于检验金属管在给定条件下压扁变形而不出现裂纹缺陷的极限塑性变形能力。金属管压扁试验适用于外径不超过 600mm、管壁厚度不超过外径 15%的圆形横截面无缝和焊接金属管，以检验管产品是否符合产品标准或规范的要求，所以该试验方法常用作管产品验收试验。

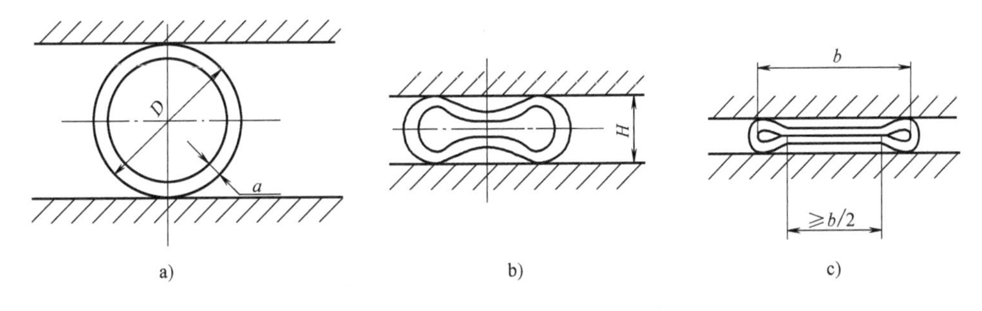

图 9-21 金属管压扁试验的原理示意图

金属管压扁试验的原理示意图如图 9-21 所示，在垂直于管的纵轴线方向对规定长度的试样或管的端部施加力进行压扁，直至在力的作用下两压板之间的距离达到相关产品标准所规定的值，如图 9-21a、b 所示。如为闭合压扁，试样内表面接触的宽度应至少为试样压扁后其内宽度 b 的 1/2，如图 9-21c 所示。

试验焊接钢管时，焊缝位置应在有关标准中规定，如无规定，焊缝应位于同施力方向成 90°的位置，如图 9-22 所示。

1. 试样

金属管压扁试验试样应从外观检查合格的金属管中切取，长度应不小于 10mm，但不超过100mm，通常试样长度为40mm。试样的棱边允许用锉或其他方法将其倒圆或倒角。如采用火焰切割方法切取试样，应通过机加工去除热影响区的部分。切取试样时应防止损伤试样表面和因受热或冷加工而改变其性能。

如要在一根全长度管的管端进行试验时，应在距管端面为试样长度处垂直于管纵轴线切割，切割深度至少达外径的80%，作为压扁试验的试样，如图9-23所示。

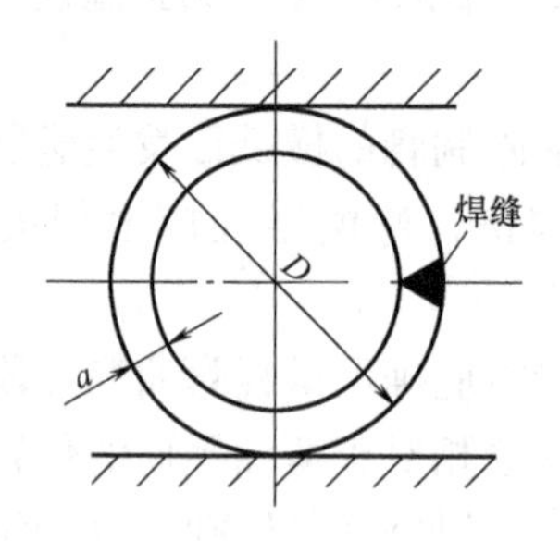

图9-22 压扁试验时焊缝的位置

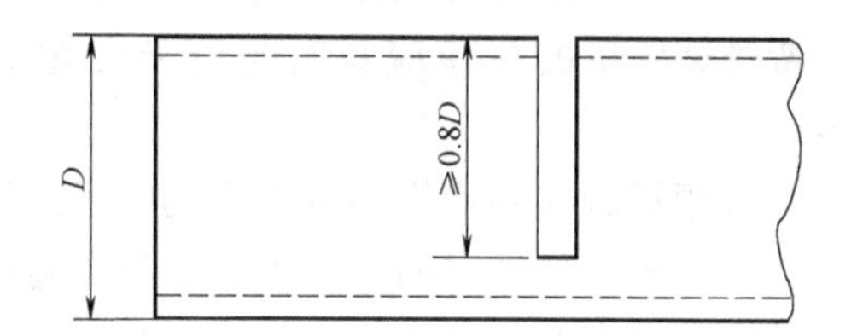

图9-23 在管子一端试验的试样

2. 试验过程

金属管弯曲试验按照GB/T 246—2017进行。

试验一般应在10~35℃的室温下进行，如试验结果对温度较敏感，则需控制试验温度应为（23±5）℃。

试验可以在压力机或万能试验机上进行。试验机应装备有上、下两平行压板，平行压板的宽度应大于被压扁后试样的宽度，至少应为试样外径的1.6倍，其长度应大于试样的长度。在进行试验的过程中，两压板不应有相对移动或转动，两压板应有足够的刚性，试验时不发生明显的变形。

试验机应具有将试样压扁至指定压板距离的能力。压扁速率可调节，并能控制在试验所要求的速率范围内，有争议的试样压扁时，压板移动的速率不应超过25mm/min。

3. 试验结果评定

试样压扁到规定的距离后卸除载荷，取下试样。按照相关产品标准的要求评定试验结果。如未规定具体要求，试验后试样无肉眼可见裂纹应评定为合格，仅在试样棱边处出现轻微的开裂不应判报废。

应该指出，经压扁试验后产生的裂纹应是暴露出基体金属并带有金属光泽的，如裂纹无金属光泽，则可能不是因压扁试验产生的。

单元小结

1）金属工艺性能试验是检查金属材料承受一定变形的能力，或检查相似使用条件下承受作用力的能力，以确定某金属材料是否适应某一加工工艺过程。金属工艺性能试验时一般不考虑应力的大小，而以材料变形后的表面情况来评定其工艺性能。

金属工艺性能试验试样加工容易，试验方法简便，无须复杂的试验设备，但作为一般常规检验的补充试验，却能得到具有重要意义的结果。

2）本单元介绍的金属工艺性能试验汇总见表9-4。

表 9-4　金属工艺性能试验汇总

序号	名称	说明
1	弯曲试验	检验金属材料冷、热弯曲性能的一种方法，即将材料试样围绕具有一定直径的弯心弯到一定的角度或不带弯心弯到两面接触（即弯曲 180°，弯心直径 $d=0$）后检查弯曲处附近的塑性变形情况，看是否有裂纹等缺陷存在，以判定材料是否合格
2	杯突试验	检验金属材料冲压性能的一种方法。其过程是用规定的钢球或球形冲头顶压在压模内的试样，直至试样产生第一个裂纹为止。压入深度即为埃里克森杯突值（IE）
3	顶锻试验	需经受打铆、镦头等顶锻作业的金属材料须做常温的冷顶锻试验或热顶锻试验，判定顶锻性能。试验时，将试样锻至规定长度，如原长度的 1/3 等，然后检查试样是否有裂纹等缺陷
4	线材扭转试验	检验直径（或特征尺寸）≤14mm 的金属线材扭转时承受塑性变形的性能，并显示金属的不均匀性、表面缺陷及部分内部缺陷。其过程是以试样自身轴线为轴，沿单向或交变方向均匀扭转，直至试样裂断或达到规定的扭转次数
5	反复弯曲试验	检验金属线材（0.3～10.0mm）、薄板和薄带（≤3mm）在反复弯曲中承受塑性变形的能力并显示其缺陷。其方法是将试样垂直夹紧于仪器夹中，在与仪器夹口相互接触线垂直的平面上沿左右方向做 90°反复弯曲，其速度不超过 60 次/min。弯曲次数由相关标准规定
6	压扁试验	检验金属管在给定条件下压扁变形而不出现裂纹缺陷的极限塑性变形能力。通过它可以检验管产品是否符合产品标准或规范的要求。它适用于无缝和焊接金属管。试验后检查试样弯曲变形处，如无裂缝、裂口或焊缝开裂，即认为试验合格
7	扩口试验	检验金属管端扩口工艺的变形性能。将具有一定锥度的顶芯压入管试样一端，使其均匀地扩张到有关技术条件规定的扩口率（%），然后检查扩口处是否有裂纹等缺陷，以判定合格与否

综 合 训 练

一、单选题

1. 金属工艺性能试验的目的是（　　）。

A. 测定应力指标　　B. 测定应变指标

C. 检验塑性变形能力　　D. 测定耐磨性

2. 金属工艺性能试验的评定依据是（　　）。

A. 抗拉强度　　B. 断后伸长率

C. 抗弯强度　　D. 塑性变形后的表面情况

3. 下列项目中，（　　）不是金属工艺性能试验。

A. 三点弯曲力学性能试验　　B. 金属弯曲试验

C. 扩口试验　　D. 杯突试验

4. 下图所示为金属工艺性能试验的试样照片。属于金属弯曲试验的是（　　），属于金属管扩口试验的是（　　），属于金属管压扁试验的是（　　），属于金属杯突试验的是（　　）。

A.

B.

C. 

D. 

5. （　　）测定薄板或带状金属材料的冲压性能。

A. 金属杯突试验　B. 金属弯曲试验　C. 金属顶锻试验　D. 金属线材扭转试验

6. 金属弯曲试验一般在常温下进行，故又称为（　　）试验。

A. 面弯　B. 冷弯　C. 背弯　D. 侧弯

7. 金属顶锻试验后检查试样侧面，在有关标准未做具体规定的情况下，如果（　　），即认为试样合格。

A. 无裂缝、裂口、贯裂、扯破、折叠或气泡

B. 有裂缝、裂口、贯裂、扯破、折叠或气泡

8. 金属管扩口试验用以检验在给定条件下管（　　）的极限能力。

A. 承受破坏　B. 弯曲性能　C. 塑性变形　D. 承受变形

9. 金属线材扭转试验时，如进行单向扭转，试样绕自身轴线向一个方向均匀旋转（　　）作为一次扭转至规定次数或试样断裂。

A. 90°　B. 180°　C. 360°　D. 720°

10. 金属弯曲试验时，弯曲角度越大、弯心直径越小，金属的（　　）要求越高。

A. 强度　B. 硬度　C. 塑性　D. 韧性

二、简答题

1. 金属工艺试验的特点是什么？包括哪些内容？
2. 弯曲试样横截面尺寸的确定原则是什么？对于板材试样，如何确定其宽度和厚度？
3. 弯曲试验的目的是什么？对试验结果如何评定？
4. 哪些材料需要进行杯突试验？试验结果如何评定？
5. 线材扭转试验结果如何评定？
6. 试述金属反复弯曲试验的适用范围及试验原理。
7. 什么是金属管压扁试验？其目的是什么？
8. 管材扩口试验的目的是什么？何谓扩口率？其结果如何评定？

附　　录

附录 A　平面布氏硬度值计算表

球直径 D/mm			试验力-球直径平方的比率 $(0.102F/D^2)$/(N/mm^2)		
			30	10	2.5
			试验力 F/N		
10			29420	9807	2452
	5		7355	2452	612.9
		2.5	1839	612.9	153.2
压痕平均直径 d/mm			布氏硬度 HBW		
2.40	1.2	0.6	653	218	54.5
2.41	1.205	0.6024	648	216	54.0
2.42	1.21	0.605	643	214	53.5
2.43	1.215	0.6075	637	212	53.1
2.44	1.22	0.61	632	211	52.7
2.45	1.225	0.6125	627	209	52.2
2.46	1.23	0.615	621	207	51.8
2.47	1.235	0.6175	616	205	51.4
2.48	1.24	0.62	611	204	50.9
2.49	1.245	0.6225	606	202	50.5
2.50	1.25	0.625	601	200	50.1
2.51	1.255	0.6275	597	199	49.7
2.52	1.26	0.63	592	197	49.3
2.53	1.265	0.6325	587	196	48.9
2.54	1.27	0.635	582	194	48.5
2.55	1.275	0.6375	578	193	48.1
2.56	1.28	0.64	573	191	47.8
2.57	1.285	0.6425	569	190	47.4
2.58	1.29	0.645	564	188	47.0
2.59	1.295	0.6475	560	187	46.6
2.60	1.3	0.65	555	185	46.3
2.61	1.305	0.6525	551	184	45.9
2.62	1.31	0.655	547	182	45.6
2.63	1.315	0.6575	543	181	45.2
2.64	1.32	0.66	538	179	44.9
2.65	1.325	0.6625	534	178	44.5
2.66	1.33	0.665	530	177	44.2
2.67	1.335	0.6675	526	175	43.8
2.68	1.34	0.67	522	174	43.5
2.69	1.345	0.6725	518	173	43.2
2.70	1.35	0.675	514	171	42.9
2.71	1.355	0.6775	510	170	42.5
2.72	1.36	0.68	507	169	42.2
2.73	1.365	0.6825	503	168	41.9
2.74	1.37	0.685	499	166	41.6
2.75	1.375	0.6875	495	165	41.3
2.76	1.38	0.69	492	164	41.0
2.77	1.385	0.6925	488	163	40.7
2.78	1.39	0.695	485	162	40.4
2.79	1.395	0.6975	481	160	40.1
2.80	1.4	0.7	477	159	39.8
2.81	1.405	0.7025	474	158	39.5
2.82	1.41	0.705	471	157	39.2
2.83	1.415	0.7075	467	156	38.9
2.84	1.42	0.71	464	155	38.7
2.85	1.425	0.7125	461	154	38.4
2.86	1.43	0.715	457	152	38.1
2.87	1.435	0.7175	454	151	37.8
2.88	1.44	0.72	451	150	37.6
2.89	1.445	0.7225	448	149	37.3
2.90	1.45	0.725	444	148	37.0
2.91	1.455	0.7275	441	147	36.8
2.92	1.46	0.73	438	146	36.5
2.93	1.465	0.7325	435	145	36.3
2.94	1.47	0.735	432	144	36.0
2.95	1.475	0.7375	429	143	35.8
2.96	1.48	0.74	426	142	35.5
2.97	1.485	0.7425	423	141	35.3
2.98	1.49	0.745	420	140	35.0
2.99	1.495	0.7475	417	139	34.8

（续）

球直径 D/mm			试验力-球直径平方的比率 $(0.102F/D^2)/(N/mm^2)$			球直径 D/mm			试验力-球直径平方的比率 $(0.102F/D^2)/(N/mm^2)$		
			30	10	2.5				30	10	2.5
			试验力 F/N						试验力 F/N		
10			29420	9807	2452	10			29420	9807	2452
	5		7355	2452	612.9		5		7355	2452	612.9
		2.5	1839	612.9	153.2			2.5	1839	612.9	153.2
压痕平均直径 d/mm			布氏硬度 HBW			压痕平均直径 d/mm			布氏硬度 HBW		
3.00	1.5	0.75	415	138	34.6	3.30	1.65	0.825	341	114	28.4
3.01	1.505	0.7525	412	137	34.3	3.31	1.655	0.8275	339	113	28.2
3.02	1.51	0.755	409	136	34.1	3.32	1.66	0.83	337	112	28.1
3.03	1.515	0.7575	406	135	33.9	3.33	1.665	0.8325	335	112	27.9
3.04	1.52	0.76	404	135	33.6	3.34	1.67	0.835	333	111	27.7
3.05	1.525	0.7625	401	134	33.4	3.35	1.675	0.8375	331	110	27.5
3.06	1.53	0.765	398	133	33.2	3.36	1.68	0.84	329	110	27.4
3.07	1.535	0.7675	395	132	33.0	3.37	1.685	0.8425	326	109	27.2
3.08	1.54	0.77	393	131	32.7	3.38	1.69	0.845	325	108	27.0
3.09	1.545	0.7725	390	130	32.5	3.39	1.695	0.8475	323	108	26.9
3.10	1.55	0.775	388	129	32.3	3.40	1.7	0.85	321	107	26.7
3.11	1.555	0.7775	385	128	32.1	3.41	1.705	0.8525	319	106	26.6
3.12	1.56	0.78	383	128	31.9	3.42	1.71	0.855	317	106	26.4
3.13	1.565	0.7825	380	127	31.7	3.43	1.715	0.8575	315	105	26.2
3.14	1.57	0.785	378	126	31.5	3.44	1.72	0.86	313	104	26.1
3.15	1.575	0.7875	375	125	31.3	3.45	1.725	0.8625	311	104	25.9
3.16	1.58	0.79	373	124	31.1	3.46	1.73	0.865	309	103	25.8
3.17	1.585	0.7925	370	123	30.9	3.47	1.735	0.8675	307	102	25.6
3.18	1.59	0.795	368	123	30.7	3.48	1.74	0.87	306	102	25.5
3.19	1.595	0.7975	366	122	30.5	3.49	1.745	0.8725	304	101	25.3
3.20	1.6	0.8	363	121	30.3	3.50	1.75	0.875	302	101	25.2
3.21	1.605	0.8025	361	120	30.1	3.51	1.755	0.8775	300	100	25.0
3.22	1.61	0.805	359	120	29.9	3.52	1.76	0.88	298	99.5	24.9
3.23	1.615	0.8075	356	119	29.7	3.53	1.765	0.8825	297	98.9	24.7
3.24	1.62	0.81	354	118	29.5	3.54	1.77	0.885	295	98.3	24.6
3.25	1.625	0.8125	352	117	29.3	3.55	1.775	0.8875	293	97.7	24.4
3.26	1.63	0.815	350	117	29.1	3.56	1.78	0.89	292	97.2	24.3
3.27	1.635	0.8175	347	116	29.0	3.57	1.785	0.8925	290	96.6	24.2
3.28	1.64	0.82	345	115	28.8	3.58	1.79	0.895	288	96.1	24.0
3.29	1.645	0.8225	343	114	28.6	3.59	1.795	0.8975	286	95.5	23.9

（续）

球直径 D/mm			试验力-球直径平方的比率 $(0.102F/D^2)/(N/mm^2)$			球直径 D/mm			试验力-球直径平方的比率 $(0.102F/D^2)/(N/mm^2)$		
			30	10	2.5				30	10	2.5
			试验力 F/N						试验力 F/N		
10			29420	9807	2452	10			29420	9807	2452
	5		7355	2452	612.9		5		7355	2452	612.9
		2.5	1839	612.9	153.2			2.5	1839	612.9	153.2
压痕平均直径 d/mm			布氏硬度 HBW			压痕平均直径 d/mm			布氏硬度 HBW		
3.60	1.8	0.9	285	95.0	23.7	3.90	1.95	0.975	241	80.4	20.1
3.61	1.805	0.9025	283	94.4	23.6	3.91	1.955	0.9775	240	80.0	20.0
3.62	1.81	0.905	282	93.9	23.5	3.92	1.96	0.98	239	79.5	19.9
3.63	1.815	0.9075	280	93.3	23.3	3.93	1.965	0.9825	237	79.1	19.8
3.64	1.82	0.91	278	92.8	23.2	3.94	1.97	0.985	236	78.7	19.7
3.65	1.825	0.9125	277	92.3	23.1	3.95	1.975	0.9875	235	78.3	19.6
3.66	1.83	0.915	275	91.8	22.9	3.96	1.98	0.99	234	77.9	19.5
3.67	1.835	0.9175	274	91.2	22.8	3.97	1.985	0.9925	232	77.5	19.4
3.68	1.84	0.92	272	90.7	22.7	3.98	1.99	0.995	231	77.1	19.3
3.69	1.845	0.9225	271	90.2	22.6	3.99	1.995	0.9975	230	76.7	19.2
3.70	1.85	0.925	269	89.7	22.4	4.00	2	1	229	76.3	19.1
3.71	1.855	0.9275	268	89.2	22.3	4.01	2.005	1.0025	228	75.9	19.0
3.72	1.86	0.93	266	88.7	22.2	4.02	2.01	1.005	226	75.5	18.9
3.73	1.865	0.9325	265	88.2	22.1	4.03	2.015	1.0075	225	75.1	18.8
3.74	1.87	0.935	263	87.7	21.9	4.04	2.02	1.01	224	74.7	18.7
3.75	1.875	0.9375	262	87.2	21.8	4.05	2.025	1.0125	223	74.3	18.6
3.76	1.88	0.94	260	86.8	21.7	4.06	2.03	1.015	222	73.9	18.5
3.77	1.885	0.9425	259	86.3	21.6	4.07	2.035	1.0175	221	73.5	18.4
3.78	1.89	0.945	257	85.8	21.5	4.08	2.04	1.02	219	73.2	18.3
3.79	1.895	0.9475	256	85.3	21.3	4.09	2.045	1.0225	218	72.8	18.2
3.80	1.9	0.95	255	84.9	21.2	4.10	2.05	1.025	217	72.4	18.1
3.81	1.905	0.9525	253	84.4	21.1	4.11	2.055	1.0275	216	72.0	18.0
3.82	1.91	0.955	252	83.9	21.0	4.12	2.06	1.03	215	71.7	17.9
3.83	1.915	0.9575	250	83.5	20.9	4.13	2.065	1.0325	214	71.3	17.8
3.84	1.92	0.96	249	83.0	20.8	4.14	2.07	1.035	213	71.0	17.7
3.85	1.925	0.9625	248	82.6	20.6	4.15	2.075	1.0375	212	70.6	17.6
3.86	1.93	0.965	246	82.1	20.5	4.16	2.08	1.04	211	70.2	17.6
3.87	1.935	0.9675	245	81.7	20.4	4.17	2.085	1.0425	210	69.9	17.5
3.88	1.94	0.97	244	81.3	20.3	4.18	2.09	1.045	209	69.5	17.4
3.89	1.945	0.9725	242	80.8	20.2	4.19	2.095	1.0475	208	69.2	17.3

（续）

球直径 D/mm			试验力-球直径平方的比率 $(0.102F/D^2)/(\mathrm{N/mm^2})$		
			30	10	2.5
			试验力 F/N		
10			29420	9807	2452
	5		7355	2452	612.9
		2.5	1839	612.9	153.2
压痕平均直径 d/mm			布氏硬度 HBW		
4.20	2.1	1.05	207	68.8	17.2
4.21	2.105	1.0525	205	68.5	17.1
4.22	2.11	1.055	204	68.2	17.0
4.23	2.115	1.0575	203	67.8	17.0
4.24	2.12	1.06	202	67.5	16.9
4.25	2.125	1.0625	201	67.1	16.8
4.26	2.13	1.065	200	66.8	16.7
4.27	2.135	1.0675	199	66.5	16.6
4.28	2.14	1.07	198	66.2	16.5
4.29	2.145	1.0725	198	65.8	16.5
4.30	2.15	1.075	197	65.5	16.4
4.31	2.155	1.0775	196	65.2	16.3
4.32	2.16	1.08	195	64.9	16.2
4.33	2.165	1.0825	194	64.6	16.1
4.34	2.17	1.085	193	64.2	16.1
4.35	2.175	1.0875	192	63.9	16.0
4.36	2.18	1.09	191	63.6	15.9
4.37	2.185	1.0925	190	63.3	15.8
4.38	2.19	1.095	189	63.0	15.8
4.39	2.195	1.0975	188	62.7	15.7
4.40	2.2	1.1	187	62.4	15.6
4.41	2.205	1.1025	186	62.1	15.5
4.42	2.21	1.105	185	61.8	15.5
4.43	2.215	1.1075	185	61.5	15.4
4.44	2.22	1.11	184	61.2	15.3
4.45	2.225	1.1125	183	60.9	15.2
4.46	2.23	1.115	182	60.6	15.2
4.47	2.235	1.1175	181	60.4	15.1
4.48	2.24	1.12	180	60.1	15.0
4.49	2.245	1.1225	179	59.8	14.9
4.50	2.25	1.125	179	59.5	14.9
4.51	2.255	1.1275	178	59.2	14.8
4.52	2.26	1.13	177	59.0	14.7
4.53	2.265	1.1325	176	58.7	14.7
4.54	2.27	1.135	175	58.4	14.6
4.55	2.275	1.1375	174	58.1	14.5
4.56	2.28	1.14	174	57.9	14.5
4.57	2.285	1.1425	173	57.6	14.4
4.58	2.29	1.145	172	57.3	14.3
4.59	2.295	1.1475	171	57.1	14.3
4.60	2.3	1.15	170	56.8	14.2
4.61	2.305	1.1525	170	56.5	14.1
4.62	2.31	1.155	169	56.3	14.1
4.63	2.315	1.1575	168	56.0	14.0
4.64	2.32	1.16	167	55.8	13.9
4.65	2.325	1.1625	167	55.5	13.9
4.66	2.33	1.165	166	55.3	13.8
4.67	2.335	1.1675	165	55.0	13.8
4.68	2.34	1.17	164	54.8	13.7
4.69	2.345	1.1725	164	54.5	13.6
4.70	2.35	1.175	163	54.3	13.6
4.71	2.355	1.1775	162	54.0	13.5
4.72	2.36	1.18	161	53.8	13.4
4.73	2.365	1.1825	161	53.5	13.4
4.74	2.37	1.185	160	53.3	13.3
4.75	2.375	1.1875	159	53.0	13.3
4.76	2.38	1.19	158	52.8	13.2
4.77	2.385	1.1925	158	52.6	13.1
4.78	2.39	1.195	157	52.3	13.1
4.79	2.395	1.1975	156	52.1	13.0

（续）

球直径 D/mm			试验力-球直径平方的比率 $(0.102F/D^2)/(\mathrm{N/mm^2})$		
			30	10	2.5
			试验力 F/N		
10			29420	9807	2452
	5		7355	2452	612.9
		2.5	1839	612.9	153.2
压痕平均直径 d/mm			布氏硬度 HBW		
4.80	2.4	1.2	156	51.9	13.0
4.81	2.405	1.2025	155	51.6	12.9
4.82	2.41	1.205	154	51.4	12.9
4.83	2.415	1.2075	154	51.2	12.8
4.84	2.42	1.21	153	51.0	12.7
4.85	2.425	1.2125	152	50.7	12.7
4.86	2.43	1.215	152	50.5	12.6
4.87	2.435	1.2175	151	50.3	12.6
4.88	2.44	1.22	150	50.1	12.5
4.89	2.445	1.2225	150	49.8	12.5
4.90	2.45	1.225	149	49.6	12.4
4.91	2.455	1.2275	148	49.4	12.4
4.92	2.46	1.23	148	49.2	12.3
4.93	2.465	1.2325	147	49.0	12.2
4.94	2.47	1.235	146	48.8	12.2
4.95	2.475	1.2375	146	48.6	12.1
4.96	2.48	1.24	145	48.3	12.1
4.97	2.485	1.2425	144	48.1	12.0
4.98	2.49	1.245	144	47.9	12.0
4.99	2.495	1.2475	143	47.7	11.9
5.00	2.5	1.25	143	47.5	11.9
5.01	2.505	1.2525	142	47.3	11.8
5.02	2.51	1.255	141	47.1	11.8
5.03	2.515	1.2575	141	46.9	11.7
5.04	2.52	1.26	140	46.7	11.7
5.05	2.525	1.2625	140	46.5	11.6
5.06	2.53	1.265	139	46.3	11.6
5.07	2.535	1.2675	138	46.1	11.5
5.08	2.54	1.27	138	45.9	11.5
5.09	2.545	1.2725	137	45.7	11.4
5.10	2.55	1.275	137	45.5	11.4
5.11	2.555	1.2775	136	45.3	11.3
5.12	2.56	1.28	135	45.1	11.3
5.13	2.565	1.2825	135	45.0	11.2
5.14	2.57	1.285	134	44.8	11.2
5.15	2.575	1.2875	134	44.6	11.1
5.16	2.58	1.29	133	44.4	11.1
5.17	2.585	1.2925	133	44.2	11.1
5.18	2.59	1.295	132	44.0	11.0
5.19	2.595	1.2975	132	43.8	11.0
5.20	2.6	1.3	131	43.7	10.9
5.21	2.605	1.3025	130	43.5	10.9
5.22	2.61	1.305	130	43.3	10.8
5.23	2.615	1.3075	129	43.1	10.8
5.24	2.62	1.31	129	42.9	10.7
5.25	2.625	1.3125	128	42.8	10.7
5.26	2.63	1.315	128	42.6	10.6
5.27	2.635	1.3175	127	42.4	10.6
5.28	2.64	1.32	127	42.2	10.6
5.29	2.645	1.3225	126	42.1	10.5
5.30	2.65	1.325	126	41.9	10.5
5.31	2.655	1.3275	125	41.7	10.4
5.32	2.66	1.33	125	41.5	10.4
5.33	2.665	1.3325	124	41.4	10.3
5.34	2.67	1.335	124	41.2	10.3
5.35	2.675	1.3375	123	41.0	10.3
5.36	2.68	1.34	123	40.9	10.2
5.37	2.685	1.3425	122	40.7	10.2
5.38	2.69	1.345	122	40.5	10.1
5.39	2.695	1.3475	121	40.4	10.1

（续）

球直径 D/mm			试验力-球直径平方的比率 $(0.102F/D^2)/(N/mm^2)$			球直径 D/mm			试验力-球直径平方的比率 $(0.102F/D^2)/(N/mm^2)$		
			30	10	2.5				30	10	2.5
			试验力 F/N						试验力 F/N		
10			29420	9807	2452	10			29420	9807	2452
	5		7355	2452	612.9		5		7355	2452	612.9
		2.5	1839	612.9	153.2			2.5	1839	612.9	153.2
压痕平均直径 d/mm			布氏硬度 HBW			压痕平均直径 d/mm			布氏硬度 HBW		
5.40	2.7	1.35	121	40.2	10.1	5.71	2.855	1.4275	107	35.6	8.89
5.41	2.705	1.3525	120	40.0	10.0	5.72	2.86	1.43	106	35.4	8.85
5.42	2.71	1.355	120	39.9	9.97	5.73	2.865	1.4325	106	35.3	8.82
5.43	2.715	1.3575	119	39.7	9.93	5.74	2.87	1.435	105	35.1	8.79
5.44	2.72	1.36	118	39.6	9.89	5.75	2.875	1.4375	105	35.0	8.75
5.45	2.725	1.3625	118	39.4	9.85	5.76	2.88	1.44	105	34.9	8.72
5.46	2.73	1.365	118	39.2	9.81	5.77	2.885	1.4425	104	34.7	8.68
5.47	2.735	1.3675	117	39.1	9.77	5.78	2.89	1.445	104	34.6	8.65
5.48	2.74	1.37	117	38.9	9.73	5.79	2.895	1.4475	103	34.5	8.62
5.49	2.745	1.3725	116	38.8	9.69	5.80	2.9	1.45	103	34.3	8.59
5.50	2.75	1.375	116	38.6	9.66	5.81	2.905	1.4525	103	34.2	8.55
5.51	2.755	1.3775	115	38.5	9.62	5.82	2.91	1.455	102	34.1	8.52
5.52	2.76	1.38	115	38.3	9.58	5.83	2.915	1.4575	102	33.9	8.49
5.53	2.765	1.3825	114	38.2	9.54	5.84	2.92	1.46	101	33.8	8.45
5.54	2.77	1.385	114	38.0	9.50	5.85	2.925	1.4625	101	33.7	8.42
5.55	2.775	1.3875	114	37.9	9.47	5.86	2.93	1.465	101	33.6	8.39
5.56	2.78	1.39	113	37.7	9.43	5.87	2.935	1.4675	100	33.4	8.36
5.57	2.785	1.3925	113	37.6	9.39	5.88	2.94	1.47	99.9	33.3	8.33
5.58	2.79	1.395	112	37.4	9.35	5.89	2.945	1.4725	99.5	33.2	8.30
5.59	2.795	1.3975	112	37.3	9.32	5.90	2.95	1.475	99.2	33.1	8.26
5.60	2.8	1.4	111	37.1	9.28	5.91	2.955	1.4775	98.8	32.9	8.23
5.61	2.805	1.4025	111	37.0	9.24	5.92	2.96	1.48	98.4	32.8	8.20
5.62	2.81	1.405	110	36.8	9.21	5.93	2.965	1.4825	98.0	32.7	8.17
5.63	2.815	1.4075	110	36.7	9.17	5.94	2.97	1.485	97.7	32.6	8.14
5.64	2.82	1.41	110	36.5	9.14	5.95	2.975	1.4875	97.3	32.4	8.11
5.65	2.825	1.4125	109	36.4	9.10	5.96	2.98	1.49	96.9	32.3	8.08
5.66	2.83	1.415	109	36.3	9.06	5.97	2.985	1.4925	96.6	32.2	8.05
5.67	2.835	1.4175	108	36.1	9.03	5.98	2.99	1.495	96.2	32.1	8.02
5.68	2.84	1.42	108	36.0	8.99	5.99	2.995	1.4975	95.9	32.0	7.99
5.69	2.845	1.4225	107	35.8	8.96	6.00	3	1.5	95.5	31.8	7.96
5.70	2.85	1.425	107	35.7	8.92						

附录B 金属力学及工艺性能试验国家标准（部分）

一、通用标准

GB/T 1172—1999《黑色金属硬度及强度换算值》

GB/T 2975—2018《钢及钢产品 力学性能试验取样位置及试样制备》

GB/T 10623—2008《金属材料 力学性能试验术语》

二、金属拉伸、压缩、弯曲及扭转试验

GB/T 228.1—2010《金属材料 拉伸试验 第1部分：室温试验方法》

GB/T 228.2—2015《金属材料 拉伸试验 第2部分：高温试验方法》

GB/T 5027—2016《金属材料 薄板和薄带 塑性应变比（r值）的测定》

GB/T 5028—2008《金属材料 薄板和薄带 拉伸应变硬化指数（n值）的测定》

GB/T 7314—2017《金属材料 室温压缩试验方法》

GB/T 8358—2014《钢丝绳 实际破断拉力测定方法》

GB/T 22315—2008《金属材料 弹性模量和泊松比试验方法》

GB/T 10128—2007《金属材料 室温扭转试验方法》

GB/T 228.3—2019《金属材料 拉伸试验 第3部分：低温试验方法》

YB/T 5349—2014《金属材料 弯曲力学性能试验方法》

GB/T 17600.1—1998《钢的伸长率换算 第1部分：碳素钢和低合金钢》

GB/T 17600.2—1998《钢的伸长率换算 第2部分：奥氏体钢》

三、金属硬度试验

GB/T 230.1—2018《金属材料 洛氏硬度试验 第1部分：试验方法》

GB/T 231.1—2018《金属材料 布氏硬度试验 第1部分：试验方法》

GB/T 4340.1—2009《金属材料 维氏硬度试验 第1部分：试验方法》

GB/T 4341.1—2014《金属材料 肖氏硬度试验 第1部分：试验方法》

GB/T 17394.1—2014《金属材料 里氏硬度试验 第1部分：试验方法》

GB/T 18449.1—2009《金属材料 努氏硬度试验 第1部分：试验方法》

四、金属韧性试验

GB/T 229—2020《金属材料 夏比摆锤冲击试验方法》

GB/T 4160—2004《钢的应变时效敏感性试验方法（夏比冲击法）》

GB/T 5482—2007《金属材料动态撕裂试验方法》

GB/T 6803—2008《铁素体钢的无塑性转变温度落锤试验方法》

GB/T 8363—2018《钢材 落锤撕裂试验方法》

GB/T 12778—2008《金属夏比冲击断口测定方法》

五、金属工艺性能试验

GB/T 232—2010《金属材料 弯曲试验方法》

YB/T 5293—2014《金属材料 顶锻试验方法》

GB/T 235—2013《金属材料 薄板和薄带 反复弯曲试验方法》

GB/T 238—2013《金属材料 线材 反复弯曲试验方法》

GB/T 239.1—2012《金属材料 线材 第1部分：单向扭转试验方法》

GB/T 239. 2—2012《金属材料 线材 第2部分：双向扭转试验方法》
GB/T 241—2007《金属管 液压试验方法》
GB/T 242—2007《金属管 扩口试验方法》
GB/T 244—2020《金属材料 管 弯曲试验方法》
GB/T 245—2016《金属材料 管 卷边试验方法》
GB/T 246—2017《金属材料 管 压扁试验方法》
GB/T 2976—2020《金属材料 线材 缠绕试验方法》
GB/T 4156—2020《金属材料 薄板和薄带 埃里克森杯突试验》

六、金属高温长时试验

GB/T 2039—2012《金属材料 单轴拉伸蠕变试验方法》
GB/T 10120—2013《金属材料 拉伸应力松弛试验方法》

七、金属疲劳试验

GB/T 3075—2021《金属材料 疲劳试验 轴向力控制方法》
GB/T 4337—2015《金属材料 疲劳试验 旋转弯曲方法》
GB/T 6398—2017《金属材料 疲劳试验 疲劳裂纹扩展方法》
YB/T 5345—2014《金属材料 滚动接触疲劳试验方法》
GB/T 12347—2008《钢丝绳弯曲疲劳试验方法》
GB/T 12443—2017《金属材料 扭矩控制疲劳试验方法》
GB/T 15248—2008《金属材料轴向等幅低循环疲劳试验方法》

八、金属断裂力学试验

GB/T 21143—2014《金属材料 准静态断裂韧度的统一试验方法》
GB/T 4161—2007《金属材料 平面应变断裂韧度 K_{IC}试验方法》
GB/T 7732—2008《金属材料 表面裂纹拉伸试样断裂韧度试验方法》

九、其他力学性能试验

GB/T 6396—2008《复合钢板力学及工艺性能试验方法》
GB/T 6400—2007《金属材料 线材和铆钉剪切试验方法》
GB/T 12444—2006《金属材料 磨损试验方法 试环-试块滑动磨损试验》

附录C 金属常温单向拉伸试验结果记录单

第 页 总 页　　　　检验编号：

样品名称					样品数量						样品状态					设备状态	
样品规格					材料牌号						设备名称及型号					使用前	使用后
检验项目					试验标准						试验环境		℃ %RH				
试样编号	检验前尺寸				屈服载荷			屈服强度			最大力	抗拉强度	检验后尺寸			断后伸长率	断面收缩率
	直径（厚度）	宽度	面积	原始标距									直径（厚度）	宽度	断后标距		
	d_o（a_o）/mm	b_o /mm	A_o /mm^2	L_o /mm	F_{eL} /N	F_{eH} /N	$F_{p0.2}$ /N	R_{eL} /MPa	R_{eH} /MPa	$R_{p0.2}$ /MPa	F_m/N	R_m /MPa	d_u（a_u）/mm	b_u /mm	L_u /mm	A（%）	Z（%）
接收日期					检验日期				检验					校对			

附录D 金属力学性能检测报告（示例）

检验编号：

委托单位					
样品名称	焊评试样				
检验项目	拉伸试验、弯曲试验、冲击试验			样品编号	HP01
样品规格/mm	ϕ108×8	样品数量	1组	样品状态	正常
材料牌号	20+15CrMo	委托日期		报告日期	

分析测试结果

拉伸试验（GB/T 228.1—2010）

试样编号	试样宽度/mm	试样厚度/mm	横截面积/mm²	断裂载荷/N	抗拉强度/MPa（≥410MPa）	断裂部位和特征
HP01-1#	20.19	8.01	161.7	78020	480	母材韧断
HP01-2#	20.01	6.96	139.3	69600	500	母材韧断

弯曲试验（GB/T 2653—2008）

试样编号	试样类型	试样厚度/mm	弯心直径/mm	弯曲角度/（°）	试验结果
HP01-3#	横向面弯	8	32	180	合格
HP01-4#	横向面弯	8	32	180	合格

冲击试验（GB/T 229—2020）

试样编号	试样尺寸/mm	缺口类型	缺口位置	试验温度	冲击吸收能量/J（KV_2≥13.5J）	
HP01-10#	5×10×55	V型	焊缝	常温	48.0	平均值 48
HP01-11#	5×10×55	V型	焊缝	常温	52.0	
HP01-12#	5×10×55	V型	焊缝	常温	44.0	

结论：根据用户要求，对用户提供的样品进行检测，并对检测结果提出是否符合指定要求的声明。上述检测结果符合NB/T 47014—2011《承压设备焊接工艺评定》中6.4.1.5.4、6.4.1.6.4、6.4.1.7.3条款所规定的技术要求

签发人		签发日期		审核		编制	

附录E　本书主要力学性能表征指标一览表

名称	英文名称	符号	单位
应力	Stress	σ	MPa
应变	Strain	ε	
弹性模量	Modulus of elasticity	E	MPa
弹性极限	Elastic limit	σ_{e}	MPa
规定塑性延伸强度	Proof strength，Plastic extension	R_{p}	MPa
弹性比功	Elastic strain energy	a_{e}	J
上屈服强度	Upper yield strength	R_{eH}	MPa
下屈服强度	Lower yield strength	R_{eL}	MPa
规定残余延伸强度	Permanent set strength	R_{r}	MPa
规定总延伸强度	Proof strength，Total extension	R_{t}	MPa
抗拉强度	Tensile strength	R_{m}	MPa
屈强比	Yield ratio	—	—
断后伸长率	Percentage elongation after fracture	A	%
断面收缩率	Percentage reduction of area	Z	%
抗压强度	Compressive strength	R_{mc}	MPa
抗弯强度	Bending strength	R_{bb}	MPa
挠度	Deflection	f	mm
剪切模量	Shear modulus	G	MPa
扭转屈服强度	Torsional yield strength	τ_{eH}，τ_{eL}	MPa
抗扭强度	Torsional strength	τ_{m}	MPa
应力集中系数	Stress concentration factor	K_{t}	—
缺口敏感度	Notch strength ratio	NSR	—
布氏硬度	Brinell hardness	HBW	
洛氏硬度	Rockwell hardness	HR	
维氏硬度	Vickers hardness	HV	
显微硬度	Microhardness	HM	
肖氏硬度	Shore hardness	HS	
里氏硬度	Leeb hardness	HL	
冲击吸收能量	Impact absorbed energy	KU、KV	J
韧脆转变温度	Ductile-brittle transition temperature	T_{t}	℃
应力场强度因子	Stress intensity factor	K_{I}	MPa · $m^{1/2}$
断裂韧度	Fracture toughness property	K_{IC}	MPa · $m^{1/2}$
应力比	Stress ratio	R	—
疲劳极限	Fatigue limit	σ_{D}，σ_{-1}	MPa
疲劳强度	Fatigue strength	S	MPa
应力腐蚀临界应力场强度因子	Stress corrosion threshold intensity factor	$K_{\mathrm{I\,SCC}}$	MPa · $m^{1/2}$
蠕变极限	Creep limit	σ_{v}^{t}，$\sigma_{\varepsilon_t/\tau}^{t}$	MPa
持久强度	Endurance strength	σ_{τ}^{t}	MPa

参 考 文 献

[1] 束德林. 工程材料力学性能 [M]. 3版. 北京：机械工业出版社，2016.

[2] 林际熙. 金属力学性能检验人员培训教材 [M]. 北京：冶金工业出版社，1999.

[3] 陈融生，王元发. 材料物理性能检验 [M]. 北京：中国计量出版社，2007.

[4] 机械工业理化检验人员技术培训和资格鉴定委员会，中国机械工程学会理化检验分会. 金属材料力学性能试验 [M]. 北京：科学普及出版社，2014.

[5] 孙茂才. 金属力学性能 [M]. 哈尔滨：哈尔滨工业大学出版社，2005.

[6] 崔忠圻，覃耀春. 金属学与热处理 [M]. 2版. 北京：机械工业出版社，2011.

[7] 王运炎，朱莉. 机械工程材料 [M]. 3版. 北京：机械工业出版社，2009.

[8] 朱张校，姚可夫. 工程材料 [M]. 5版. 北京：清华大学出版社，2011.

[9] 戴光泽. 材料力学性能 [M]. 长沙：中南大学出版社，2009.

[10] 时海芳，任鑫. 材料力学性能 [M]. 北京：北京大学出版社，2010.

[11] 刘胜新. 金属材料力学性能手册 [M]. 2版. 北京：机械工业出版社，2018.

[12] 赵新兵，凌国平，钱国栋. 材料的性能 [M]. 北京：高等教育出版社，2006.

[13] 刘瑞堂，刘锦云. 金属材料力学性能 [M]. 哈尔滨：哈尔滨工业大学出版社，2015.

[14] 程靳，赵树山. 断裂力学 [M]. 北京：科学出版社，2006.

[15] 褚武杨，乔利杰，李金许，等. 氢脆和应力腐蚀：基础部分 [M]. 北京：科学出版社，2013.

[16] 王磊. 材料的力学性能 [M]. 4版. 北京：化学工业出版社，2022.

[17] 沙桂英. 材料的力学性能 [M]. 北京：北京理工大学出版社，2015.

[18] 杨新华，陈传尧. 疲劳与断裂 [M]. 2版. 武汉：华中科技大学出版社，2018.

[19] 李晓刚，等. 石油工业中应力腐蚀研究 [M]. 北京：化学工业出版社，2020.